지구의　일생

# 지구의 일생

## 45억 년, 시간으로 보는 지구의 역사

최덕근 지음

Humanist

우리는 지구에 살고 있지만, 지구에 대해 아는 것은 많지 않다. 약간 구체적으로 물어보면 명확하게 답할 수 있는 내용이 점점 더 적어진다. 하루는 왜 24시간일까? 우리가 살고 있는 한반도는 어떻게 이 자리에 있게 되었을까? 인류를 포함한 주변의 동식물은 언제부터 이 땅에 살았을까? 지구는 언제, 어떻게 태어났을까?

지구는 약 45억 년 전에 태어났고, 앞으로 적어도 50억 년은 더 활동할 것이다. 우리 인류를 포함해서 우주를 이루고 있는 모든 사물은 태어나서 살다가 언젠가 그 생을 마감한다. 이러한 우주의 법칙에서 우리 지구도 예외가 될 순 없다.

지구는 크게 지권, 수권, 기권, 생물권의 네 권역으로 구분되는데, 지구의 역사는 이 네 권역들이 서로 영향을 주고받으면서 엮여져왔다. 나는 이 책을 통해 지구의 탄생부터 죽음까지, 지난 45억 년 동안 지구에서 일어났던 중요한 사건들을 시간순서에 따라 추적해 보고, 앞으로 다가올 50억 년을 그려보고자 한다.

책의 제목을 《지구의 일생》이라고 한 이유는 지구가 탄생하여 지금까지 지내온 과정이 마치 우리 인간처럼 태아기-유년기-소년기-청년기-장년기를 거쳐 성장해 온 것처럼 느껴졌기 때문이다.

일생의 절반을 살아온 지구의 입장에서 지나온 일들을 회고해 보는 일은 나름대로 의미가 있을 것이다. 시간이 흐름에 따라 변화해온 지구를 역사적으로 알아봄으로써 더 많은 사람들이 우리 삶의 터전인 '지구'를 좀 더 잘 이해할 수 있기를 기대해 본다.


휴머니스트의 과학 담당 편집자로부터 '지구의 역사'에 관한 책을 집필해 달라는 의뢰를 받은 때가 지금으로부터 7~8년 전의 일이다. 당시 나는 논문 작성과 강의 준비에 바빠 책을 쓰는 일은 뒷전으로 밀려날 수밖에 없었다. 2014년 정년퇴임을 맞아 30년 가까운 대학교수로서의 생활을 마감한 후, 논문과 강의의 부담으로부터 벗어나게 되자 '지구의 역사' 집필을 위한 구상을 시작할 수 있었다. 판구조론의 이야기를 담은 《내가 사랑한 지구》와 한반도 형성사와 지질학자로서의 이야기를 담은 《10억 년 전으로의 시간 여행》을 거쳐 3년 가까운 기간이 흘러서야 이 원고를 완성하게 되었다. 오랫동안 미루어 두었던 숙제를 마친 느낌이다. 책을 집필하기까지 도움을 주었던 모든 분들께 감사를 드린다.

2018년 1월
최덕근

# 차례

책을 시작하기에 앞서  4

프롤로그 **우주 속의 오아시스**  11


**1장** 탄생                                  33

  1  빅뱅: 138억 년 전  35

  2  태양계의 탄생: 45억 6800만 년 전  42

  3  지구와 달의 탄생: 약 45억 년 전  55


**2장** 어린 지구 — 기록이 없는 시대              67

  1  갓 태어난 지구: 지구 탄생 후 첫 200만 년  69

  2  맨틀과 핵의 분화, 그리고 지각의 형성  75

  3  해양과 대기의 탄생: 마그마바다 이후  83

  4  대륙지각의 등장  92

  5  전기 미행성 대충돌기?  95


**3장** 소년 지구 — 희미한 기억의 시대             99

  1  가장 오래된 암석을 찾아서: 40억 3000만 년 전  101

  2  후기 미행성 대충돌기: 39억~38억 년 전  106

  3  생명의 탄생: 38억 년 전 이후  111

  4  시생누대의 대기와 해양, 그리고 기후  123

  5  대륙의 성장과 초대륙 케놀랜드의 탄생: 30억~25억 년 전  127

**4장** 성장통을 겪는 지구 ── 변화와 시련의 시대    133

1 제1차 산소혁명사건: 24억~20억 년 전  135
2 눈덩이지구 빙하시대: 24억~22억 년 전  148
3 진핵생물의 출현: 21억 년 전  156
4 초대륙 컬럼비아  160
5 지루한 10억 년: 중원생대 18억~8억 년 전  166


**5장** 청년 지구 ── 신원생대    179

1 로디니아 초대륙의 분열: 8억 5000만 년 전  181
2 제2차 산소혁명사건: 8억~5억 5000만 년 전  186
3 신원생대 눈덩이지구 빙하시대: 7억 2000만~6억 3500만 년 전  190
4 동물의 출현: 6억 3500만 년 전  196


**6장** 생명이 넘치는 지구 ── 캄브리아기    203

1 캄브리아기의 시작: 5억 4100만 년 전  205
2 캄브리아기 생물대폭발: 5억 2000만 년 전  210
3 캄브리아기의 대륙들  220

**7장** 어른이 된 지구 1 — 진정한 고생대     231

1 오르도비스기 빙하시대와 대량멸종  233
2 식물의 육상 진출: 4억 7000만 년 전  238
3 동물의 육상 진출: 3억 6500만 년 전  246
4 고생대 곤드와나 대륙의 해체와 판게아 초대륙의 형성  255
5 제3차 산소혁명사건  265
6 페름기 말의 대량멸종: 2억 5200만 년 전  270

**8장** 어른이 된 지구 2 — 중생대     277

1 트라이아스기: 2억 5220만~2억 100만 년 전  279
2 공룡의 시대  287
3 백악기 말의 대량멸종: 6600만 년 전  293

**9장** 지구의 황금기 — 신생대     297

1 포유류와 속씨식물의 시대: 6600만 년 전 이후  299
2 지금은 빙하시대: 259만 년 전 이후  310
3 인류의 출현과 진화  318
4 지난 1만 년 동안 일어난 일  330

에필로그 **미래의 지구**  333
참고 문헌  350
그림 출처  362
찾아보기  363

# 우주 속의 오아시스

지구와 달, 그리고 태양

드넓은 우주 공간, 그중 지구는 내가 살고 있기 때문에 특별하다. 지구가 특별한 점이 더 있다면 물($H_2O$)이 기체, 액체, 고체 상태로 존재한다는 것이다. 물은 태양계 내의 다른 행성에도 존재하지만, 액체 상태의 물이 표면을 덮고 있는 행성은 오직 지구뿐이다. 우주에서 바라보았을 때 지구가 파란색으로 빛나 보이는 것은 바다 때문이며, 그래서 지구를 푸른 행성이라고 부르기도 한다. 마치 우주 속의 오아시스처럼.

　보통 '지구' 하면 단단한 땅덩어리로 이루어진 고체를 떠올리지만, 지구를 이루는 것은 고체지구뿐만 아니라 고체지구를 감싸는 바다와 대기, 그 속에서 살고 있는 생물을 모두 포함한다. 그래서 지구과학에서는 지구를 지권, 수권, 기권, 생물권의 4권역으로 구분한다.

　지권(地圈, geosphere)은 우리가 고체지구라고 부르는 부분으로, 지구 무게의 대부분(99.9%)을 차지한다. 겉부분은 우리가 딛고 있는 땅으로 암석으로 이루어져 있으며, 지하 깊은 곳은 밀도가 높은 물질로 채워져 있다. 수권(水圈, hydrosphere)은 물이 차지하는 공간으로, 바다, 호수, 강, 그리고 지하수와 빙하를 포함한다. 기권(氣圈, atmosphere)은 고체지구와 바다를 감싸는 부분으로 여러 가지 기체(질소, 산소, 아르곤, 이산화탄소 등)로 채워져 있으며, 생물권(生物圈, biosphere)은 인간과 같은 생물이 차지하고 있는 공간을 말한다.

　4권역의 크기를 비교해보면, 고체지구가 질량의 99.9퍼센트, 부피의 80퍼센트로 거의 대부분을 차지하지만, 지구에서 관찰되는 대부분의 자연현상은 4권역의 상호작용을 통해 일어난다. 4권역은 물질과 에너지를 서로 주고받으며 지구의 모습을 끊임없이 바꾸어간다. 물($H_2O$)의 이동을 추적해보면, 수권의 대부분을 차지하는 바닷물이 증발하여 수증기가 되면 이는 기권의 한 요소가 되고, 구름을 이루고 있던 수증기는 비나 눈이 되어 다시 수권으로 돌아간다. 물은 땅과 식물체에 흡수되어 생물권의 영역으로 들어가기도 하고, 광물이나 암석에 포획되어 지권의 구성원이 되기도 한다.

이처럼 물은 수권, 기권, 생물권, 지권 사이를 끊임없이 오가면서 지구를 하나의 시스템으로 연결하고 있다. 만일 이러한 흐름이 끊어진다면 비도 내리지 않고, 강도 흐르지 않으며, 호수도 없는, 그래서 생물도 살 수 없는 황량한 행성이 될 것이다. 마치 지금의 화성처럼.

지구의 역사를 살펴보는 것은 긴 지질시대를 통해 이들 4권역 사이의 흐름이 어떻게 일어났느냐를 밝히는 일이기도 하다. 그래서 지구과학에서는 이 4권역의 역동적인 관계를 일컬어 '지구시스템(earth system)'이라고 부른다. 4권역 사이의 흐름은 때에 따라 빠르기도 하고 느리기도 한다. 예를 들면, 태풍은 며칠 사이에 엄청난 양의 물을 바다에서 육지로 옮기지만, 수증기가 눈으로 내려 빙하에 갇히면 수만 년 또는 수십만 년 동안 바다로 돌아가지 못하기도 한다. 이처럼 권역 사이의 교류 속도가 달라지면 각 권역의 크기나 구성 성분에 변화를 가져오는데, 이러한 변화가 모이면 지구환경을 크게 바꾸게 된다. 단기적으로 최근 몇 년 사이에 일어나고 있는 변화를 알아내 지구의 미래를 준비하는 일이 중요하겠지만, 장기적으로는 지구시스템에 대한 총체적 이해를 바탕으로 과거 수만 년 또는 수억 년에 걸쳐 일어났던 지구의 역사를 알아내는 일도 중요하다.

## 둥근 지구, 흔들거리며 도는 지구

우주 규모에서 봤을 때 지구는 무척 작은 존재지만, 지구는 그 자체만으로도 엄청나게 큰 물체이다. 가끔은 지구를 끝없이 펼쳐진 평면으로 착각하기도 한다. 그런데 놀랍게도 기원전 3세기 그리스 철학자 에라토스테네스(Eratosthenes)는 세심한 관찰을 바탕으로 지구가 둥글다는 것을 알아냈고, 지구의 둘레와 지름을 계산했다. 그는 간단한 공식을 이용하여 지구의 둘레가 약 46,000킬로미터라는 값을 얻었다. 지금 우리가 알고 있는 지구 원둘레 약 40,000킬로미터에 놀랍도록 가까운 수치다.

지구는 둥글지만 사실 완벽한 구형이 아니다. 일찍이 17~18세기의 과학자들은 지구가 자전하기 때문에 적도 반지름이 극 반지름보다 길 것이라고 예측하였는데, 실제로 적도 반지름은 약 6,378킬로미터로 극 반지름 6,356킬로미터보다 22킬로미터 더 길다. 그러므로 지구는 적도 부근이 약간 볼록한 타원체이며, 보통 지구타원체라고 불린다. 타원체이기는 하지만, 고체지구는 평균 지름이 12,742킬로미터인 거의 구형에 가까운 암석 덩어리다.

지구의 원둘레는 약 40,000킬로미터로 마라톤 선수가 최고 속도를 유지하면서 쉬지 않고 달린다면 한 바퀴 도는 데 약 80일, 비행기를 타고 돌면 이틀(48시간)이 걸린다. 그런데 지구 자신은 24시간에 한 바퀴를 돈다. 지구 밖에서 지구를 바라보면, 지금 이 책을 읽고 있는 나는 얼마나 빨리 돌고 있을까? 위도에 따라 도는 속도가 다르므로 북위 38도에 있는 우리는 시속 약 1,300킬로미터로 돌고 있지만, 적도에 있는 사람은 시속 1,670킬로미터로 돈다. 국제선 비행기의 평균 속도인 시속 1,000킬로미터와 비교하면 무척 빨리 돌고 있는 셈이다. 물론 나는 그 속도를 느끼지 못한다. 그런데 공전궤도상에서 돌고 있는 지구를 멀리서 바라볼 수 있다면, 지구는 똑바로 도는 것이 아니라 마치 쓰러지기 직전의 휘청거리는 팽이처럼 돌고 있을 것이다. 지구와 달의 무게 중심이 지표면 아래 약 1,700킬로미터 깊은 곳에 있기 때문이다. 이는 지구의 회전 중심이 핵 한가운데 있는 것이 아니라 맨틀 중간 부분에 있다는 뜻이다.

지구는 태양으로부터 약 150,000,000킬로미터 떨어져 있으며, 거의 원에 가까운 타원궤도를 따라 태양 주위를 돌고 있다. 지구는 항상 같은 모습으로 움직이리라 생각하지만, 지구 자전축의 기울기나 공전궤도가 주기적으로 약간씩 바뀌는 것으로 알려져 있다. 지구 움직임의 주기적 변화로는 지구 자전축 기울기, 공전궤도의 이심률, 세차운동 등 세 가지가 있으며, 이러한 내용을 처음 알아낸 유고슬라비아의 수

학자 밀루틴 밀란코비치(Milutin Milankovitch)의 이름을 붙여 '밀란코비치 주기'라고 부른다. 지구 자전축 기울기는 21.5~24.5도 범위에서 변하며, 그 주기는 41,000년으로 알려져 있다. 이심률은 원형에 가까운 공전궤도(이심률 0.000055)에서 좀 더 타원형인 궤도(이심률 0.0679)까지 약 100,000년의 주기를 가지고 변한다. 세차운동이란 지구가 팽이처럼 흔들거리며 돌기 때문에 일어나는 현상으로, 지구의 회전축이 어떤 부동축(不動軸)의 둘레를 따라 회전하는 움직임을 말한다. 세차운동은 약 21,000년의 주기를 가지고 변한다. 따라서 시간이 흐름에 따라 북극의 위치가 달라지는데, 현재는 북극이 가리키는 방향에 북극성이 있지만, 10,500년 후에는 직녀성 부근이 될 것이다.


## 지구의 내부 구조: 지각, 맨틀, 외핵, 내핵


우리가 딛고 있는 땅은 무척 단단해 보인다. 엄청나게 많은 건물이 세워지고 땅속에는 거미줄처럼 지하철 노선이 퍼져 있지만, 우리가 살고 있는 이 땅은 꿈쩍도 하지 않는다. 2017년 경주와 포항에 지진이 발생해 큰 피해를 입었지만, 서울의 경우 아직까지 땅이 지진으로 무너지거나 갈라졌다는 이야기는 들어본 적이 없다. 지진은 인간에게 많은 피해를 가져다주지만, 꼭 나쁜 것만은 아니다. 지진은 지구시스템이 정상적으로 작동하고 있음을 알려주는 징표이며, 지구 내부에 관한 중요한 과학적 정보를 제공해주기 때문이다. 마치 의사가 컴퓨터 단층촬영 자료를 가지고 환자의 몸속 상태를 알아보는 것처럼, 지진학자는 지진이 일어날 때 발생한 지진파의 이동경로를 추적하여 지구 내부의 모습을 알아낸다.

지구 어딘가에서 지진이 발생하면 지진관측소에는 세 가지 형태의 지진파가 도착한다. 하나는 지구 표면을 따라 전달되는 표면파이고, 다른 두 개는 지구 내부를 통과하는 실체파다. 그러므로 지구 내부를 연구하는 데 이용되는 지진파는 실체파다. 실체파 중에서 빠른 파동을 P파라고 하며 이 파동은 기체, 액체, 고체를 모두 통과한다. 느린 파동은 S파라고 하는데, 이 파동은 고체만 통과하고 기체나 액체는 통과하지 못한다. 그러므로 지진관측소의 지진계에 기록된 지진파 자료를 분석하면, 그 파동이 지나온 지구 내부의 속도 분포를 알 수 있다. 일반적으로 밀도가 크면 지진파 속도가 빠르므로 결국 지구 내부의 속도 분포는 지구 내부의 밀도 분포를 알려주는 셈이다.

20세기 초, 유고슬라비아의 과학자 안드리야 모호로비치치(Andrija Mohorovičić)는 1909년 크로아티아에서 발생한 지진으로부터 지진계에 두 쌍의 지진파가 기록된 것을 관찰하고, 그 원인을 알아내는 데 매달렸다. 그는 먼저 도착한 지진파 쌍(P파와 S파)은 땅속 깊은 곳의 밀도가 큰 부분을 지나왔기 때문에 빨리 도착했으며, 반면에 늦게 도착한 지진파 쌍은 밀도가 작은 얕은 부분을 지나왔기 때문이라고 해석하였다. 이처럼 지구 내부의 밀도가 작은 부분과 큰 부분을 나누는 경계를 발견자의 이름을 따서 모호로비치치 불연속면(보통 모호면이라고 함)이라고 부르며, 모호면의 윗부분을 지각, 아랫부분을 맨틀로 구분한다.

한편, 20세기 초 전 지구적 규모의 지진파를 연구하고 있던 영국의 리처드 올덤(Richard D. Oldham)은 지진이 발생한 곳으로부터 원주각 140

도를 넘는 곳에는 P파만 도착하고 S파가 기록되지 않음에 주목했다. 이는 지구 내부에 S파를 통과시키지 않는 무언가가 있으며, S파가 통과하지 않는다는 것은 지구 중심부에 고체가 아닌 부분이 있음을 의미한다. 이 연구에서 올덤이 발견한 것은 지하 2,900킬로미터 깊이에 존재하는 맨틀과 외핵의 경계였다.

지구 내부를 통과하는 지진파는 빨라지기도 하고 느려지기도 하며, 물질의 상태가 달라짐에 따라 반사하기도 하고 굴절하기도 한다. 특히 지진파의 속도는 특정한 깊이에서 갑자기 느려지거나 빨라지는데, 이러한 지진파의 특성을 바탕으로 지구 내부는 겉에서부터 지각, 맨틀, 외핵, 내핵으로 구분된다. 반으로 자른 삶은 달걀에 비유하면, 노른자 부분은 핵, 흰자 부분은 맨틀, 달걀껍데기는 지각에 해당한다.

시각(地殼, crust)은 지구의 겉껍질로, 그 모습을 비유하면 양파껍질보다는 사과껍질에 가깝다. 지각과 맨틀의 경계인 모호면에서 물질의 상태가 바뀌는 양상이 점이적이기 때문이다. 만약 우리가 그 깊이까지 들어가더라도 모호면에 도달했다는 사실을 알아채지 못할 것이다. 지각의 두께는 곳에 따라 다르다. 해양지각은 평균 7킬로미터로 얇고, 대륙지각은 평균 35킬로미터(두꺼운 곳은 70킬로미터)로 무척 두껍다. 지진파의 전파속도는 해양지각에서 빠르고, 대륙지각에서는 느리다. 이는 해양지각의 밀도(3.0)가 대륙지각의 밀도(2.7)보다 크기 때문이며, 구성암석도 해양지각은 모두 현무암인 반면, 대륙지각은 주로 화강암이나 퇴적암으로 이루어진 점에서 뚜렷한 차이를 보여준다.

맨틀(mantle)은 모호면 아랫부분으로 지진파의 속도가 갑자기 빨라지는 구간이다. 이는 맨틀이 지각보다 밀도가 큰 물질로 이루어지기 때문

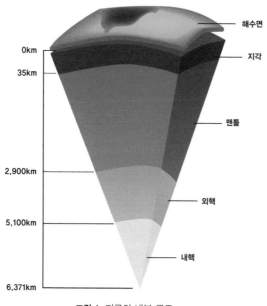

**그림 1.** 지구의 내부 구조

이며, 따라서 맨틀의 구성물질은 현무암보다 더 무거운 암석이다. 맨틀의 주 구성물질은 감람암(橄欖岩)과 같은 초염기성 암석일 것으로 추정된다. 맨틀의 밀도는 얕은 부분에서는 약 3.3이며, 맨틀의 바닥 부분에서는 5.5에 이른다. 맨틀은 크게 두 부분으로 나뉜다. 깊이 670킬로미터를 경계로 윗부분을 상부 맨틀, 아래의 2900킬로미터 깊이까지를 하부맨틀이라고 부른다. 깊이 670킬로미터는 지진이 발생하는 최대 깊이이기도 하다.

핵(核, core)은 맨틀보다 깊은 곳, 즉 깊이 2,900킬로미터 아래의 지구 중심부를 차지한다. 지진파 연구에 따르면, 핵은 다시 두 부분으로 나뉘어 깊이 2,900~5,100킬로미터 사이의 구간을 외핵(外核), 5,100킬로미터보다 깊은 지구 중심부를 내핵(內核)으로 구분한다. 깊이 2,900킬로미터 아래에서 P파의 속도가 급격히 감소하고 S파가 사라지므로 외핵은 액체 상태로 추정된다. 그러다가 5,100킬로미터보다 깊어지면 P파 속도가 다시 급격히 증가하므로 내핵은 고체 상태일 것이다.

지구의 평균 밀도는 5.5로 알려져 있다. 그런데 알려진 대륙지각의 밀도는 2.7, 해양지각의 밀도는 3.0, 상부맨틀의 평균 밀도는 3.3, 하부맨틀 바닥에서는 5.5이다. 지각과 맨틀이 지구 전체 부피의 85퍼센트를 차지하므로 지구의 평균 밀도 5.5가 되려면 핵의 밀도가 엄청나게 커야 한다. 이 값을 만족시키는 핵의 밀도는 외핵에서 10, 내핵에서 12~13이다. 핵의 밀도가 맨틀의 두 배 이상이 되려면, 핵을 이루는 물질은 맨틀의 물질과 근본적으로 달라야 한다. 그래서 추정한 핵의 주 구성물질은 철과 니켈이다. 운석 중에서 상당히 많은 비중을 차지하는 철질 운석이 대부분 철과 니켈로 이루어졌기 때문이다. 현재의 압력조건 아래에서 핵이 모두 철과 니켈로 이루어졌다고 가정한다면, 핵의 밀도는 13보다 훨씬 커야 한다는 계산결과가 나온다. 따라서 핵의 밀도가 12~13이 되기 위해서는 핵 내에도 규소처럼 가벼운 원소가 어느 정도 들어 있어야 한다. 그래서 추정한 핵의 구성물질은 철 85퍼센트, 니켈 10퍼센트, 그리고 규소와 그 밖의 원소 5퍼센트이다.


## 지구를 이루는 것들

고체지구를 이루는 것은 단단한 암석이다. 암석은 우리의 삶에서 매우 중요하다. 우리가 살고 있는 집은 주로 시멘트로 지어지며, 시멘트는 강원도 남부에 넓게 분포한 석회암을 원료로 만들어진다. 우리가 매일 먹는 쌀과 채소는 땅에서 자라고, 소와 돼지도 땅에서 자라는 풀을 먹고 성장하기 때문에 모든 먹거리는 땅에서 나오는 셈이다(사실은 광합성 활동 때문이지만). 또 사람은 땅에서 태어나 땅으로 되돌아간다는 말에서 알 수 있는 것처럼 우리의 삶 또한 땅과 매우 밀접하게 연결되어 있다. 땅을 이루는 것은 암석이며, 암석은 광물로 이루어지고, 또 광물은 더 작은 알갱이인 원소로 이루어진다.

원소(元素, element)는 '화학적 방법으로 더 이상 쪼갤 수 없는 물질'이다. 현재 알려진 원소는 총 118종인데, 자연에서 산출되는 원소는 94종이다. 지구를 이루는 원소의 상대적 비율을 정확히 알기는 어렵지만, 현재 알려진 자료에 따르면 단지 8개의 원소—산소(O), 철(Fe), 규소(Si), 마그네슘(Mg), 니켈(Ni), 칼슘(Ca), 알루미늄(Al), 나트륨(Na)—가 99퍼센트 이상을 차지한다. 특히 지각에서 가장 많은 양을 차지하는 원소는 산소로, 지각 질량의 46.6퍼센트를 점유하며 부피에서는 90퍼센트에 달한다. 이는 산소가 질량에 비하여 부피가 크기 때문인데, 좀 과장해서 이야기하면 지각은 산소로 이루어졌다고 해도 지나치지 않다. 지각에서 두 번째로 많은 양을 차지하는 원소는 규소로, 규소와 산소를 합하면 지각 질량의 70퍼센트를 넘는다.

광물(鑛物, mineral)은 '자연에서 생겨난 고체로 일정한 화학조성과 특징적인 결정구조를 가지는 원소나 화합물'이라고 정의할 수 있다. 현재 학계에 알려진 광물은 약 4,500종이다. 이 중 암석에서 주로 발견되는 광물은 40~50종에 불과하다. 이처럼 암석을 이루는 주요 광물을 조암

광물(造岩鑛物)이라고 하며, 그중에서도 석영, 장석, 운모, 각섬석, 휘석, 감람석 등 규산염 광물이 지각의 90퍼센트 이상을 차지한다. 특히 지각의 약 60퍼센트는 장석(長石)으로 채워져 있다.

　암석(岩石, rock)을 학술적으로 정의하면 '지구에서 자연적으로 만들어진 무기물들이 단단하고 치밀하게 뭉친 덩어리'로, 우리 주변에서 흔히 볼 수 있는 바위(岩)와 돌(石)이다. 암석은 크고 작은 알갱이로 단단하게 얽혀 있는데, 이 알갱이는 대부분 광물이며 생물의 유해인 경우도 있다. 암석은 크게 화성암, 퇴적암, 변성암으로 나눌 수 있다. 화성암은 지하에 녹아 있던 물질(즉, 마그마)이 굳어져 만들어지며, 퇴적암은 지각 물질이 풍화·침식·운반·퇴적과정을 거쳐 깊이 매몰된 후 굳어져 만들어진다. 변성암은 화성암이나 퇴적암이 지하 깊은 곳에서 높은 온도와 압력의 영향으로 만들어지며, 온도와 압력이 매우 높으면 이들이 녹아 다시 마그마가 된다. 이 과정을 통해서 지구의 암석은 끊임없이 순환한다.

　그렇다면 지구에서 맨 처음 만들어진 암석은 무엇일까? 이 질문에 답하기 위해서는 먼저 지구의 탄생과정을 알아봐야 한다. 원시지구가 형성되었을 때, 지구 표면은 모두 녹은 상태, 즉 마그마로 이루어진 바다였다. 이 마그마바다가 식어 암석이 되었으니 지구 최초의 암석은 화성암이다. 그러므로 암석의 순환에 관한 논의는 마그마에서 시작해야 한다.

　지하 깊은 곳에는 암석이 녹은 상태인 마그마방이 있다. 마그마방에서 올라온 마그마는 지표에서 빠르게 식어 화산암이 되거나 지하 깊은 곳에서 서서히 굳어 화강암과 같은 심성암체를 이룬다. 화산암이나 심성암 모두 지표에 올라오면 풍화·침식·운반·퇴적작용을 겪은 다음 퇴적물로 쌓이게 된다. 이때 풍화·침식작용을 통해 암석이 깎여나가면, 그만큼 지하에 있던 암석은 솟아오르게 된다. 퇴적물은 그 위에 새로운 퇴적물이 계속 쌓이면 지하 깊은 곳에서 단단하게 굳어 퇴적암이 되고, 이 퇴적암도 지표에 드러나면 풍화·침식되어 다시 퇴적물이 된다. 암석이 지하 깊은 곳에 매몰되면 변성암이 된다. 변성암도 언젠가는 다시 지표로 올라오는데, 이 역시 풍화·침식되어 퇴적물이 된다. 그런데 어떤 암석은 지하 깊은 곳에서 높은 온도와 압력 때문에 녹아 마그마가 되기도 한다. 이 마그마는 가볍기 때문에 위로 떠오르고 지표 가까이 도달하여 화성암이 되는 또 다른 순환의 길을 걷기 시작한다. 이러한 암석의 순환은 사실 지구 전체의 움직임과 관련이 있기 때문에 암석의 순환을 이해하는 것은 궁극적으로 고체지구의 움직임을 이해하는 것이다.

## 수권: 물의 세계

지구의 물은 어디에 얼마만큼 들어 있을까? 모두가 예상하는 것처럼 대부분의 물은 지구 표면의 70퍼센트를 차지하는 해양(수권의 97.25%)에 들어 있다. 그다음으로 물을 많이 간직하고 있는 곳은 놀랍게도 빙하(2.05%)이며, 지하수의 양(0.68%)도 적지 않다. 반면, 우리의 생활에 밀접하게 연결되어 있는 강이나 호수가 차지하는 비중은 모두 합해도 0.01퍼센트에 불과하다.

그런데 물은 제자리에 있는 것이 아니라 끊임없이 움직인다. 바다와 육지에서 증발하여 구름을 이룬 물은 비와 눈이 되어 다시 바다와 육지로 떨어진다. 육지에 떨어진 비와 눈은 강물을 이루어 바다로 되돌아가거나 땅 아래로 스며들어 지하수가 되기도 하고, 극지방에서는 빙하를 이루기도 한다. 이처럼 물은 지구 곳곳을 끊임없이 돌고 돈다. 마치 사람의 몸속에 피가 흘러 생명을 유지하듯이 물은 수권·기권·지권·생물권을 순환하면서 지구의 생명을 유지한다. 이 과정에서 물은 지구 표면을 깨끗이 씻어낼 뿐만 아니라 지표면을 깎고 다듬어 지구의 모습을 바꾸어간다.

## 기권: 지구의 보호막

지구의 대기는 적당량의 태양에너지가 지구에 들어오도록 조절하며, 오존층을 형성하여 우주로부터 들어오는 해로운 광선을 막음으로써 생물이 안정적으로 생명을 유지할 수 있도록 해준다. 그러므로 대기는 지구를 외계의 해로운 물질로부터 막아주는 보호막이라고 할 수 있다.

기권이 지구 전체에서 차지하는 부피는 약 20퍼센트로, 80퍼센트를 차지하는 고체지구에 비해서는 상대적으로 작다(수권과 생물권은 모두 합해도 0.1%에 불과하다.). 대기의 주 구성 성분은 질소(78%), 산소(21%), 아르곤(0.93%)이며, 나머지 기체는 모두 합해도 0.07퍼센트밖에 안 된다. 양은 적지만, 이 나머지 기체들이 지구환경 변화에 미치는 영향은 무척 크다. 특히 이산화탄소, 메탄, 질소산화물은 온실기체로 지구의 기온을

올리고 내리는 데 중요한 역할
을 한다.

기권은 지표면으로부터 약
500킬로미터 상공까지의 구간
을 말하며, 온도의 특성에 따라
대류권, 성층권, 중간권, 열권
으로 구분된다.

대류권(對流圈, troposphere)은
우리가 살고 있는 지표면으로
부터 평균 고도 10킬로미터
(8~16km)까지의 구간으로, 기
권을 이루는 기체의 75퍼센트
가 이곳에 들어 있다. 지표면
에서 평균온도는 섭씨 15도이
며, 고도가 높아짐에 따라 온

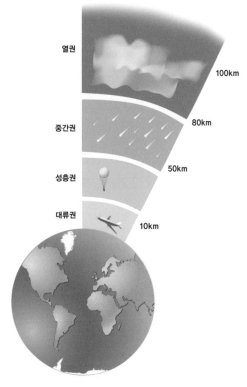

**그림 2.** 기권의 구조

도가 낮아져 대류권 최상부에서 섭씨 영하 50도에 이른다. 이 구간에
서 지표면의 따뜻한 공기는 올라가고 높은 곳의 차가운 공기가 가라앉
으면서 대류가 일어나기 때문에 대류권이라고 부른다. 성층권(成層圈,
stratosphere)은 대류권 위에 두께 약 40킬로미터의 구간인데, 고도가 높
아짐에 따라 온도가 상승한다. 이 구간에 들어 있는 오존 분자가 자외
선을 흡수하기 때문이다. 자외선은 성층권 최상부에서 가장 많이 흡수
되어 그곳의 온도는 0도에 접근한다. 성층권을 지나면 다시 온도가 내
려가기 시작하여 고도 약 85킬로미터 상공에서 온도는 영하 90도에

이르며, 이 구간을 중간권(中間圈, mesosphere)이라고 부른다. 열권(熱圈, thermosphere)은 기권의 가장 바깥쪽을 차지하며, 온도가 다시 상승하여 최고 섭씨 1,500도에 이른다. 이는 열권에 들어 있는 산소와 질소 기체 분자들이 감마선과 엑스선을 흡수하기 때문이며, 그 결과 분자들이 이온화되어 100~400킬로미터 상공에 전리층을 형성한다. 극지방에서 볼 수 있는 오로라(aurora)는 태양에서 들어오는 전자가 이온화된 기체와 결합할 때 방출하는 빛이 만들어낸 현상이다.

지구가 생명이 넘치는 행성이 된 것은 태양복사에너지 덕분이다. 태양복사에너지는 대기 속에 들어 있는 기체에 흡수되거나 지표에 도달하여 지구를 데우고, 식물이 광합성 활동을 하게끔 함으로써 생명이 유지되도록 한다. 기권에 들어온 태양복사에너지를 100퍼센트라고 했을 때, 구름이나 지구 표면에서 반사되어 곧바로 지구 밖으로 빠져나가는 양은 30퍼센트 정도이다(이를 알베도albedo라고 한다). 나머지 70퍼센트 중에서 19퍼센트는 열권, 성층권, 대류권에서 흡수된다. 태양복사에너지의 나머지 51퍼센트는 가시광선, 자외선 또는 적외선의 형태로 지표면에 도달하여 물을 증발시키거나 광합성 활동을 하거나 바람과 파도를 일으키는 데 사용된다. 대류권에 들어 있는 온실기체(수증기, 이산화탄소, 질소산화물, 메탄)들의 활동에 의한 온도상승 효과는 섭씨 33도 정도로 알려져 있으며, 그 결과 현재 지구의 평균온도 섭씨 15도가 유지된다. 만일 이 온실효과가 없다면, 평균온도가 영하 18도까지 내려가 지구는 꽁꽁 얼어붙은 행성이 되었을 것이다.

## 생물권: 지구의 생물

지구의 가장 특별한 점은 다양한 생물이 존재한다는 것이다. 생물의 분포는 기후, 고도, 수심에 따라 달라진다. 현재 대부분의 생물은 수심 200미터 이내의 얕은 바다에서부터 고도 6,000미터보다 낮은 지역에 살고 있다.

지구의 생물이 생명을 이어가는 것은 에너지를 이용하여 물질대사를 하고 자손을 번식하기 때문인데, 이 에너지는 주로 태양에서 얻는다. 식물은 광합성을 통해 에너지를 만들고, 동물은 식물을 섭취하거나 다른 동물을 먹어 에너지를 얻으며, 균류는 죽은 생물을 분해하여 에너지를 얻는다. 이처럼 생물은 잡아먹고 잡아먹히는 먹이사슬을 통하여 복잡한 생물계를 형성했다.

그렇다면 지구에는 얼마나 많은 생물이 살고 있을까? 현재 학계에 공식적으로 보고된 생물 종의 수는 200만 종이 넘는다. 매년 거의 1만~2만 종의 새로운 생물이 학계에 보고되고 있으며, 매년 많은 종이 멸종한다. 적도지방의 열대우림이나 깊은 바닷속에 들어가보면, 아직도 사람들에게 알려지지 않은 생물이 무척 많다. 이들을 연구하여 가까운 장래에 모든 생물을 학계에 보고한다는 것은 불가능하다. 그래서 학자들은 현재 지구상에 존재하는 생물종 수를 추산할 수밖에 없는데, 그 수가 적게는 1000만 종에서 많게는 1억 종이 넘는다고 한다. 여기에 과거 지질시대에 살았던 생물종 수를 더하면, 지구 생물계의 생물종은 그 수를 헤아릴 수 없을 정도로 많을 것이다.

지구가 태양계의 다른 행성과 다른 점은 달(Moon)이라는 커다란 위
성을 가지고 있다는 것이다. 달의 지름은 3,476킬로미터로 지구
의 약 4분의 1, 질량은 지구의 80분의 1, 그리고 평균 밀
도는 3.34로 지구(평균 밀도 5.51)보다 가볍다. 달은
지구로부터 384,400킬로미터 떨어져 있다. 지
구와 달은 서로의 중력에 묶여서 마치 한
덩어리처럼 돌고 있다. 그런데 지구의 질
량이 달의 80배이기 때문에 두 천체의
무게중심은 지구 표면 아래 약 1,700
킬로미터인 맨틀의 중간 부분에 위
치하며, 그 결과 지구와 달은 태양의
주위를 흔들거리며 돌고 있다.

달의 공전주기와 자전주기는 27.3일
이다. 이는 엄격한 의미에서 달이 스스
로 돌지 않음을 뜻한다. 우리가 보고 있는
달은 항상 같은 표면이라는 이야기다. 달이
항상 같은 표면을 보여주는 이유는 무엇일까?
달도 맨 처음 탄생했을 때는 자전을 했을 것이다. 그
런데 엄청나게 큰 지구의 중력이 브레이크로 작용해 달의
자전은 멈추게 되었다.

지구에서 보이는 달은 둥근 모습이지만, 사실은 달도 지구처럼 표

면이 울퉁불퉁하다. 보름달을 처다볼 때 어둡게 보이는 부분을 '바다 (mare)'라고 부르는데, 사실은 물로 채워진 것이 아니라 먼 옛날 커다란 미행성들이 충돌할 때 녹은 암석물질이 굳어져 만들어진 평원이다. 밝은 부분은 지형적으로 높은 곳으로 나이가 오래된 암석이 분포하며 분화구 모양의 작은 크레이터(crater)로 채워져 있다. 흥미로운 사실의 하나로 달에는 10여 개의 바다가 있는데 대부분 앞면(지구에서 보이는 면)에 몰려 있다는 점이다. 반면에 달의 뒷면에는 크고 작은 크레이터들만 보인다.

미국의 달 탐사선 아폴로(Apollo)가 가져온 달 암석은 크게 네 종류로 구분된다. 가장 넓게 분포하는 종류는 현무암으로 주로 달의 바다를 덮고 있다. 이밖에 반려암, 회장암, 각력암이 있다. 달 표면을 얇게 덮고 있는 표토(表土)는 운석이 충돌할 때 잘게 부스러진 파편이 먼지처럼 쌓인 것이다.

달의 내부도 지구처럼 지각, 맨틀, 핵으로 이루어진다. 하지만 액체상태의 핵은 없으며 핵이 차지하는 부피도 1퍼센트에 불과하다. 달의 지각은 두께 65~85킬로미터로 지구에 가까운 쪽이 얇고 먼 쪽이 두껍다. 달의 맨틀은 깊이 1,250킬로미터까지이며, 그 구성 성분은 지구의 맨틀과 비슷하리라 추정된다.

태양은 '별'이다. 별(恒星, star)을 간략히 정의하면, 우주 공간에서 내부 에너지를 통해 스스로 빛을 내는 물체를 말한다. 태양은 붉은색의 완벽한 공 모양을 하고 있다. 지구에서 멀리 떨어져 있기 때문에(1AU: 지구로부터 150,000,000km 떨어진 거리) 작아 보이지만, 태양은 엄청나게 큰 가스덩어리(지름 1,391,000km, 지구 질량의 332,000배)다. 주로 수소(71%)와 헬륨(27.1%)으로 이루어져 있으며, 그 밖의 성분은 1.9퍼센트에 불과하다. 태양이 빛을 내는 이유는 바로 수소와 수소가 결합하여 헬륨을 만드는 과정(핵융합반응)에서 방출되는 에너지 때문이다.

지구와 달은 태양계의 구성원이다. 지구와 달 이외에도 다른 행성, 소행성, 왜행성, 위성, 혜성 등이 태양 주위를 돌고 있다. 이들이 태양을 도는 이유는 엄청나게 큰 태양의 중력에 붙잡혀 있기 때문인데, 태양의 중력권 내에 붙잡혀 있는 모든 천체를 합쳐서 태양계(太陽系)라고 부른다.

태양 주위에는 여덟 개의 행성이 돌고 있다. 태양 가까이 있는 네 개의 행성(수성, 금성, 지구, 화성)은 모두 암석으로 이루어져 '지구형 행성'으로, 바깥쪽(목성, 토성, 천왕성, 해왕성)은 주로 기체와 얼음으로 이루어져 '거대행성' 또는 '목성형 행성'이라고 부른다. 대부분의 행성은 공전방향과 같은 방향으로 돌지만 금성과 천왕성은 반대 방향으로 돈다. 화성과 목성 사이에는 소행성대가 존재하며, 한때 행성으로 취급되었던 명왕성은 현재 왜행성으로 분류된다. 태양으로부터 30~50AU 떨어져 있는 구간(카이퍼벨트Kuiper Belt)에는 많은 왜행성이 돌고 있다.

혜성(comet)은 밤하늘에 긴 꼬리를 달고 나타나는 천체로, 타원형의 궤도를 그리며 태양 주위를 돈다. 이 밖에도 태양계 내에 돌아다니는 작은 암석이나 얼음덩어리를 유성체(meteoroid)라고 한다. 유성체는 지구의 기권에 들어오면서 불타면 별똥별이 되고, 지표면에 도달하는 암석 부스러기는 운석(meteorite)이 된다. 운석은 태양계와 지구 탄생의 비밀을 푸는 데 중요한 단서가 된다.

# 1장

# 탄생

"¹태초에 말씀이 계시니라. 이 말씀이 하나님과 함께 계셨으니 이 말씀은 곧 하나님이시니라. ²그가 태초에 하나님과 함께 계셨고 ³만물이 그로 말미암아 지은 바 되었으니 지은 것이 하나도 그가 없이는 된 것이 없느니라."

성경 요한복음 제1장의 첫 세 절이다. 오늘날 과학자에게는 이 문장에서 '말씀'과 '그' 대신 '빅뱅(Big Bang)'으로 바꾸어 넣는 것이 더 자연스럽게 들린다.

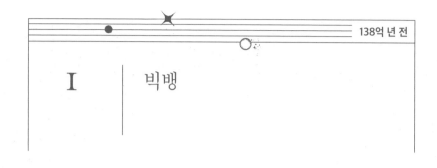

# I 빅뱅

| 우리은하 |

밤하늘에 별이 반짝거린다. 서울보다는 시골, 그중에서도 강원도 산골의 밤하늘에서 더 많은 별을 볼 수 있다. 한여름의 밤하늘을 가로지르는 희뿌연 띠의 은하수에는 사실 엄청나게 많은 별이 모여 있다. 그곳에는 우리의 태양보다 큰 별도 있고, 작은 별도 있다. 은하수가 띠로 보이는 까닭은 우리은하가 납작한 원반 모양을 이루고 있기 때문이다. 태양계는 우리은하의 중심으로부터 약 3만 광년 떨어져 있다. 원반의 가장자리에 있는 우리가 별이 많이 몰려 있는 원반의 중심 방향을 바라보면 별이 긴 띠를 이루며 늘어선 것처럼 보인다.

우리은하는 중심부가 볼록한 원반 모양의 은하로 수천억 개의 별과 그 별을 돌고 있는 행성, 그리고 곳곳에 흩어져 있는 성간구름으로 이루어진다. 우리 태양계가 회전하는 것처럼 우리은하도 회전한다. 우리

**그림 1-1.** 우리은하

은하가 납작한 원반 모양이라는 것은 은하가 회전하고 있음을 알려주
는 강력한 증거다. 우리은하는 원반 모양이라고 했지만, 만일 우리은하
를 은하 밖에서 바라보면 팔랑개비에 더 가까운 모습으로 보일 것이다.
우리은하는 반지름이 약 5만 광년이고, 한 바퀴 도는 데 약 2억 5000만
년이 걸린다고 하니 엄청나게 큰 팔랑개비다. 우리은하를 이루는 별과
성간구름 들은 대부분 나선형의 팔에 몰려 있으며, 나선팔의 사이에는
상대적으로 성간물질이 적게 들어 있다.

　우리은하만 해도 엄청나게 큰데, 우리은하가 우주의 전부가 아니라
고 한다. 이 우주에는 우리은하 같은 은하가 수천억 개 있다. 우주의 크
기와 모습을 가늠하기는 애당초 불가능해 보인다. 그렇다면 우리은하

내에서 별은 서로 얼마나 떨어져 있고, 또 은하는 얼마나 멀리 떨어져 있는 걸까?

## 우주는 팽창한다

지구는 태양으로부터 1천문단위(AU), 약 1억 5000만 킬로미터 떨어져 있다. 목성은 지구로부터 약 4AU(약 6억 km)인 곳에 떨어져 있으며, 태양계의 끝인 오르트구름은 10만 AU 거리에 있다. 그런데 별과 별 사이는 너무 멀어서 그 거리를 천문단위로 표현하는 것조차도 불편하다. 그래서 별과 별 사이의 거리를 이야기할 때는 광년(光年, 빛이 1년 동안에 이동하는 거리)이라는 단위를 사용한다. 지구에서 가장 가까운 별로 알려진 켄타우루스(Centaurus) 자리의 프록시마(Proxima)는 4.246광년 떨어져 있는데, 이는 약 40,000,000,000,000킬로미터에 해당한다. 수치가 너무 커서 읽기도 어렵다. 이해를 돕기 위해서 예를 들어보자. 태양을 야구공 크기(지름 약 7.5cm)로 축소했다고 가정하면, 서울에 야구공 하나가 있을 때 가장 가까운 야구공을 약 2,000킬로미터 떨어져 있는 홍콩에서 만나는 것과 같다. 우리은하 내에서 별이 얼마나 듬성듬성 분포하는지 상상할 수 있을 것이다.

1920년대에 미국의 천문학자 에드윈 허블(Edwin Hubble)은 우리은하 밖에도 우리은하와 비슷한 크기의 은하가 많이 있으며, 이들이 지구로부터 빠르게 멀어져간다는 사실을 관측했다. 나아가서 그는 은하들이 멀어지는 속도가 은하 사이의 거리에 비례한다는 사실도 알아냈다. 이는 서로 멀리 떨어져 있는 은하일수록 더 빠른 속도로 멀어짐을 의미한다. 예를 들면, 지구로부터 5억 광년 떨어져 있는 큰곰자리 은하는 초속 1만 6000킬로미터의 속도로, 20억 광년 떨어진 바다뱀자리 은하는 네 배가 더 빠른 초속 6만 4000킬로미터의 속도로 우리은하로부터 멀어지고 있다.

밤하늘의 별은 항상 그 자리에 있는 것처럼 보이는데, 은하가 멀어지고 있다니……. 은하가 서로 멀어지고 있다면 이는 우주가 팽창한다는 뜻이다. 그렇다면 예전에는 은하가 가까이 모여 있었을 것이다. 만일 우리가 시간을 거꾸로 돌려 아주 먼 옛날로 돌아간다면, 옛날의 우주는 작아야 한다. 그때의 우주는 과연 어떤 모습이었을까?

## | 우주의 탄생: 138억 년 전 |

허블의 관측으로부터 나온 우주가 팽창한다는 개념은 오늘날의 우주를 이루고 있는 모든 물질을 간직했던 무언가가 먼 옛날 폭발했다는 빅뱅설(big bang theory)을 낳았다. 대폭발이 일어나기 직전의 무언가는 어떤 모습이었을까? 안타깝게도 오늘날 고도로 발달한 천체물리학조차도 이 무언가의 정체를 아직 밝혀내지 못하고 있다. 천체물리학자들은 우주가 탄생해서 처음 $10^{-43}$초 동안에 일어났던 일에 대해서 아직 모른다고 말한다. 단지 이때의 온도는 $10^{32}$도보다 높았으리라 추정하고 있는데, 이 말은 그처럼 높은 온도에서 물질이 어떻게 행동하는지 모른다는 고백이다.

현재 우리가 이해하고 있는 시간과 공간의 개념은 대폭발 이전에는 성립하지 않는다. 빅뱅 이전은 우리가 알고 있는 물질과 시간, 그리고 공간이라는 개념 자체가 적용되지 않는 '무(無)'의 세계인 것이다. 우리가 이해하고 있는 무의 세계는 아무것도 없음을 의미하지만, 빅뱅에서 '무'는 아무것도 없는 것이 아니다. 그 '무'의 세계는 현재의 우리 지식으로는 이해할 수 없는 영역이다. '무'의 세계에서 탄생한 우주의 처음 $10^{-43}$초 동안에 일어났던 일들에 대해서 모른다고 말할 수 있는 천체물리학자의 능력은 무척 위대해 보인다. 우주가 탄생해 $10^{-43}$초에 이르렀을 때, 우주의 크기는 지름이 $10^{-34}$센티미터인 공간이었다고 한다. 원자의 지름이 $10^{-8}$센티미터니까 갓 태어난 우주는 얼마나 작은가! 이때가 우리가 이해할 수 있는 시간과 공간이 탄생한 시점으로, 지금으로부터 약 138억 년 전의 일이다.

## | 우주의 진화: 빅뱅 이후 |

우주가 탄생하여 $10^{-43}$초 지났을 무렵, 우주의 온도는 $10^{32}$도로 낮아졌으며 이때부터 천체물리학으로 설명이 가능해진다. 지름이 $10^{-34}$센티미터였던 우주는 $10^{-36}$초 지날 무렵 크기가 $10^{100}$배로 급팽창(inflation)했다. $10^{-43}$초에서 $10^{-36}$초까지 걸린 시간을 어떻게 측정할 수 있는지 궁금하기는 하지만, 이때가 천체물리학자가 주장하는 진정한 의미의 대폭발이 일어난 순간이다. 이 기간은 무척 짧지만 동시에 무척 중요하다. 왜냐하면 이때 현재의 우주를 이루고 있는 기본물질이 만들어지기 시작

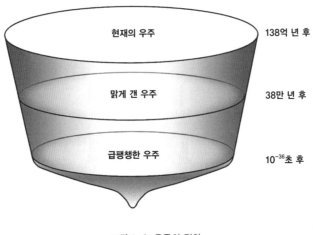

**그림 1–2.** 우주의 진화

했기 때문이다.

빅뱅으로 막 태어난 우주는 현대물리학에서 기본 물질이라고 부르는 쿼크(quark), 전자(electron), 뉴트리노(neutrino) 등과 이에 상응하는 반물질(antimatter)─반쿼크(antiquark), 양전자(positron), 반뉴트리노(antineutrino)─로 채워진 공간으로 그려진다. 이 공간에서 대부분의 쿼크와 반쿼크는 서로 충돌하여 빛을 내면서 사라지는데, 다행스럽게도 쿼크의 수가 반쿼크의 수보다 10억 개마다 한 개 더 많았다고 한다. 여기에서 다행스럽다고 말한 이유는 10억 개마다 한 개씩 살아남은(믿어지지 않겠지만) 쿼크가 모여 '현재의 우주'를 만들었기 때문이다. 만일 쿼크와 반쿼크의 수가 똑같았다면 어찌 되었을까? 아마도 우리의 우주는 만들어지지 않았을 것이며, 우리 은하, 태양, 지구, 그리고 나도 존재하지 않을 것이다.

우주 탄생 후 $10^{-5}$초가 되었을 때, 살아남은 쿼크와 쿼크가 모여 양성자와 중성자를 만들었고, 전자와 양전자가 충돌하면서 엄청난 양의 빛이 생겨났다. 그런데 이 빛은 주변의 전자와 충돌하면서 곧바로 진행하지 못하고 흐트러졌기 때문에 이때의 우주는 안개가 드리운 것처럼 뿌연 상태였다고 한다. 3분 후에는 양성자와 중성자가 결합하여 만들어진 중수소 원자핵, 양성자와 중성자 각각 두 개가 결합한 헬륨 원자핵이 만들어졌다.

우주 탄생 후 38만 년이 지나 우주의 온도가 3,000도까지 내려갔을 때, 수소원자핵과 전자가 결합하여 수소원자를, 그리고 헬륨원자핵과 두 개의 전자가 결합하여 헬륨원자를 만들었다. 이제 전자가 원자 속에 붙잡혔기 때문에 빛은 곧바로 진행할 수 있게 되었다. 이때 생성되었던 빛은 지금도 관측이 가능하며 그래서 이를 '맑게 갠 우주'라고 부른다. 이때 우주를 이루는 원자의 90퍼센트 이상은 수소였고, 나머지는 헬륨과 리튬으로 채워졌다. 그런데 이 물질들은 우주에 불균질하게 퍼져 있었다. 그 결과 수소와 헬륨이 모여 이룬 가스덩어리가 수축하면서 별을 만들고 은하도 만들기 시작했다. 우리 우주가 본격적으로 긴 진화의 길을 떠난 시점이다.

우리은하는 약 120억 년 전에 탄생한 것으로 알려져 있다. 우주가 탄생하여 18억 년이 지난 후였다. 우리은하에는 현재 수천억 개의 별이 있고, 우리은하 내에서는 지금 이 순간에도 새롭게 태어나는 별이 있는가 하면 죽어가는 별도 있다. 우리 태양계는 약 46억 년 전 우리은하의 중심으로부터 약 3만 광년 떨어진 곳에서 탄생했고, 태양은 앞으로도 50억 년은 더 빛을 발할 것이다.

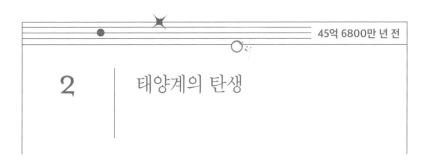

## 2 | 태양계의 탄생

| 데카르트와 칸트 |

우리가 지구(또는 태양계)의 탄생 과정을 궁금해하는 것처럼 옛날 사람들도 지구와 태양이 어떻게 생겨났는지 궁금해했다. 태양계 형성과정에 관한 최초의 과학적 해석을 제시했던 프랑스의 르네 데카르트(René Descartes)는 태양이 '에테르(ether)'라는 매질로 채워진 우주 공간을 이동하는 과정에서 에테르와 마찰을 통해 태양으로부터 떨어져나온 물질이 모여 행성을 형성했다고 주장하였다. 하지만 우주에는 에테르가 존재하지 않는다는 사실이 밝혀지면서 이 가설은 사라졌다.

1755년, 독일의 철학자 이마누엘 칸트(Immanuel Kant)는 회전하는 거대한 가스덩어리(성운)가 수축하여 태양계를 형성하였다는 성운설(星雲說)을 제안하였다. 성운이 수축하면 회전속도가 빨라져 태양 주위에 원반 모양으로 물질이 배열되고, 이 물질이 모여 행성을 이루었다고 설명

**그림 1-3.** 데카르트(왼쪽)와 칸트(오른쪽)

했다. 이 가설은 태양과 행성의 공전방향과 자전방향이 같다는 점을 명쾌하게 설명해주기 때문에 오랫동안 정설로 받아들여졌다. 하지만 태양계의 각운동량이 대부분 목성과 토성에 몰려 있다는 사실이 알려지면서 성운설은 도전을 받게 되었다. 각운동량 보존의 법칙에 따르면 회전하는 물체의 각운동량은 질량이 가장 큰 곳(태양)에 몰려 있어야 하는데, 현재 태양계 각운동량의 99퍼센트가 목성형 행성에 몰려 있고, 태양이 차지하는 각운동량은 0.5퍼센트에 불과할 정도로 무척 작았기 때문이다.

20세기에 들어와서 각운동량의 문제점을 보완하기 위한 가설들이 등장하였다. 조우설(遭遇說)에서는 태양 부근을 지나던 별의 인력에 의하여 태양을 이루고 있던 가스의 일부가 떨어져나가 행성을 만들었다고 주장했다. 쌍성설(雙星說)은 우리 태양계가 원래 두 개의 별이 쌍을 이룬 상태로 출발하였으나 그중 큰 별이 폭발하면서 가스물질이 우주 공간으로 퍼져나갔고, 이 과정에서 작은 별(현재의 태양)의 중력권 내로 들어온 가스들이 뭉쳐져 행성을 만들었다는 가설이다. 그러나 조우설이나 쌍성설 모두 가스가 모이기보다는 흐트러지기가 쉽다는 반론이 제기되면서 힘을 잃었다.

## | 원시태양성운 |

현재 정설로 받아들여지고 있는 태양계 형성이론은 칸트의 성운설에 바탕을 두고 있다. 우리 태양계를 잉태했던 태양성운은 어떤 모습이었을까? 이들을 이루었던 물질은 무엇이었을까? 우주 공간에는 다양한 모습의 성운이 있고, 이 성운 속에서는 지금도 새로운 별이 탄생하고 있다. 그러므로 46억 년 전 무렵 태양계도 그러한 성운에서 출발했을 것이라고 생각하면, 원시태양성운의 모습을 그리는 일이 그다지 어렵지는 않다.

  현재 우리은하에서 관찰되는 대부분의 성운은 99퍼센트의 가스와 1퍼센트의 먼지로 이루어졌다고 알려져 있다. 가스는 대부분 수소와 헬륨이며, 먼지는 크기가 1만분의 1밀리미터(담배 연기 알갱이 정도의 크기)보다 작은 광물 또는 얼음알갱이다. 그러므로 원시태양성운의 구성물질도 이들과 비슷했으리라고 추정해볼 수 있다. 원시태양성운의 크기나 질량을 정확히 알기는 어렵지만, 적어도 지금의 태양계보다는 더 크고 더 무거웠을 것으로 생각된다. 태양계 형성과정에서 수축이 일어났고

**그림 1-4.** 오리온자리에 있는 말머리성운

또한 상당량의 물질은 태양이 별로 탄생하는 과정에서 태양계 밖으로 밀려났기 때문이다. 그렇다면 원시태양성운은 어떻게 수축하기 시작했을까?

우주 공간에 떠 있는 성운은 역학적으로 안정하다고 알려져 있다. 이는 성운이 자체 중력으로 수축하려는 힘과 내부 열에 의하여 팽창하려는 힘이 균형을 이루고 있다는 뜻이다. 따라서 성운은 흐트러지지도 않고 수축하지도 않는다. 지금 우리은하의 어딘가에서 별이 태어나고 있다면 이는 성운이 수축했음을 의미한다. 성운이 수축하려면 성운의 중력에너지가 내부 열에 의한 팽창에너지보다 커져야 한다. 성운의 중력에너지가 커지려면 성운의 밀도가 증가해야 하며, 성운의 밀도가 증가하려면 외부로부터 성운 속으로 들어오는 물질이 있어야 한다. 그러한 일은 과연 어떻게 일어났을까?

지금 이 순간에도 별은 새롭게 태어나고, 또 죽어간다. 별이 죽어가는 과정은 다양하다. 태양처럼 작은 별은 마치 촛불이 사그라드는 것처럼 조용히 죽어간다. 그러나 태양보다 몇 배 큰 별은 죽기 직전 엄청난 폭발을 일으키면서 일생을 마감한다. 이 엄청난 폭발이 일어날 때 자신이 가지고 있던 물질을 우주 공간으로 뿜어내는데, 그 모습은 밤하늘에 펼쳐지는 불꽃놀이를 연상하면 된다. 이처럼 대폭발을 일으키면서 사라지는 별을 초신성(超新星, supernova)이라고 부른다. 옛 사람들은 밤하늘에 갑자기 밝게 빛나는 별이 나타났기 때문에 '커다란 새로운 별'이란 이름을 붙였지만, 사실은 일생을 마감하는 별의 마지막 모습을 보고 있던 셈이다.

초신성 폭발은 우주의 진화과정에서 무척 중요하다. 그 이유는 초신성 폭발이 일어날 때 우주 공간으로 퍼져나간 물질이 그냥 사라지는 것이 아니라 가까운 곳에 있던 성운 속으로 들어가 새로운 별을 탄생시키기 때문이다. 초신성의 잔해가 가까운 성운 속으로 들어가면, 성운의 밀도가 증가하여 중력에너지가 팽창에너지보다 커지게 된다. 그러면 안정적이던 성운은 수축하며 회전하기 시작하고, 성운물질이 중심부로 몰리게 되면 각운동량 보존의 법칙에 따라 성운의 회전속도는 점점 빨라진다. 마치 피겨스케이팅 선수가 팔을 뻗어 회전하다가 팔을 움츠리

**그림 1-5.** 초신성의 폭발

면 더욱 빠르게 도는 것과 같은 이치다. 성운물질의 대부분이 중심부에
모이면 새로운 별이 탄생한다.

　약 46억 년 전, 우리의 태양성운도 가까운 곳에 있던 큰 별이 초신
성 폭발을 일으킬 때 튕겨져나온 잔해의 일부가 태양성운 안으로 들어
오면서 수축과 회전운동의 시동이 걸렸을 것이다. 회전이 빨라짐에 따
라 성운물질은 중심부로 몰렸고, 태양성운은 가운데가 볼록한 원반 모
양을 이루었다. 성운을 이루고 있는 수소원자 하나 하나는 무척 가볍지
만, 이들이 많이 모이면 엄청난 힘을 발휘한다. 성운 중심부의 밀도, 압
력, 온도는 점점 증가하였고, 중심부에 태양성운 질량의 99.9퍼센트 이

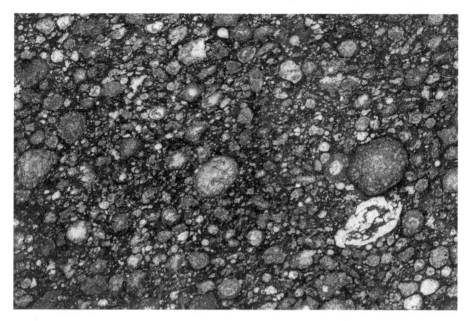

**그림 I-6.** 곤드룰이 모어 민들이진 콘드리이트

상이 모였을 때 온도는 섭씨 1000만 도에 이르게 되었다. 이때 수소와
수소가 합쳐져 헬륨을 만드는 핵융합반응이 일어났고, 성운의 중심부
는 엄청난 에너지를 내뿜으며 빛나기 시작하였다. 우리의 태양이 별로
탄생하는 순간이다. 태양의 중심부에서 핵융합반응이 시작되면, 태양
성운은 수축을 멈추고 중심부의 압력과 온도가 일정하게 유지되어 별
로서의 긴 여정을 출발하게 된다.

태양이 태양성운의 중심부에서 별로 태어났을 무렵, 태양 주변에 있
던 가스와 먼지는 납작한 원반을 이루며 돌고 있었다. 막 태어난 태양
이 무척 뜨거웠기 때문에 가까운 곳(소행성대까지)에 있던 원반의 먼지들
은 녹았다가 다시 굳어 콘드룰(chondrule: 그리스어로 씨앗이라는 뜻)이라고

불리는 작은 구슬 모양의 알갱이를 만들었다. 시간이 흐르면서 이 콘드룰들이 충돌하면서 합쳐져 점점 큰 덩어리를 만들었다. 지금으로부터 약 45억 6800만 년 전의 일이다(Bouvier and Wadhwa, 2010). 태양으로부터의 거리에 따라 온도가 달랐기 때문에 태양에 가까운 곳에서는 용융점이 높은 암석 덩어리들이 만들어졌고, 먼 곳에서는 주로 물, 암모니아, 메탄으로 이루어진 얼음 덩어리들이 생성되었다.

지구에 떨어진 운석 중에 90퍼센트는 콘드룰로 이루어진 운석으로 콘드라이트(chondrite)라고 부른다. 콘드라이트 운석은 태양계 형성 초기의 모습을 간직하고 있기 때문에 태양계 탄생 비밀을 밝히는 데 중요한 재료이다. 운석 중에서 나머지 10퍼센트는 콘드룰을 갖지 않은 운석으로 아콘드라이트(achondrite)라고 부른다. 아콘드라이트 운석은 미행성이 충돌하는 과정에서 부스러져 만들어진 것으로 추정하고 있다.


| 별의 일생 |


앞에서 빅뱅이 일어난 후 3분이 지났을 무렵 수소와 헬륨이 만들어졌다는 것을 알게 되었다. 태양성운을 이룬 가스는 모두 수소와 헬륨이므로 빅뱅의 산물이다. 그런데 콘드룰을 이룬 광물들은 대부분 철이나 마그네슘을 포함한 규산염 광물이다. 콘드룰을 만든 먼지 크기의 광물알갱이들은 어디서 왔을까? 또 우리는 지구를 구성하는 자연계에는 94종의 원소가 있으며, 이 원소 중에서 산소, 철, 규소, 마그네슘, 니켈, 칼슘, 알루미늄, 나트륨 등 8대 원소가 98퍼센트를 차지한다는 것도 알았다.

이처럼 무거운 원소는 어디에서 왔을까?

결론부터 말하면, 태양보다 먼저 태어났던 다른 별에서 왔다. 앞에서 원시태양성운의 중심부에서 수소의 핵융합반응으로 헬륨이 만들어지기 시작한 순간을 태양이 별로 태어난 시점이라고 말했다. 수소원자핵 네 개가 융합하여 헬륨원자핵 한 개를 만드는데, 이렇게 만들어진 헬륨원자핵은 수소원자핵 네 개보다 무게가 약 1퍼센트 덜 나간다. 이때 사라진 1퍼센트의 질량이 열에너지로 바뀌어 핵융합반응을 더욱 촉진시킨다. 이처럼 질량이 에너지로 변환될 수 있음을 밝혀낸 유명한 공식이 아인슈타인의 $E=mc^2$(E는 에너지, m은 질량, c는 광속도)이다. 별의 중심핵에서 핵융합반응이 일어나면 별은 수축을 중지하고 내부의 온도와 압력이 일정해지는 안정된 상태(천문학에서 말하는 주계열성 단계)에 이르러 별로서의 일생을 시작하게 된다.

오랜 기간 핵융합반응이 일어나면 별의 중심핵에는 헬륨이 많아지지만, 헬륨은 수소의 핵융합반응이 일어나는 1000만 도 정도의 온도에서는 핵융합반응이 일어나지 않는다. 그러다가 생성된 헬륨의 중력 수축을 통해 중심부의 온도가 올라가면, 가장자리의 온도도 상승하여 수소 핵반응을 일으키는 층이 형성된다. 헬륨으로 이루어진 중심부가 계속 수축함에 따라 가장자리의 온도는 올라가기 때문에 별의 바깥부분이 크게 부풀어 올라 붉은색을 띠는 적색 거성(red giant) 단계에 들어가게 된다. 적색 거성으로 발전한 별의 중심핵이 계속 수축하여 중심 온도가 1억 도에 이르면 헬륨의 핵반응이 일어난다. 이 핵반응은 헬륨핵 세 개가 합쳐져서 탄소핵 한 개를 만든다. 그러면 별의 중심핵은 또 수축하고 온도는 더욱 올라가 더 무거운 원소를 생성시키는 핵반응으로 이어지게 된다.

그러나 모든 별이 똑같은 과정을 겪는 것은 아니다. 질량이 태양과 비슷하거나 작은 별은 중력이 작아 중심부의 온도를 충분히 올리지 못하기 때문에 탄소의 핵반응을 일으키지 못하고 식어 더 이상 우주 진화에 참여하지 않는 백색 왜성(white dwarf)으로 일생을 마감한다. 그러나 태양보다 질량이 큰 별은 질량이 커짐에 따라 점점 더 무거운 원소를 만든다. 탄소가 융합해 네온을 만들고, 네온이 융합해 산소를 만들고, 다음에는 마그네슘, 규소, 황, 철이 만들어진다. 철은 별의 핵융합과정에서 만들어지는 마지막 단계의 원소로 매우 낮은 에너지를 가진다. 따라서 별의 중심핵에 철이 생성되면 더 이상 핵융합반응은 일어나지 않는다. 그때까지 별은 역학적으로 안정된 상태를 유지하고 있다. 즉, 중력에너지는 질량을 별의 중심으로 끌어당겼고, 핵반응에 의한 열에너지는 질량을 밖으로 밀어내고 있다는 뜻이다.

그러나 중심핵이 철로 채워지면 밖으로 밀어내는 힘이 갑자기 없어지기 때문에 별은 중력 수축을 일으키게 된다. 별이 순간적으로 엄청난 힘으로 수축하기 때문에 중심부에 있던 물질들은 엄청난 폭발을 일으키며 바깥쪽으로 튕겨나가게 된다. 이처럼 폭발하는 별이 초신성이다. 이때 별의 겉 부분은 우주 공간으로 날아가버리고 중심핵만 남아 중성자별(neutron star) 또는 블랙홀(black hole)을 형성한다. 여기서 기억해야 할 중요한 내용 중 하나는 초신성이 폭발할 때 철보다 더 무거운 원소가 만들어진다는 점이다. 이처럼 튕겨나간 초신성의 잔해는 가까운 곳에 있던 성운 속으로 들어가 새로운 별의 탄생으로 이어진다. 상상력이 풍부한 독자라면 여기서 우리의 지구뿐만 아니라 자신의 몸을 이루고 있는 탄소, 산소, 질소, 인 등이 모두 초신성으로부터 왔음을 깨달았을 것이다.

## 원시태양계

원반의 적도면을 돌고 있던 콘드라이트들이 충돌하면서 합쳐져 지름 수 킬로미터에서 수백 킬로미터의 미행성(微行星, planetesimal)이 만들어졌다. 이때까지 걸린 시간은 태양계 탄생 후 100만 년도 되지 않았을 것으로 추정된다. 미행성의 덩치가 점점 커져 지름 수백 킬로미터에 이르면, 충돌할 때 가해지는 엄청난 에너지 때문에 중심부는 녹아 핵을 이루었다. 이 무렵 원시태양(별의 진화과정에서 T-타우리 단계)은 강력한 태양풍을 발생시켜 태양 가까이 있던 가스를 원반의 바깥쪽(소행성대보다 먼 곳)으로 밀쳐냈다. 그 결과 태양에 가까운 궤도에는 암석으로 이루어진 미행성만 남겨졌고, 이 미행성이 뭉쳐서 지구형 행성─수성, 금성, 지구, 화성─의 모태를 이루었다.

한편, 태양으로부터 지구 거리의 세 배(3AU) 이상 떨어진 원반의 바깥 부분에서는 얼음과 암석으로 이루어진 미행성이 충돌하면서 빠르게 원시행성을 만들고 있었다. 이 원시행성이 지구 크기의 열 배에 이르렀을 때, 강력한 중력이 작용하여 태양풍에 밀려났던 가스를 끌어 모았고, 그 결과 목성과 토성은 각각 지구 질량의 약 300배와 100배에 달하는 거대 행성으로 성장하였다. 목성이 더욱 많은 가스를 끌어들였다면, 중심부에서 핵융합반응이 일어나 별이 될 수 있었을지도 모른다. 그랬

**그림 1-7.** 태양성운이 수축하여 중앙에 태양이 만들어지고 주변의 가스원반에서 미행성이 돌고 있는 모습

다면 우리 태양계는 별이 두 개인 쌍성계를 형성하여 전혀 다른 진화 경로를 밟았을 것이다.

토성 궤도의 바깥쪽에도 미행성의 총량은 많았지만, 서로 흩어져 있었고 공전주기도 길었기 때문에 행성이 덩치를 키우기까지 시간이 많이 걸렸다. 그래서 천왕성과 해왕성의 경우 고체로 이루어진 핵의 크기는 목성이나 토성과 비슷하지만, 이들이 어느 정도 커졌을 때는 원반에 남아 있던 가스가 적어 끌어올 수 있는 양이 많지 않았다. 그 결과 천왕성과 해왕성은 목성이나 토성처럼 커지지 못했다.

목성형 행성의 경우, 원시행성 가까이 있던 암석 알갱이는 모두 원시행성 표면으로 떨어졌지만 먼 곳에 있던 알갱이는 끌려오지 않았다. 이먼 곳에 있던 알갱이는 자기들끼리 합쳐져 위성을 형성하였고, 그 결과 목성과 토성 모두 60개 이상의 많은 위성을 가지게 되었다. 하지만 어정쩡하게 가까이 있던 암석알갱이는 행성이 미치는 힘 때문에 뭉쳐지지 않고 고리를 이루었다. 이처럼 행성 주위를 도는 암석 덩어리가 자신의 중력 때문에 뭉칠 수 없는 범위를 로시한계(Roche limit)라고 한다. 로시한계는 목성과 토성의 경우 행성 반지름의 약 두 배, 그리고 지구 크기의 행성인 경우 반지름의 세 배 거리로 알려져 있다.

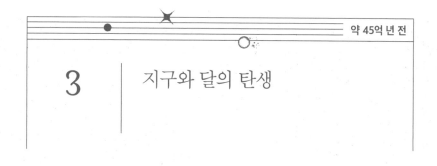

## 3 지구와 달의 탄생

| 달 탄생에 관한 가설 |

우리 지구는 무척 큰 위성인 달(지름 3,476km)을 가지는 점에서 다른 지구형 행성과 뚜렷이 구분된다. 현재 지구와 달은 한 덩어리(지구와 달의 무게 중심은 지구 표면 아래 1,700km인 지점에 있다.)처럼 돌고 있다. 이는 지구와 달이 형성과정에서 밀접하게 연결되어 있음을 의미한다. 따라서 지구와 달의 탄생 과정은 함께 생각해야 한다.

달의 특징은 크게 여섯 가지로 나눌 수 있다. 첫째, 달의 공전궤도면은 황도면에 5도가량 기울어 있는 반면, 지구의 자전축은 황도면에 23.5도(21.5°에서 24.5° 사이에서 주기적으로 변한다.) 기울어져 있으므로 지구의 적도면과 달의 공전궤도면은 아무런 상관이 없어 보인다. 둘째, 현재 달은 지구로부터 매년 3.8센티미터씩 멀어지고 있으며, 이에 따라 지구의 자전속도도 서서히 감소(1만 년에 0.2초씩)하고 있다. 셋째, 달은 비중이 3.3

**그림 1-8.** 지구와 달

으로 지구의 비중 5.5에 비하면 훨씬 가벼운 물질로 이루어져 있다. 넷째, 달에는 물을 포함한 휘발성물질과 철이 매우 적다. 다섯째, 지구와 달의 각운동량은 다른 지구형 행성에 비하여 엄청나게 크다. 지구의 자전속도와 달의 공전속도가 무척 빠르다는 뜻이다. 여섯째, 달 암석과 지구 맨틀의 산소동위원소 비는 거의 비슷하다. 이는 지구와 달이 태양으로부터 거의 같은 거리에서 만들어졌음을 의미한다. 지구와 달의 탄생 이론은 위와 같은 달의 특성을 모두 설명할 수 있어야 한다.

달은 과연 어떻게 만들어졌을까? 태양계 형성과정에 관해서 여러 가지 가설이 제안되었던 것처럼 달의 형성과정에 대해서도 다양한 생각이 발표되었다. 19세기 후반 찰스 다윈의 아들 조지 다윈이 제안한 분열설(分裂說)은 먼 옛날 녹은 상태였던 원시지구가 빠르게 회전하면서 지구와 달로 분리되었다고 설명했다. 이 가설과 관련하여 흥미로운 내용의 하나는 지구에서 떨어져나간 부분이 태평양이고, 떨어져나가다가 마지막으로 남겨진 자국이 하와이 섬이라는 주장이다. 하지만 이 가설은 달의 공전궤도가 지구의 적도면과 다른 이유를 설명할 수 없다는 점, 그리고 분열 때문에 달이 떨어져나갈 정도라면 각운동량이 엄청나게 컸어야 한다는 문제점이 있었다. 달이 떨어져나갈 정도의 각운동량이라면 당시 지구가 한 시간마다 한 바퀴씩 돌았어야 한다는 계산이 나오는데, 현재 지구와 달의 각운동량으로는 일어날 수 없는 자전속도이기 때문이다.

포획설(捕獲說)은 다른 곳에서 만들어진 미행성이 지구의 인력에 끌려와 달이 되었다는 가설이다. 이 가설은 지구와 달의 산소동위원소 비가 같은 점을 설명하기 어렵고, 달이 지구에 접근할 때의 속도와 방향이 한 치의 오차도 없이 정확히 들어맞아야 한다는 가정이 필요하다(화성을 도는 두 개의 위성은 지름이 10~20km로 크기도 작고 모양도 둥글지 않기 때문에 가까운 소행성대에서 포획되었을 가능성이 크다). 또 다른 가설로 지구와 달은 지구 궤도를 돌고 있던 미행성이 모여 독자적으로 형성되었다고 하는 집적설(集積說)이 있다. 그러나 이 가설은 지구와 달의 각운동량이 큰 점, 밀도가 다른 점, 달의 공전궤도가 기운 점 등을 설명할 수 없다.

앞서 알아본 것처럼, 태양계의 행성은 원반에 있던 미행성의 충돌로 만들어진 것이 확실하다. 지구 역시 지구 궤도를 돌고 있던 미행성의 충돌을 통해 합쳐지기도 하고 부서지는 과정을 반복하면서 형성되었을 것이다. 그런데 우리 지구는 달이라고 하는 큰 위성을 갖고 있기 때문에 무언가 특이한 과정을 겪어야 한다. 현재 달의 형성과정을 가장 잘 설명하는 이론으로 받아들여지고 있는 학설은 1970년대 중반 등장한 거대충돌설(巨大衝突說)이다(Hartmann and Davis, 1975).

## | 거대충돌설 |

거대충돌설에 따르면 지구 궤도를 돌던 미행성이 모여 지구의 90퍼센트 크기인 원시지구가 만들어졌을 무렵, 같은 궤도를 돌고 있던 화성 크기의 미행성이 원시지구와 충돌했다고 한다. 이름 짓기 좋아하는 과학자들은 이 미행성에 그리스 신화에 나오는 티탄족 중에서 달(셀레네 Selene)을 낳은 여신의 이름을 따서 테이아(Theia)라는 이름을 붙였다. 컴퓨터를 이용한 충돌 모의실험에서 살펴보면, 원시지구와 테이아가 충돌한 후 두 천체를 이루고 있던 물질 대부분이 합쳐져 지구의 모태를 이루었고, 충돌할 때 부서진 암석 파편은 원반 모양을 이루며 지구의 주위를 돌고 있었다.

시간이 흐르면서 로시한계(지구 중심으로부터 약 1만 8000km 상공) 내에 있던 암석 덩어리는 모두 지구로 떨어졌지만, 그 바깥에 있던 덩어리는 자기들끼리 모여 달을 만들기 시작하였다. 이들이 모두 합쳐져 달이 완성되는 데에는 불과 1년밖에 걸리지 않았으며, 이때 달은 지구로부터 2만 4000킬로미터 떨어져 있었다고 한다. 현재 지구와 달 사이의 거리가 38만 4000킬로미터이므로 지난 45억 년 동안에 36만 킬로미터 멀어진 셈이다. 거대충돌설이 달의 형성과정을 설명하는 데 적절해 보이

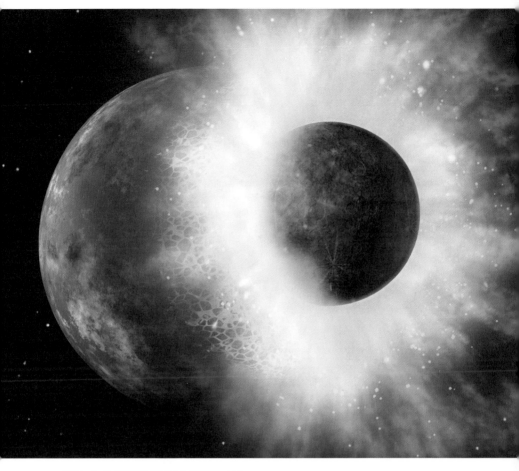

**그림 1-9.** 원시지구와 테이아가 충돌하는 모습

기는 하지만, 그래도 몇 가지 궁금한 점이 남아 있다. 원시지구와 테이
아는 어떤 방식으로 충돌했을까? 그 충돌은 정확히 언제 일어났을까?
달은 왜 하나만 만들어졌을까? 지구와 크기가 비슷한 금성은 왜 위성
이 없을까?

먼저 원시지구와 테이아가 충돌하는 모습부터 알아보자. 거대충돌설을 다룬 논문은 많지만, 충돌 양상에 대한 그럴듯한 그림은 아직도 나오지 않고 있다. 두 천체가 정면으로 충돌했는지, 아니면 지구중심으로부터 어느 정도 벗어나서 충돌했는지도 확실치 않다. 테이아의 크기도 보통 화성(지구의 10분의 1)만하다고 알려져 있지만, 지구의 3분의 1이었다는 주장도 있고, 또 크기가 엇비슷한 원시지구와 테이아가 정면충돌했다는 가정 아래 이루어진 모델링 연구에서도 지구와 달이 형성될 수 있다는 결과를 얻었다.

그래도 대부분의 모델링 연구에서는 화성 크기의 미행성 테이아가 원시지구의 중심으로부터 약간 비켜나서 충돌했을 경우를 가정하여 실험을 했다. 충돌하는 순간 크기가 작은 테이아는 마치 밀가루 반죽처럼 뭉개졌고, 충돌의 충격으로 원시지구도 일그러졌다. 테이아의 무거운 중심핵은 원시지구의 중심핵과 합쳐졌지만, 충돌 부분의 지각과 맨틀 부분은 높은 온도 때문에 증발하거나 잘게 부스러져 생겨난 파편들이 우주 공간으로 튕겨져나갔다. 파편 중에 멀리 간 것은 소행성대까지 튕겨나가기도 했다.

지구의 나이는 보통 46억 살로 알려져 있다. 그런데 이 나이는 지구에 떨어진 운석의 나이로부터 정해진 것이기 때문에 사실은 태양계의 나이이다. 현재 거대충돌설에서는 태양계가 탄생한 후 한참 지난 다음 커다란 원시행성 두 개가 충돌하여 현재의 지구와 달을 만들었다고 주장한다. 그렇다면 원시지구와 테이아의 충돌 시점은 어떻게 알아낼 수 있을까? 지구에서 알려진 가장 오래된 암석이 약 40억 살이니까 지구에서 그 증거를 찾을 수는 없다. 결국 충돌 시점에 대한 답은 달 암석에서

찾거나 아니면 또 다른 어떤
방법을 모색해야 한다.

달 암석의 자료를 바탕으로
제안된 달의 탄생 시점(또는
원시지구와 테이아의 충돌 시점)은
태양계 탄생 후 6800만 년이
지났을 즈음인 약 45억 년 전
이고(Touboul et al., 2007), 동시
에 지구가 현재의 크기에 도
달한 시점이기도 하다. 그런
데 2015년 4월 중순, 거대충

그림 1-10. 충돌을 겪은 운석

돌 시점과 관련된 증거를 달이 아닌 운석에서 찾았다는 흥미로운 연구
가 발표되었다(Bottke et al., 2015). 그들은 테이아가 충돌할 때 생겨난 암
석 파편이 소행성대까지 튕겨나가서 그곳을 돌고 있던 소행성과 충돌
할 수 있다는 점에 주목하였다. 암석 파편이 엄청난 속도(초속 10km)로
소행성과 충돌했기 때문에 충돌한 암석은 순간적으로 녹았다가 다시
굳었을 것으로 추정하였다.

그들은 전 세계의 운석 자료로부터 녹은 흔적이 있는 운석 34개를 찾
아냈고, 그 녹은 부분의 나이 자료로부터 거대충돌 시점이 44억 7000만
년 전이라는 결론을 얻었다. 이 연구는 분명 새로운 발상이지만, 내가
흥미롭게 생각한 점은 시료를 얻을 수 있는 확률 문제였다. 거대충돌로
튕겨나간 파편이 소행성대에 도달하여 소행성과 충돌하는 것은 그다지
어려워 보이지 않는다. 왜냐하면 충돌로 튕겨나간 파편이 엄청나게 많

왔고, 소행성대에는 수많은 소행성이 돌고 있기 때문이다. 그러나 소행성대에서 충돌한 암석 덩어리 중에서 또다시 운석의 형태로 지구에 도달할 가능성은 무척 희박해보인다.

2017년 1월 이 책의 초고를 거의 완성했을 무렵, 달의 나이가 예전에 알려졌던 것보다 더 오래되었다는 새로운 연구 결과가 발표되었다 (Barboni et al., 2017). 이 연구는 1971년 달 탐사선 아폴로 14호가 가져온 월석에 들어 있는 지르콘 광물을 분석해 달이 탄생한 때가 45억 1000만 년 전이라고 주장했다. 지르콘 광물의 암석연령 자료가 가장 믿을 수 있다는 사실을 받아들인다면, 달의 탄생, 나아가서 지구가 지금과 같은 행성으로의 모습을 갖추게 된 때는 45억 1000만 년 전이고, 이 시점이 진정한 의미에서 지구의 탄생이라고 말할 수 있다.

이 연구 결과로부터 생각해보면, 태양계 탄생 45억 6800년 전에서 지구의 탄생 45억 1000만 년 전까지의 기간은 지구의 태아기(胎兒期)라고 불러야 할 것이다. 마치 어머니의 뱃속에서 10개월을 성장하여 태어난 아기처럼, 우리 지구도 태양계의 가스원반에서 거의 6000만 년에 가까운 성장기간을 거친 후 45억 1000만 년 전 지금 크기의 행성으로 태어났기 때문이다.

테이아가 원시지구에 어떻게 충돌했는지 잘 모르는 상황에서 '왜 지구의 위성은 하나일까?'라는 질문은 무의미할지도 모른다. 비과학적인 답변이 될 수도 있겠지만, 테이아와 원시지구가 위성 하나를 만들기에 적절한 속도와 방향으로 충돌했기 때문일 것이다. 이는 우연히 그러한 일이 일어났다는 말과 크게 다르지 않다.

만일 테이아가 원시지구에 정면충돌했다면 어떤 일이 벌어졌을까?

어쩌면 테이아의 대부분이 지구와 합쳐지면서 달이 아예 만들어지지 않았거나, 아주 작은 달을 만들었을지도 모른다. 또 정면충돌은 아니지만 테이아가 좀 더 원시지구의 중심에 가깝게 충돌했다면, 초기의 지구 자전속도가 달의 공전속도보다 느렸을 가능성이 있다. 그러면 지구의 중력 때문에 달에 제동이 걸리기 때문에 달은 빙글빙글 돌다가 결국 지구로 추락하여 없어져버렸을 것이다. 반대의 경우로 테이아가 지구 중심으로부터 더 빗겨나 충돌했다면 어떤 일이 벌어졌을까? 지구는 훨씬 빨리 돌았을 것이고, 더 많은 암석 파편이 더 멀리 흩어지기 때문에 여러 개의 작은 달이 만들어졌을 수도 있다.

2017년 1월, 이스라엘 연구진은 달이 여러 차례에 걸친 작은 미행성의 충돌로 형성되었다는 다중충돌설(多重衝突說)을 발표했다(Rufu et al., 2017). 그들은 한 번의 거대충돌로는 지구와 달이 지구화학적으로 매우 비슷한 점을 설명하기 어렵다는 문제를 해결하기 위해서 다중충돌설을 제안했다. 컴퓨터를 이용한 모의실험에서 현재 달의 100분의 1에서 10분의 1 크기인 미행성이 여러 차례 원시지구와 충돌하면서 달이 만들어지는 모습을 그려냈다.

충돌 후 튕겨져나온 암석 부스러기가 지구 주위에 원반을 만들고, 원반에 있던 암석 부스러기가 모여 작은 달을 만들었다고 한다. 작은 달이 돌고 있는 과정에서 새로운 미행성이 충돌하면서 또 다른 원반을 형성하여 새로운 작은 달이 만들어진 다음, 시간이 흐르면서 이 작은 달들이 충돌하여 합쳐졌다는 설명이다. 이러한 과정은 한동안 반복되었는데, 현재의 달을 완성하기까지 20여 차례의 미행성 충돌이 일어났을 것으로 추정했다.

거대충돌설에서는 마치 단 한번의 충돌을 통해 달이 형성된 것처럼 그리고 있다. 하지만 지구와 달의 형성 초기에는 크고 작은 미행성의 충돌이 있었을 것으로 예상된다. 그렇기 때문에 다중충돌설이 거대충돌설을 대치하기보다는 거대충돌설을 보완하는 이론이 될 수 있을지도 모른다.

| 달은 원래 두 개였다? |

다중충돌설과 관련이 있을 수도 있겠지만, 1990년대 후반에 발표된 달 형성과정을 다룬 연구에서 달 궤도에는 원래 두 개의 위성이 존재했었다는 결과가 잇달아 등장하였다. 그로부터 10여 년이 지난 2011년 8월, 아주 오랜 옛날 달 궤도에 있던 두 개의 위성이 합쳐져 지금의 달이 완성되는 과정을 다룬 흥미로운 논문이 발표되었다(Jutzi and Asphaug, 2011). 그 모델링 연구 결과에 따르면, 테이아 충돌 후 달의 공전궤도에 어느 정도 크기의 큰 위성이 만들어졌을 때 현재 달의 3분의 1 크기인 작은 위성이 함께 돌고 있었다고 한다. 이때 큰 위성은 지름 3,500킬로미터였고, 작은 위성은 지름 1,270킬로미터였을 것으로 추정하였다.

역학적으로 하나의 궤도에 두 개 이상의 위성이 오랫동안 존재할 수 없는데, 충돌 후 수천만 년 동안은 그러한 일이 가능하다고 한다. 그들은 큰 위성과 작은 위성의 충돌이 테이아 충돌 후 7000만 년이 지났을 무렵(약 44억 3000만 년 전)에 일어났다고 추정하였다. 미행성이 충돌하면 일반적으로 깊은 분화구 흔적(달의 바다와 같은)을 남기지만, 충돌속도가

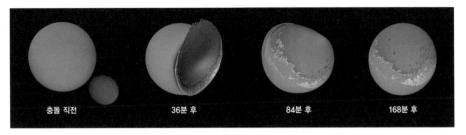

| 충돌 직전 | 36분 후 | 84분 후 | 168분 후 |

**그림 1-11.** 달 궤도를 돌고 있던 두 개의 위성이 충돌해 합쳐지는 모습. 충돌한 부분은 현재 달의 뒷면이다.

느린 경우(초속 2~3km)에는 충돌한 미행성 물질이 녹아 마치 밀가루 반죽을 프라이팬에 부었을 때 반죽이 퍼져나가는 것처럼 원시 달 표면으로 퍼져나가면서 달라붙었다는 것이다.

작은 위성이 충돌한 부분은 현재 달의 뒷면으로 그곳은 상대적으로 나이가 많은 암석들이 높은 지형을 이루고 있고, 지각도 앞면보다 더 두껍다(약 85km). 반면에 달의 앞면은 상대적으로 암석의 나이가 젊고, 지형적으로도 낮고 평탄하며, 지각의 두께도 얇다(약 65km). 연구자들은 테이아 충돌 후 한동안 달 궤도를 돌고 있던 두 위성은 마그마바다를 이루고 있었지만, 작은 위성의 크기가 작았기 때문에 큰 위성보다 더 빨리 굳었을 것으로 추정하였다. 큰 위성과 작은 위성이 충돌할 무렵인 약 44억 3000만 년 전, 빨리 굳은 작은 위성이 아직 완전히 굳지 않은 큰 위성의 뒷면에 달라붙었기 때문에 현재 달 뒷면 암석의 나이가 더 많고 지각도 더 두꺼워졌다. 반면에 달의 앞면은 더디게 굳어 뒷면 암석에 비해 젊다는 해석이다.

자연과학자로서 어떤 자연현상이 우연히 일어났다는 말을 하기는 싫지만, 태양계 형성 초기에 행성이 만들어지는 과정을 추적하다 보면 '우연'한 사건이 자주 일어났다는 느낌을 지울 수 없다. 만일 테이아처럼 큰 미행성이 지구와 충돌하지 않았다면 어떤 일이 벌어졌을까? 분명한 것은 달이 만들어지지 않았을 것이고, 아마도 지구는 지금처럼 빠른 속도로 자전하지 않았을 것이며 자전축도 23.5도 기울지 않았을 것이다. 어쩌면 그런 일이 금성에서 일어났을지 모른다.

물론 금성도 미행성이 충돌하여 합쳐지면서 덩치가 커졌겠지만, 금성의 자전속도(243일)가 무척 느리고 자전축(약 3°)도 거의 기울지 않은 것으로 보아 지구처럼 커다란 미행성의 충돌은 없었던 듯하다. 게다가 금성은 공전방향과 반대방향으로 자전하고 있는데, 그 이유는 금성 형성의 중요한 순간에 충돌한 미행성이 금성을 반대편으로 돌게끔 부딪쳤기 때문일 것이다. 지구형 행성은 아니지만 천왕성은 공전궤도에 거의 수직인 방향으로 자전하는데 이 역시 천왕성 형성의 마지막 순간에 충돌한 거대한 미행성(지구만한 크기의 원시행성이었을 것으로 추정)이 그러한 자전방향을 결정했을 것이다.

태양계의 행성이 태양 주위를 돌고 있던 가스원반에서 함께 태어나기는 했지만, 각 행성의 모습은 어떤 '우연'이 작용했느냐에 따라 결정된 것처럼 보인다. 그 '우연'이 무엇인지 밝히는 일이 행성지구과학자들의 임무라고 하겠다.

# 2장

# 어린 지구

기록이 없는 시대

암석은 지구의 역사를 기록한다. 지구가 탄생한 지 약 45억 년, 현재 지구에서 가장 오래된 암석은 40억 3000만 년 전에 만들어졌다. 그러므로 지구 탄생 후 첫 5억 년은 기록이 없는 시대, 명왕누대(冥王累代)라고 부른다.

# I | 갓 태어난 지구

| 마그마바다 |

45억 년 전 무렵, 원시지구와 테이아의 충돌로 갓 태어난 지구와 달은 어떤 모습이었을까? 충돌 후 달이 형성되기까지 1년이 걸렸다는 이야기는 충돌할 때 부스러진 암석 덩어리 중에서 로시한계의 안쪽에 있던 암석 덩어리가 지구로 모두 떨어지기까지 몇 개월 또는 몇 년이 걸렸음을 의미한다. 테이아 충돌 당시 발생한 엄청난 열에너지로 지구의 겉부분은 모두 녹은 상태였겠지만, 충돌 후 몇 개월 또는 몇 년에 걸쳐서 암석덩어리가 지구 표면에 계속 떨어지면 그 충돌에너지가 더해져 지구의 겉 부분은 한동안 녹은 상태를 유지했을 것이다.

달은 로시한계 밖에 있던 암석 덩어리가 충돌하여 형성되었기 때문에 달 표면 역시 녹은 상태였다. 충돌 후 지구와 달의 겉 부분(깊이 수백 km)은 대부분 녹아 있었을 텐데, 이처럼 암석이 녹아 있는 상태가 마그

**그림 2-1.** 마그마바다의 상상도

마를 연상시키기 때문에 마그마바다(magma ocean)라고 부른다. 지구의 마그마바다는 충돌 이후 약 200만 년 동안 지속되었던 것으로 추정되었다(Zahnle, 2006).

45억 년 전, 갓 태어난 지구와 달을 태양계 밖에서 바라보았다면 어떤 모습이었을까? 아마도 이글거리는 두 개의 커다란 불덩어리가 소용돌이치며 지구 궤도를 돌고 있는 모습이었을 것이다. 당시 지구와 달은 2만 4000킬로미터 떨어져 있었고, 지구는 5시간마다 자전하고 있었으며, 달은 84시간마다 지구를 한 바퀴 돌고 있었기 때문이다. 지구와 달이 모두 엄청나게 빠른 속도로 돌고 있었기 때문에 지구와 달의 상호작용에 따라 당시 지구에서 일어났던 모습을 그려보면, 오늘날 지구에서는 상상할 수 없는 기이한 현상이 벌어진다.

먼저 당시의 기권을 생각해보자. 충돌 당시 엄청난 에너지 때문에 생성된 암석이 기체 상태로 존재할 만큼 대기의 온도가 높았다. 암석이 증발해 기체 상태로 존재한다는 사실을 믿기 어렵겠지만, 암석도 높은 온도에서는 기체가 되며, 기체로 존재하는 상태를 암석 증기(rock vapor)라고 부른다. 암석 증기와 함께 마그마바다에서 뿜어져 나온 휘발성분(수소, 일산화탄소, 수증기, 이산화탄소, 질소 등)이 기권을 채웠을 것이다. 기권의 온도는 무척 높아 섭씨 2,000도 이상이었으며, 규산염으로 이루어진 암석 증기가 대기권 상층부에서 구름을 형성했다.

대류권 상층부에서 붉은 규산염 구름이 응결하면, 물방울 같은 불덩어리가 하늘에서 비처럼 내렸을 것이다. 지구 표면에서는 마그마바다가 이글거리며 끓고 있었고, 대기는 붉게 달아오른 규산염 구름이 드리워 있었기 때문에 태양계 밖에서 보면 당시 지구는 마치 커다란 불덩어리처럼 보였을 것이다. 기권에서 암석 증기가 사라지기까지는 충돌 후 약 1,000년이 걸렸을 것이라고 한다(Zahnle et al., 2007).

## 충돌 직후 달의 모습

충돌 직후 지구에서 바라본 달의 모습은 어떠했을까? 달 표면 역시 마그마바다였으니까 달도 불덩어리처럼 보였을 것이다. 그때 달이 지구 중심으로부터 2만 4000킬로미터 떨어져 있었으므로 지구 표면에서 불과 1만 8000킬로미터 상공에 떠 있는 셈이었다. 거리가 가까우니까 달은 엄청나게 커 보였을 것이다. 당시 달의 겉보기 크기를 계산해보면 지금의 400배 이상이다. 지금보다 400배 커 보이는 달이 밤하늘에 떠 있다고 상상해보라! 그렇게 커다란 보름달이 뜨면 밤에도 대낮같이 환했을 것이고, 별도 보이지 않았으리라.

가까이 있는 달 때문에 일어났던 상상할 수 없는 자연현상 중 하나는 개기일식과 개기월식이 빈번하게 일어났다는 점이다. 당시 달의 공전주기가 84시간이었으니까 커다란 달이 태양과 지구 사이에 위치하면 태양을 완전히 가리는 개기일식이 84시간마다(현재는 약 18개월마다) 일어났을 것이다. 낮인데도 이두컴컴해서 별을 볼 수 있는 것이다. 미그마바다에서 일어나는 화산활동 때문에 달은 마치 불붙은 굴렁쇠 모양처럼 보인다. 마찬가지로 보름달이 뜰 때마다 지구가 태양과 달 사이에 놓이면, 커다란 지구의 그림자가 달을 완전히 가리는 개기월식이 나타났을 것이다. 개기월식이 나타나면 한동안 어두워져 별이 반짝거리는 밤하늘을 배경으로 마그마바다가 요동치는 붉은 달이 보였을 것이다.

이때 지구와 달이 가깝기 때문에 일어나는 또 다른 기묘한 자연현상은 엄청난 조석력으로 인한 마그마바다의 움직임이다. 오늘날 바닷가에서 밀물과 썰물이 일어나는 것은 지구와 달, 그리고 태양 사이에 작용하는 인력과 반대방향으로 작용하는 관성력의 차이 때문이다. 특히 달이 태양보다 가까이 있기 때문에 지구에 미치는 영향은 태양보다 훨씬 더 크다. 지구에 작용하는 달의 인력은 가까운 곳에서는 강하고 먼

곳에서는 약하다. 반면에 관성력은 지구 어디에서나 똑같다. 그 결과 달에 가까운 곳에서는 인력이 관성력보다 크지만, 반대편에서는 관성력이 인력보다 크다. 이 힘은 지구의 모든 물체에 똑같이 작용하며 고체보다는 액체가 더 쉽게 변형되기 때문에 이 힘의 방향에 나란히 놓인 달 쪽의 바닷물과 반대편의 바닷물이 부풀어 올라 해수면이 올라가고, 수직방향으로는 해수면이 낮아지게 된다. 그런데 기억해야 할 점은 이 부푼 부분이 항상 달의 방향과 나란히 놓이기 때문에 이 부푼 부분 자체는 실제로 움직이지 않는다는 사실이다. 그런데 현재 달의 공전주기는 27.3일로 무척 느리고 고체지구의 자전주기는 24시간으로 빠르기 때문에 고체지구가 바닷물이 부푼 지역을 지날 때는 밀물이 되고, 해수면이 낮아진 지역을 지날 때는 썰물이 된다. 이 때문에 우리는 바닷가에서 하루에 두 번씩 밀물과 썰물을 만나게 된다.

하지만 지구와 달이 탄생한 직후에는 바다와 육지가 없었으므로 지금 우리가 바닷가에서 보는 것 같은 밀물과 썰물 현상은 일어나지 않았다. 그 대신 지구와 달의 마그마바다가 오늘날의 바다처럼 행동했다. 당시 지구와 달은 무척 가까이 있었고, 따라서 서로에게 작용하는 조석력은 엄청나게 컸다. 지구가 빨리 자전했기 때문에 마그마바다는 두세 시간마다 1킬로미터 이상 솟아올랐고, 그 결과 지구 내부에 마찰을 일으켜 마그마바다가 굳는 것을 방해했다. 마그마바다에서 높이 1킬로미터 이상, 길이가 수십 킬로미터 또는 수백 킬로미터인 암석 파도가 움직이는 모습은 경이로웠을 것이다. 달은 지구 때문에 조석력이 훨씬 더 강하게 작용했기 때문에 달의 마그마바다는 지구의 마그마바다보다 훨씬 더 요동쳤을 것이다.

지구와 달이 한 덩어리로 회전하기 때문에 일어나는 또 다른 흥미로운 현상이 있다. 지구의 질량은 달의 80배에 달해 강한 중력의 힘으로 달을 잡아당기면 달의 공전속도는 점점 빨라지게 된다. 그런데 행성운동에 관한 케플러 제3법칙에 따르면, 행성 공전주기의 제곱은 행성 타원궤도 긴반지름의 세제곱에 비례한다. 이는 달의 공전속도가 빨라지면 달이 지구로부터 멀어짐을 의미한다. 모든 회전하는 물체는 각운동량 보존법칙($mvr$=일정; $m$은 질량, $v$는 속도, $r$은 반지름)의 지배를 받는다. 지구-달 시스템의 각운동량은 지구의 자전운동에 따른 각운동량과 달의 공전에 의한 각운동량의 합으로 표현된다. 달의 공전속도가 빨라짐에 따라 달이 지구로부터 멀어진다면, 달의 공전에 따른 각운동량은 점점 늘어나게 된다. 그러면 달의 각운동량이 늘어난 만큼 지구의 각운동량은 줄어들어야 한다. 고체지구의 질량이나 반지름을 바꿀 수 있는 방법이 없으므로 지구의 자전속도는 줄어들게 된다. 이러한 원리 때문에 충돌 직후 5시간마다 자전하던 지구는 자전속도가 계속 줄어들어 45억 년이 지난 지금 24시간마다 자전하고 있고, 당시 2만 4000킬로미터였던 지구와 달 사이의 거리는 38만 4000킬로미터로 멀어졌다. 앞으로도 지구의 자전속도는 계속 느려질 것이며, 지구와 달 사이는 점점 더 멀어질 것이다. 앞으로 75억 년 후에는 지구의 자전도 멈춘다는 계산결과가 나와 있다. 그 무렵에는 우리의 태양도 별로서의 일생을 마감했을 것이다.

# 2 맨틀과 핵의 분화, 그리고 지각의 형성

## 지구의 구조

현재 지구는 겉으로부터 지각, 맨틀, 외핵, 내핵의 4층으로 이루어져 있다. 그러나 갓 태어났을 때의 지구는 아마도 맨틀과 핵으로만 구분되었을 것이다. 지각은 아직 만들어지지 않았고, 핵은 모두 녹은 상태였기 때문이다. 충돌하기 전의 원시지구와 테이아도 맨틀과 핵으로 구분되어 있었을 것이다. 거대충돌 모델링 연구에 따르면, 충돌과 함께 두 천체의 핵은 곧바로 합쳐졌으며 이 중심핵을 맨틀이 감싸고 있었다. 이 중심핵은 반지름 3,500킬로미터로 무거운 철과 니켈로 이루어졌으며, 모두 액체 상태였다. 현재의 지구가 중심에 반지름 1,270킬로미터의 고체 내핵과 이를 감싸는 액체상태의 외핵으로 이루어진 점으로부터 유추하면, 지구의 내핵은 언젠가 고체상태가 되었으며, 그 이후 계속 커졌고 지금도 커지고 있는 것처럼 보인다.

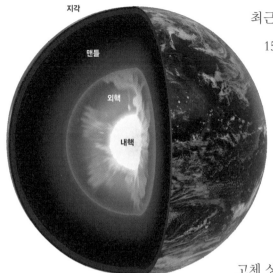

지각

맨틀

외핵

내핵

**그림 2-2.** 지구 내부의 구조

최근 발표된 연구에서 내핵이 15억~10억 년 전에 이르렀을 때 생성되었다는 주장이 등장했다(Biggin et al., 2015). 중심핵은 무척 뜨겁기 때문에 맨틀을 데우는 중요한 열원으로 맨틀 대류의 원동력을 제공한다.

맨틀의 대부분은 어정쩡한 고체 상태였지만, 겉 부분(깊이 수백 킬로미터)은 부글부글 끓는 마그마바다로 덮여 있었다. 마그마바다는 충돌 후 약 200만 년 동안 존재했던 것으로 알려져 있는데, 시간이 흐르면서 온도가 내려가 점점 굳어졌다. 열역학 제2법칙에 따르면 뜨거운 물체는 새로운 에너지가 공급되지 않으면 식고, 물체가 뜨거울수록 더 빨리 식기 때문이다. 충돌 후 200만 년이 지났을 때 마그마바다가 굳기 시작했다면, 이는 최초의 지각이 형성되었음을 의미한다. 이때 만들어진 원시 지각은 어떤 모습이었을까?

암석 증기가 기권에서 사라지고 마그마바다의 온도가 1,500도 아래로 내려갔을 때, 마그마바다에서는 광물 결정들이 생성되기 시작하였다. 아마도 예상할 수 있겠지만, 마그마로부터 광물이 생성될 때의 온도와 압력 조건에 따라 생성되는 광물의 종류가 다르다. 어떤 광물은 높은 온도에서 어떤 광물은 낮은 온도에서 만들어진다. 마그마에서 어

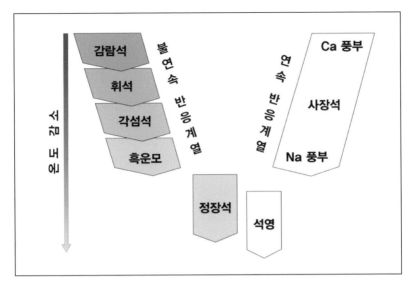

그림 2-3. 보웬의 반응계열

떤 광물이 먼저 만들어지면 남아 있는 마그마의 성분은 바뀌어간다. 새로운 광물이 생성되기도 하고, 먼저 만들어진 광물이 남아 있는 마그마와 반응하여 다른 광물로 바뀌기도 하는 것이다. 이러한 내용을 처음 알아낸 사람이 캐나다 출신의 지질학자 노먼 보웬(Norman L. Bowen)이기 때문에 이 반응을 보웬의 반응계열이라고 부른다.

보웬의 반응계열에는 불연속 반응계열과 연속 반응계열이 있다. 불연속 반응계열에서는 먼저 만들어진 광물이 남아 있는 마그마 용액과 반응하여 계속 새로운 광물로 바뀌어가는 반응이고, 연속 반응계열에서는 광물의 결정구조는 그대로 있으면서 화학성분이 바뀌어가는 반응이다. 온도가 내려감에 따라 불연속 반응계열에서는 감람석-휘석-각섬석-흑운모순으로 광물이 생성되며, 연속 반응계열은 사장석 광물에서 일어나는 변화로 칼슘(Ca)이 많은 사장석에서 나트륨(Na)이 많은 사장석으로 변해간다. 석영은 마그마 용액에서 맨 나중에 또는 가장 낮은 온도에서 생성되는 광물이다.

실험 연구에 따르면, 지구와 달의 마그마바다에서 맨 처음 만들어진 광물은 짙은 올리브색 결정의 감람석(橄欖石)이다. 감람석은 철과 마그네슘으로 이루어진 규산염광물로 마그마 용액보다 무겁기 때문에 바닥에 가라앉는다. 따라서 마그마바다에서 맨 처음 만들어진 암석은 주로 감람석으로 이루어진 감람암(橄欖岩)이었고, 마그마바다가 식어감에 따라 마그마바다의 바닥은 감람암으로 채워지기 시작했을 것이다(현재 상부 맨틀 겉 부분의 두께 400킬로미터를 채우고 있는 암석은 감람암일 것으로 추정하고 있다.).

감람석 결정들이 바닥에 쌓이면서 마그마바다의 성분은 바뀌어간다. 마그마바다에서 마그네슘이 줄어들고, 칼슘과 알루미늄의 농도는 상대적으로 높아진다. 이때 만들어진 광물로 사장석의 일종인 아노르사이트(anorthite)와 휘석(輝石)이 있다. 현재 달 표면에는 주로 아노르사이트로 이루어진 회장암(灰長岩)이 넓게 분포하고 있고, 지구에도 드물긴 하지만 회장암이 있기 때문에 그러한 추정이 가능하다.

그런데 실험에 따르면, 아노르사이트는 물이 없는 마그마에서는 뜨지만 물이 있는 마그마에서는 가라앉는다. 따라서 물이 거의 없었던 달의 마그마바다에서는 엄청난 양의 아노르사이트가 떠올라 달 표면을 덮었다. 이것이 현재 달 표면의 65퍼센트가 회장암으로 덮여 있는 이유이기도 하다. 달에 물을 포함한 휘발성분이 거의 없었던 이유는 테이아 충돌 후 달을 이룬 암석 부스러기가 충돌할 때 높은 온도로 인해 휘발

성분을 잃어버렸기 때문이다.

　반면에 덩치가 달에 비해 훨씬 컸던 지구는 물을 많이 붙잡을 수 있었고 마그마바다의 온도와 압력이 높았기 때문에 달과 다른 역사를 겪었다. 지구의 마그마바다에서도 아노르사이트가 만들어지기는 했겠지만 양적으로 많지도 않았고, 또 만들어진 아노르사이트 결정은 마그마바다 바닥에 가라앉았다. 그 대신 마그네슘을 포함하는 휘석이 많이 생성되어 먼저 생성된 감람석과 섞여 감람암을 만들었다. 감람암은 무겁기 때문에 바닥에 가라앉았고, 이에 따라 주변의 온도와 압력이 올라가 먼저 만들어진 암석의 일부가 녹았다. 이때 녹은 부분은 감람암의 원래 성분과 약간 달라 마그네슘은 줄어든 반면 칼슘과 알루미늄의 양이 많아진다. 이렇게 생성된 용액은 감람암보다 밀도가 낮아 가볍기 때문에 지표면을 향해 떠오르게 된다. 이 용액이 지구 탄생 이후 최초로 만들어진 현무암질 마그마다.


| 최초의 지각 |

마그마로부터 암석이 만들어지는 방법에는 두 가지가 있다. 하나는 지표면 위로 빠르게 올라와서(즉, 화산활동) 굳어 화산암(火山岩)을 만들며, 다른 하나는 서서히 올라오다가 지하 깊은 곳에서 굳어 심성암(深成岩)을 만든다. 현무암질 마그마에서 만들어지는 대표적 화산암이 제주도에서 흔히 볼 수 있는 현무암이다. 검은색의 현무암은 광물 결정이 작거나 보이지 않는데, 그 이유는 마그마가 빨리 식어서 광물 결정을 만

들 시간이 없었기 때문이다. 반면에 지하 깊은 곳에서 현무암질 마그마가 서서히 굳으면 커다란 사장석과 휘석 결정들로 이루어진 반려암(斑糲岩)이 만들어진다.

지표면에서 현무암이 만들어지면서 마그마바다의 표면은 단단하게 굳기 시작하였다. 현무암은 감람암보다 평균 밀도가 10퍼센트 이상 낮다. 따라서 화산활동으로 지구 곳곳에서 현무암이 분출하였을 때, 이 현무암을 감람암이 밑에서 받치고 있었기 때문에 가벼운 현무암은 지표면에 떠 있게 되었다. 만약 화산분출을 통해 높이 10킬로미터의 현무암 화산체가 만들어졌다면, 그중 최상부 1킬로미터는 주변보다 높게 솟아오를 것이다. 태평양 한가운데 있는 하와이 섬이 높이 솟아 있는 이유와 같다. 시간이 흐르면서 마그마바다 곳곳에는 그 수를 헤아릴 수 없을 정도로 많은 현무암 화산체가 솟아올랐고, 마침내 현무암질 화산체가 모여 지구 표면 전체를 덮게 되었을 것이다. 이것이 지구 최초의 지각으로 마그마바다가 굳기 시작하여 수백만 년 또는 수천만 년이 지난 후의 일이다. 당시 맨틀이 무척 뜨거웠기 때문에(지금 지각열류량의 5배) 현무암질 지각의 두께는 약 30킬로미터였을 것으로 추정되었는데, 현재 해양지각의 두께 7~8킬로미터에 비하여 무척 두꺼운 셈이다.

2015년 1월 하와이 섬의 킬라우에아(Kilauea) 화산을 방문한 적이 있다. 가장 기억에 남은 것은 킬라우에아 화산의 동쪽에 자리한 킬라우에아 이키(Iki) 분화구를 걷는 일이었다. 킬라우에아 화산은 하와이 섬의 화산 중에서 가장 젊은 화산으로, 60만 년 전에 분출하기 시작하여 현재까지도 활동하고 있다. 킬라우에아 이키 분화구는 1959년 11월 14일

**그림 2-4.** 하와이 섬의 킬라우에아 이키 분화구

분출하기 시작하여 약 한 달 동안 엄청난 양의 용암을 뿜어낸 후 남겨진 자국이다. 킬라우에아 이키 전망대에서 바라본 둥그런 분화구는 지금도 곳곳에서 뿜어져 나오는 수증기 때문에 엄청나게 큰 프라이팬처럼 보였다.

　킬라우에아 이키 탐방로는 길이 약 7킬로미터로 분화구 가장자리를 따라 우거진 열대우림의 숲속을 걸은 후 분화구 바닥으로 내려가 한가운데를 가로지르도록 조성되어 있다. 1959년에 분출했으니까 분화구 바닥을 이루고 있는 현무암의 나이는 56세에 불과하다. 나보다도 10년이나 젊은 암석이다. 그래서 분화구 바닥은 지금도 따뜻하며, 분화구의 갈라진 틈에서는 수증기와 유황냄새를 풍기는 가스가 새어나와 바닥이

꺼질지도 모른다는 불안한 생각이 들었다. 분화구에서 용암으로 채워진 부분의 깊이는 약 135미터인데, 1988년 분화구 바닥에서 아래쪽으로 구멍을 뚫었을 때 깊이 73~100미터 구간은 굳지 않은 상태였다고 한다. 분화구 바닥을 걸으면서 원시지구의 마그마바다가 굳어 만들어진 최초의 지각이 이런 모습이 아니었을까 상상해보았다. 그 지각 밑에는 아직도 굳지 않은 마그마바다가 요동치는 모습이 그려졌다.

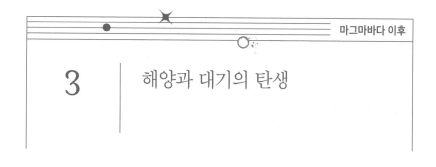

# 3 | 해양과 대기의 탄생

| 원시지구의 해양과 대기 |

해양과 대기는 뚜렷이 다르다. 실제로 오늘날의 지구시스템에서는 해양과 대기를 각각 수권과 기권으로 구분하여 독립된 권역으로 취급한다. 하지만 해양이 생성되기 이전의 지구에서는 그러한 구분이 불가능했을 것이다. 현재 해양은 물로 채워져 있고 대기의 주 구성 성분은 질소와 산소인데, 이 성분은 어디에서 왔을까? 앞에서 알아본 태양계 탄생과정에서 대기와 해양의 근원으로 두 가지를 고려해볼 수 있다.

하나는 지구가 행성으로 탄생할 무렵 주변에 남아 있던 태양성운의 가스 성분이고, 다른 하나는 원시지구의 내부로부터 뿜어져 나온 휘발성분이다. 앞의 경우를 보통 1차 대기라고 부르며, 주로 수소, 헬륨, 메탄, 암모니아 등으로 이루어진다. 하지만 태양이 별로 발전하는 과정의 T-타우리 단계에서 강력한 태양풍이 불었기 때문에 지구 궤도 주변에

**그림 2-5.** 원시지구의 해양과 대기

있던 1차 대기는 현재의 소행성대 바깥쪽으로 밀려났던 것으로 알려졌다. 그렇다면 현재의 해양과 대기의 근원을 지구 내부에서 찾는 것이

타당해 보이는데, 바로 원시지구의 마그마바다에서 뿜어져 나온 휘발 성분으로 이를 2차 대기라고 부른다. 지금도 화산에서는 많은 양의 기체가 방출되고 있다. 과거의 마그마바다에서는 화산활동이 훨씬 활발했기 때문에 2차 대기가 원시지구에서 중요한 역할을 했으리라는 점을 쉽게 이해할 수 있을 것이다.

오늘날 지구의 해양과 대기가 2차 대기로부터 유래되었다면, 이 2차 대기의 구성 성분은 무엇이었을까? 2차 대기는 원시지구의 마그마바다에서 뿜어져 나온 휘발성 물질로 이루어졌기 때문에 원시대기의 모습을 현재의 화산활동에서 찾는 것이 바람직해 보인다. 현재 활화산에서 뿜어져 나오는 휘발성분은 대부분 수증기(83%)와 이산화탄소(12%)이고, 나머지 5퍼센트 내외를 염소, 질소, 황 등이 차지하고 있다. 이론적 계산에 따르면, 맨틀 속에 철이 들어 있는 경우와 그렇지 않은 경우에 따라 마그마바다에서 방출되는 휘발성분의 내용이 크게 달랐을 것이라고 한다. 맨틀에 철이 있었으면 수소, 일산화탄소, 메탄 등으로 이루어지지만, 철이 없었을 경우의 주성분은 이산화탄소, 수증기, 질소 등이었을 것이라고 한다.

앞에서 알아본 지구의 탄생 과정으로부터 원시지구의 맨틀에 철이 전혀 없었다고 생각하기는 어렵지만, 테이아 충돌 이후 무거운 철은 대부분 핵을 이루었기 때문에 맨틀에 들어 있는 철의 양은 극히 적었을 것으로 보인다. 따라서 당시 마그마바다에서 뿜어져 나오는 휘발성분은 대부분 수증기와 이산화탄소였을 것이다. 최근의 연구를 살펴보면, 마그마바다 속에는 광물 속에 끼어들지 못한 물이 방울을 이루고 있다가 마그마바다가 굳음에 따라 수증기의 형태로 기권으로 방출되었다는 주장도 등장했다. 이 무렵의 대기 온도는 1,500도 이상, 대기 성분은 주로 수소, 일산화탄소, 수증기, 이산화탄소, 질소 등이었다는 결과를 제시하고 있다.


## | 해양의 탄생 |


원시지구의 마그마바다에서는 대기의 수증기 분압과 마그마바다의 수증기 농도 사이에 용해평형(溶解平衡)이 이루어졌다. 용해평형을 쉽게 풀어 쓰면 다음과 같다. 대기에 수증기가 많아지면 수증기의 온실효과 때문에 대기의 온도가 올라가게 되는데, 그러면 마그마바다는 더 많이 녹게 되어 대기의 수증기를 많이 흡수하게 되고 대기 중 수증기 양은 줄어든다. 그 결과 대기의 온도가 내려가면 마그마바다가 식으면서 수증기를 방출함으로써 대기 중 수증기의 양이 증가하고, 다시 대기의 온도가 올라가 마그마바다는 녹게 된다. 이와 같은 용해평형은 지구 탄생 초기에 한동안 반복되었을 것이고, 거대충돌 이후 적어도 수백만 년은 지속되었다.

시간이 흘러 지구에 충돌하는 미행성의 수가 줄어들자 지표면의 온도는 점점 낮아졌고, 마그마바다는 굳기 시작했다. 대기압이 높은 상태(현재의 100배)에서 수증기가 응결할 수 있는 온도(약 450±20℃)까지 낮아지면 비를 내리기 시작했을 것이다. 바닥에 떨어졌던 비는 지표면이 무척 뜨거웠기 때문에 곧바로 증발해 다시 수증기가 되었겠지만, 이러한 과정이 반복되면서 지표면은 빠르게 식어갔고, 내린 비가 모여 마침내

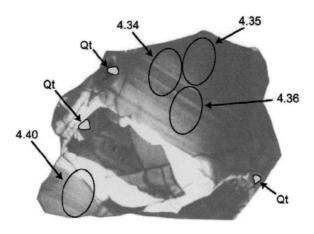

**그림 2-6.** 44억 살의 지르콘 광물

바다를 형성했다는 시나리오다. 여기서 우리가 알고싶어 하는 내용 중 하나는 바다가 언제 탄생했느냐 하는 점이다.

해양의 탄생과 관련하여 2001년 오스트레일리아의 북서부 오지에서 발견된 44억 살 광물 지르콘(zircon)의 발견은 놀라운 소식이었다(Wilde et al., 2001). 지르콘은 일반적으로 화강암질 마그마에서 생성되기 때문에 지르콘의 존재는 대륙지각이 이미 만들어졌음을 의미하기 때문이다. 44억 살 지르콘 광물은 크기가 0.2밀리미터에 불과할 정도로 매우 작지만, 그 속에는 보웬의 반응계열에서 마지막으로 생성되는 광물이면서 화강암의 주성분인 석영이 함께 들어 있었기 때문에 이 작은 광물 알갱이 하나가 해양과 대륙지각의 탄생을 알려준다는 점에서 무척 중요한 발견이었다. 이처럼 결정적인 증거가 발견되었음에도 조심스러운 과학자들은 해양과 대륙지각의 탄생에 관하여 아직도 최종 결론을 내리기를 주저하고 있다. 왜냐하면 지구에서 40억 살보다 오래된 암석을 찾지 못했기 때문이다.

해양 탄생의 정확한 시점을 모른다고 해도 현무암질 지각이 만들어지고 마그마바다가 굳으면서 엄청난 양의 수증기가 대기 속으로 방출되었다면 해양이 만들어지는 것은 필연적이다. 이쯤에서 지구에는 원래 얼마나 많은 물이 존재했었는지 추적해볼 필요가 있다. 현재 해양·빙하·지하수 등으로 이루어진 수권에 들어 있는 물의 양은 약 $1.4 \times 10^{21}$킬로그램으로 알려져 있다. 엄청난 양이기는 하지만, 지구 전체 질량의 0.023퍼센트에 불과하다. 하지만 이 수치에는 맨틀이나 핵 속에 들어 있는 물의 양이 포함되지 않았다. 자료에 따르면, 상부 맨틀 하부(깊이 400~670km)에는 물을 3퍼센트나 포함하는 광물이 많아 이곳의 물을 모두 모으면 현재 해양의 9배가 될 것이라고 한다. 또 하부 맨틀(깊이 670~2,900km)을 이루는 광물에는 물이 적게 들어 있지만, 부피가 지구전체의 절반을 차지할 정도로 크기 때문에 하부 맨틀 속에 들어 있는 물을 모두 모으면 현재 해양의 16배에 달할 것으로 추정하고 있다.

핵 속에는 얼마나 많은 물이 들어 있는지 알 수 없지만, 맨틀에 들어 있는 양만 합해도 현재 해양의 25배에 달한다. 이들을 모두 합치면 물이 차지하는 비중은 지구 전체 질량의 0.6퍼센트에 접근한다. 그러므로 지구에는 엄청난 양의 물이 들어 있다고 말할 수 있다. 그렇다면, 그처럼 많은 물이 모두 마그마바다에서 나왔을까? 학자 중에는 지구의 물은 테이아 충돌 이후 크고 작은 많은 미행성이 충돌할 때 얼음으로 이루어진 미행성이나 운석에서도 왔을 것이라고 추정한다. 또 현재 지구물의 10퍼센트 정도는 혜성에서 왔을 수도 있다고 한다. 이러한 자료로부터 판단해보았을 때, 원시지구에는 물이 무척 많았고, 그중에서 상당

부분은 지구의 진화과정에서 우주 공간으로 빠져나갔을 것이다.

지금으로부터 44억 년 전 무렵(또는 그 이전일 수도 있겠지만), 바다가 등장하면서 지구는 검붉은 행성에서 푸른색 행성으로 탈바꿈했다. 그래도 곳곳에서 연기를 뿜어내는 화산섬이 푸른색 바다 위로 드러나면서 밋밋한 바다에 변화를 주고 있었다. 갓 태어난 해양은 어떤 바다였을까? 따뜻했을까? 지금처럼 짰을까?

명왕누대의 기록은 남겨진 것이 전혀 없기 때문에 온갖 상상을 가능케 한다. 그래도 확실하게 말할 수 있는 것은 갓 태어난 해양의 바닷물은 따뜻했을 것이라는 점이다. 왜냐하면 갓 태어난 현무암질 해양지각도 따뜻했을 텐데, 그 밑에는 아직 굳지 않은 뜨거운 마그마바다가 요동치고 있었고 대기에 들어 있는 엄청난 양의 이산화탄소에 의한 온실효과도 작동했기 때문이다. 어떤 학자는 당시 바다의 온도가 150도에 이르렀다고 추정하기도 했다. 그럼에도 바닷물이 끓지 않았던 이유는 높은 이산화탄소 농도(지금의 수천 배)로 인해 대기압도 높았기 때문이다. 하지만 시간이 흐르면서 이산화탄소는 탄산염암을 생성하여 대기 중에서 제거되었고, 생성된 탄산염암은 격렬한 대류의 영향으로 맨틀 속으로 이동되면서 대기 중 이산화탄소 함량은 빠르게(1000만 년 이내) 줄어들었다. 그 결과 차가운 대기와 만난 해양도 빠르게 식어갔다(Zahnle et al., 2010).

여기에서 고려해야 할 사항의 하나는 44억~40억 년 전의 태양이 덜 밝았다는 사실이다. 당시 어린 태양의 복사에너지는 오늘날의 70~75퍼센트에 불과했다(태양이 별로 막 태어났을 때는 수소의 핵융합반응이 활발하지 않아 지금처럼 밝지 않았다. 태양과 같은 별은 시간이 흐르면서 점점 밝아지는 것으로 이해하면 된다). 게다가 마그마바다 시대가 끝난 후에 대기 중 많았던 이산화탄소가 줄어들면서 온실효과에 의한 도움도 받을 수 없었다(지금처럼 밝은 태양 아래에서도 온실기체인 이산화탄소가 없다면 지구의 평균 기온은 -18℃까지 내려가 바다는 완전히 얼어붙게 될 것이라고 한다). 당시 지구 표면의 온도는 영하 50도까지 내려갔을 것으로 추정되며, 따라서 바닷물이 꽁꽁 얼어붙은 눈덩이지구 상태였을 것이다. 그래도 얼음의 두께는 그다지 두껍지 않아서 최대 100미터 정도였고, 바닷물이 얼지 않은 곳이 있었다면 아마도 화산이 분출하는 곳이나 미행성이 충돌한 부분이었을 것이다. 미행성이 충돌해 지구 겉 부분을 녹였다면, 지구는 한동안 눈덩이지구에서 벗어날 수도 있었을 것이다(Zahnle et al., 2010).

이 무렵 바다의 염도는 어떠했을까? 현재 바다에 염(鹽)을 공급하는 근원에는 두 가지가 있다. 하나는 암석의 풍화·침식과정에서 생겨난 염들이 하천을 따라 흘러 바다로 들어가는 경우고, 다른 하나는 해령에서의 화산활동으로 지구 내부로부터 방출되는 염이다. 지금은 대륙이 넓기 때문에 육지에서 공급되는 염분의 양이 무척 많지만, 명왕누대에는 대륙이 무척 작았기 때문에 해령에서 공급되는 염분의 양이 중요했을 것이다. 또 원시대기 중에는 이산화탄소가 무척 많았는데, 비가 내릴 때 이산화탄소가 빗물에 씻기면서 탄산($H_2CO_3$)을 만든다. 이 탄산은 물속에서 수소이온($H^+$)과 중탄산이온($HCO_3^-$)으로 나뉘며, 수소이온이 늘어남에 따라 해양은 산성(pH=6.0-7.5)을 띠었을 것이다(현재 해양의 pH는 8.2로 약한 알칼리성이다. Halevy and Bachan, 2017). 산성을 띤 바닷물은 해양지각을 이루고 있던 현무암의 풍화 속도를 높여 더욱 많은 염을 바닷물 속으로 녹여 넣었고, 그 결과 원시 해양의 염도는 무척 높았을 것이다. 지금은 염도가 높으면 염이 증발암을 이루어 대륙 주변부에 쌓이지만, 명왕누대에는 증발암을 받아줄 대륙이 없었기 때문에 염들은 바닷물에 녹은 상태로 있을 수밖에 없었다. 따라서 명왕누대의 바다는 무척 짰으며, 현재 해양의 염도(35‰)보다 두 배 이상 높았을 것으로 추정된다.

## 원시대기

원시지구에서 수증기가 응결하여 바다를 형성한 후 대기권에 남은 성분은 이산화탄소, 질소, 염소, 황 등이었을 것이다. 당시 대기 성분의 상대적 함량비가 어떠했는지 알 수는 없지만, 초기에 많았던 이산화탄소는 빠르게(1000만 년 이내) 대기에서 제거되었기 때문에 명왕누대의 대기에는 초기를 제외하면 이산화탄소의 함량이 많지 않았을 것으로 추정된다. 한편, 질소는 화학적으로 비활성 기체이기 때문에 광물이나 암석을 형성하는 데 참여하지 않는다. 따라서 질소는 지질시대를 통하여 꾸준히 증가하여 현재의 수준에 도달했을 것이다.

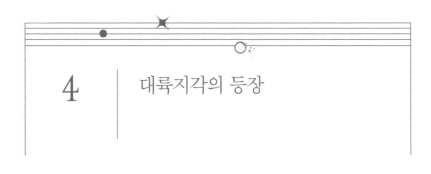

# 4 | 대륙지각의 등장

지구에 맨 처음 생성된 지각은 해양지각이다. 갓 태어난 해양이 전 지구를 감싸고 있었고, 이때 생성된 지각은 모두 현무암으로 이루어져 지금의 해양지각과 비슷했기 때문이다. 따라서 대륙지각은 이미 생성된 현무암질 해양지각으로부터 만들어졌을 텐데, 대륙지각의 탄생 과정을 과학적 상상력으로 꾸며본 시나리오는 다음과 같다.

마그마바다의 시대가 끝난 후, 현무암으로 이루어진 두꺼운(두께 30km) 원시지각을 갓 태어난 해양이 덮고 있을 때에도 해양지각 아래에는 뜨거운 맨틀이 요동치고 있었다. 맨틀이 뜨거웠기 때문에 현무암질 원시 해양지각은 부분적으로 녹았고, 이때 생성된 용액은 규소와 칼륨, 그리고 나트륨을 많이 포함해 원래의 현무암질 마그마와 구성 성분이 달라졌다. 이 규소가 많은 마그마가 최초의 화강암질 마그마였다.

화강암질 마그마는 주변의 현무암보다 가볍기 때문에 위로 떠올랐고, 지표면으로 올라오는 과정에 굳어 화강암 같은 암석을 만들었다.

화강암을 이루는 대표적 광물에는 석영, 정장석, 나트륨이 많은 사장석, 흑운모 등이 있는데, 이들은 모두 보웬의 반응계열에서 나중에(또는 온도와 압력이 낮을 때) 생성되는 광물이다. 먼저 형성된 해양지각은 보웬의 반응계열에서 먼저 생성되는 감람석과 휘석 또는 칼슘이 많은 사장석이 만든 감람암, 반려암, 현무암 등으로 이루어진 반면, 나중에 형성된 대륙지각은 보웬의 반응계열에서 나중에 생성되는 석영, 정장석, 나트륨이 많은 사장석, 흑운모 등으로 이루어진 화강암류 암석으로 이루어진다.

일단 화강암이 만들어지면, 지구의 겉모습은 바뀔 수밖에 없다. 화강암은 현무암보다 가벼워서 화강암체는 현무암질 해양지각보다 높이 솟아오르기 때문이다. 이를 달리 설명하면, 이전까지 평탄하고 밋밋했던 원시지각 위에 지형적으로 높은 부분이 생겨난다는 것이다. 지금 현재 대륙지각의 평균 고도가 800미터이고, 해양지각의 평균 수심이 3,800미터인 이유가 바로 두 지각의 밀도 차이 때문인 것을 생각해 보라! 시간이 흐르면서 화강암은 점점 많이 만들어져 화강암체는 두께 수십 킬로미터에 이르는 땅덩어리를 이루었고, 이들이 모여 최초의 대륙지각을 만들었다. 하지만 이때의 대륙지각은 지금처럼 해수면 위로 높이 솟아오른 땅덩어리가 아니었다. 새롭게 생성된 대륙지각은 해양지각보다 높은 고도를 이루고 있었지만, 아직은 덩치도 작았고 두께도 얇았기 때문에 바닷물 속에 잠겨 있었다.

그렇다면 대륙지각은 언제 출현했을까? 현재 대륙지각 탄생 시점에 관한 논쟁의 중심에는 앞서 소개한 44억 살 지르콘 광물이 있다. 27억 년 전 퇴적된 잭힐스(Jack Hills) 역암에서 발견된 44억 살의 지르콘 광물

알갱이 속에는 석영도 들어 있음이 알려졌다. 석영은 화강암의 주 구성 성분이므로 석영의 존재는 바로 화강암의 존재를 의미한다. 이에 덧붙여 잭힐스 역암에는 44억~40억 년 전의 지르콘도 함께 발견되었으며, 이들이 대륙지각의 특성을 반영한다는 연구 결과도 발표되었다. 그러므로 이 좁쌀보다 작은 알갱이 하나가 44억 년 전 이전에 화강암의 존재뿐만 아니라 더 나아가 대륙지각이 등장했을 가능성을 강력히 시사한다.

물론 모든 학자가 이 생각에 동의하지는 않는다. 미행성이 지구에 충돌하는 과정 또는 물을 많이 포함한 현무암이 녹을 때에도 지르콘 광물이 형성될 수 있기 때문이다. 특히 44억 년 전 무렵에는 지구와 충돌하는 미행성이 많았고(Marchi et al., 2014), 미행성의 충돌로 지르콘 광물이 만들어질 수 있음이 알려졌다(Kenny et al., 2016). 요약하면, 44억 년 전 이전에 대륙지각이 등장했을 가능성이 있기는 하지만 좀 더 명확한 결론이 나올 때까지 기다려야 할 것이다.

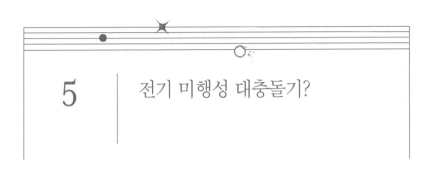

# 5 | 전기 미행성 대충돌기?

약 45억 년 전의 거대충돌에서 40억 년 전의 가장 오래된 암석에 이르는 명왕누대에는 좁쌀만 한 지르콘 광물 몇 개가 발견된 것을 제외하면 남겨진 기록이 없다. 그래도 분명히 말할 수 있는 것은 이 기록이 없는 시대 5억 년 동안에 마그마바다는 굳었고, 해양지각과 해양이 만들어졌으며, 대륙지각도 탄생했다는 사실이다. 그런데 왜 지구에는 이 5억 년 동안의 기록이 남겨지지 않았을까?

그 내용을 알아보기 위해서 테이아가 충돌했던 45억 년 전 무렵으로 돌아가보자. 지구와 달의 탄생에 결정적인 역할을 했던 테이아가 원시지구에 충돌했던 마지막 미행성이었을까? 원시태양계의 원반에는 그 수를 헤아릴 수 없을 정도로 많은 미행성이 돌고 있었고, 이들이 합쳐져 원시행성을 만들어가는 과정에서 테이아가 원시지구에 충돌한 마지막 미행성이었다고 생각할 사람은 아마도 없을 것이다. 테이아와의 충돌 이후에도 크고 작은 수많은 미행성이 지구에 충돌했다고 생각하는 것이 자연스럽다. 그런데 왜 증거가 없을까?

그 증거를 지구에서는 찾을 수 없지만, 밤하늘에 밝게 떠오른 보름달에서 쉽게 찾을 수 있다. 밝게 빛나는 보름달의 앞면에는 크고 작은 어두운 둥근 자국들이 겹쳐 보이는데, 이를 보통 달의 '바다(mare)'라고 부른다. 그러나 이 '바다'는 물로 채워진 바다가 아니라 사실은 미행성 충돌 때문에 남겨진 자국으로 지름이 수백 킬로미터에서 1,000킬로미터를 넘는 것(비의 바다Mare Imbrium는 지름이 1,145km)도 있다. 이들 미행성의 충돌 시기는 39억~38억 년 전 무렵으로 보통 후기 미행성 대충돌기(Late Heavy Bombardment)로 불린다(Koeberl, 2006). 달에 그처럼 큰 미행성 충돌 흔적이 남겨졌다면, 달보다 훨씬 덩치가 컸던 지구에는 더 큰 미행성이 충돌했을 것이다. 그런데 달에만 그 흔적이 남아 있는 이유는 무엇일까? 그 이유는 달에서는 풍화작용이나 판구조운동이 일어나지 않았기 때문이다. 반면에 우리 지구에서는 활발한 풍화작용과 판구조운동이 작동하면서 예전의 충돌 흔적이 모두 지워져버렸다. 그런데 39억~38억 년 전의 미행성 충돌 시기를 '후기 미행성 대충돌기'로 부르는 것은 그보다 앞선 또 다른 대충돌기가 있었음을 암시한다. 비록 '전기 미행성 대충돌기'라는 용어를 지구과학 문헌에서 찾을 수는 없지만…….

그렇다면 테이아 충돌부터 후기 미행성 대충돌기까지의 기간(45억~39억 년 전)에 얼마나 많은 미행성이 지구와 충돌했을까? 이 질문에 대한 명확한 답을 주기는 어려워 보인다. 44억 살의 지르콘 광물을 발견한 연구자들은 테이아 충돌 후 약 1억 년 동안에 미행성 충돌이 집중되었고, 그 후 미행성 충돌이 급격히 감소했다가 39억년 전에 후기 미행성 대충돌기에 충돌 횟수가 늘어났다는 가설을 제안했다(Valley et al., 2002).

만일 이 가설이 맞는다면, 45억~44억 년 전의 시기를 '전기 미행성 대충돌기(Early Heavy Bombardment)' 또는 '명왕누대 미행성 대충돌기(Hadean Heavy Bombardment)'라고 불러야 할 것이다.

이와 달리, 명왕누대의 지르콘 광물 분포로부터 미행성(또는 소행성) 충돌을 추적한 최근 연구에서는 테이아 충돌 이후 미행성의 크기와 충돌 횟수가 꾸준히 줄어들었다는 결과가 발표되었다(Marchi et al., 2014). 그들은 테이아 충돌 후 첫 2억 년 동안(즉, 43억 년 전 이전)에 지름이 500킬로미터보다 큰 미행성(큰 것은 1,000km 이상)이 적어도 10개 이상 충돌했을 것으로 추정하였다. 지름이 500킬로미터보다 큰 미행성이 충돌하면, 일시적으로 암석 증기가 생성되고 당시 존재했던 지구의 바닷물도 모두 증발시킬 수 있었을 것이다. 특히, 충돌지역으로부터 반경 수천 킬로미터 이내에 있었던 해양지각이나 대륙지각을 모두 부스러뜨렸거나 녹였을 것이다. 연구자들은 시간이 흐르면서 충돌하는 미행성의 크기와 횟수는 줄어들었겠지만 후기 미행성 대충돌기까지 이어지면서 명왕누대의 기록을 모두 지웠다고 설명하였다.

현재 두 가설 중에서 어느 것이 옳고 그른지는 아직 판단할 수 없지만, 39억~38억 년 전의 '후기 미행성 대충돌기'에 있었던 미행성의 충돌로 명왕누대의 암석 기록은 대부분 살아남지 못했던 것으로 보인다. 그래서 명왕누대를 '암흑시대(Dark Age)'라고도 부른다.

3장

# 소년 지구

희미한 기억의 시대

어린 시절의 기억을 떠올려보면 희미한 경우가 많다. 암석
에 남겨진 기록이 희미한 시생누대(40억~25억 년 전)는 마치
우리의 기억이 희미한 소년 시절과 비슷하다.

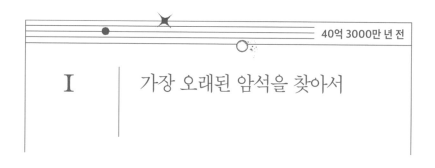

# I  가장 오래된 암석을 찾아서

## | 지구상에서 가장 오래된 암석 |

현재 지구에서 알려진 가장 오래된 암석은 40억 3000만 살이다. 따라서 40억 3000만 년 전은 좁은 의미에서 지질시대의 시작점이고, 시생누대의 시작점이다. 그런데 국제층서위원회에서 공식적으로 정한 시생누대(始生累代, Archaean)의 시작은 40억 년 전이다. 마찬가지로 시생누대의 끝은 25억 년 전으로 정해졌는데, 이 수치는 어떤 특별한 사건을 바탕으로 정해진 것이 아니고 오랫동안 써왔던 관습을 따른 것이다. 그런데 시생누대에 생성된 암석은 분포도 넓지 않고, 또 생성된 이후 여러 차례 변성작용을 겪었기 때문에 암석에 남겨진 기록들이 희미하다.

우리가 만약 시생누대 시작 무렵(약 40억 년 전)의 지구를 지구 밖에서 바라봤다면, 마치 커다란 파란색의 공처럼 보였을 것이다. 온통 파란색으로 칠해진 바다를 배경으로 소용돌이치는 하얀 구름이 드리워져 있

| 누대(Eon) | 대(Era) | 기(Period) | |
|---|---|---|---|
| 현생누대<br>(Phanerozoic) | 신생대(Cenozoic) | 제4기 | 259만 년 전 |
| | | 신신기 | |
| | | 고신기 | 6600만 년 전 |
| | 중생대(Mesozoic) | 백악기 | |
| | | 쥐라기 | |
| | | 트라이아스기 | 2억 5200만 년 전 |
| | 고생대(Paleozoic) | 페름기 | |
| | | 석탄기 | |
| | | 데본기 | |
| | | 실루리아기 | |
| | | 오르도비스기 | |
| | | 캄브리아기 | 5억 4100만 년 전 |
| 원생누대<br>(Proterozoic) | 신원생대 | | |
| | 중원생대 | | |
| | 고원생대 | | 25억 년 전 |
| 시생누대<br>(Archean) | | | 40억 년 전 |
| 명왕누대<br>(Hadean) | | | 45억 6800만 년 전 |

**그림 3-1.** 지질시대의 구분

지만, 황갈색의 대륙은 드문드문 보일 뿐이다. 이따금 대기권을 뚫고 들어오는 운석이 바다로 떨어지면서 엄청난 물보라를 일으켰을 것이다. 바다 밑은 현무암질 해양지각으로 이루어졌고, 태어나서 얼마 지나지 않은 대륙지각은 대부분 해수면 아래 잠겨 있어 풍화작용은 거의 일어나지 않았다. 그 무렵 해양지각과 맨틀이 무척 따뜻했기 때문에 지각과 맨틀은 빠르게 움직이고 있었다.

시생누대에는 맨틀대류가 빨랐기 때문에 판(板)의 수는 많았고 크기는 작았으며, 두껍고 따뜻했던 해양지각은 비교적 가벼웠다. 과학자는

**그림 3-2.** 40억 년 전의 지구

이 무렵 암석의 순환이 무척 빨라서 수백만 년에서 수천만 년 정도의 기간이 지나면 지표면은 모두 새로운 암석으로 바뀌었다고 추정한다. 이처럼 빠른 지각의 순환은 30억 년 전까지도 이어졌고 또 시생누대에는 대륙지각이 충분히 크지 않았기 때문에 오늘날 우리가 알고 있는 모습의 판구조운동은 일어나지 않았던 것으로 보인다. 현재와 같은 판구조운동은 약 30억 년 전에 이르러 시작되었다는 의견(Condie and Kroner, 2008, Tang et al., 2016)이 지지를 받고 있지만, 빠르게는 명왕누대에 이미 시작되었다는 연구(Turner et al., 2014)도 있고, 10억 년 전인 신원생대에 이르러서야 완성되었다는 주장(Stern, 2008)도 있다.

현재 지구상에서 알려진 가장 오래된 암석은 캐나다 북부의 동토지역에 자리한 아카스타(Acasta)라는 곳에서 발견되었다. 아카스타 편마암

**그림 3-3.** 지구에서 가장 오래된 암석인 아카스타 편마암

복합체로 알려진 지역에서 채취한 도날라이트(tonalite) 편미암에서 측정된 나이는 40억 3000만 살이다(Bowring and Williams, 1999). 아카스타 편마암 복합체는 토날라이트 편마암, 화강섬록암, 화강암 등 밝은색 암석으로 이루어져 전형적인 대륙지각의 특성을 보여준다.

이 편마암 복합체의 화학적 특징이 맨틀에서 올라온 용액과 지각에 들어 있는 각섬암과 편마암이 녹은 용액의 혼합상을 보여주기 때문에 이 암석은 오늘날의 대륙 화산호(예를 들면, 안데스 산맥)와 비슷한 환경에서 생성되었을 것으로 추정된다. 이는 아카스타 편마암 복합체보다 더 일찍 형성되었던 대륙지각이 어딘가에 있었음을 의미하며, 실제로 아카스타 편마암 속에 들어 있는 결정 중에서 42억 살의 지르콘 광물이 발견되어 오래전에 대륙지각이 생성되었음을 알려준다.

사실 2008년 아카스타 편마암보다 더 오래된 암석을 찾았다는 보고가 《사이언스》에 발표된 적이 있었다(O'Neil et al., 2008). 그 암석은 캐나다 허드슨만 동쪽 해안에 분포하는 누부악잇터크(Nuvvuagittuq) 녹색암대에서 채취한 각섬암으로 42억 8000만 살로 측정되었다. 하지만 그 연구에서 사용한 연령측정방법이 신뢰도가 높은 지르콘 광물의 우라늄(U)-납(Pb) 연령측정이 아니고, 사마리움(Sm)-니오디미움(Nd) 동위원소 비율을 이용한 연령측정이었기 때문에 학계에서는 그 연령을 인정하지 않는 분위기다. 나중에 누부악잇터크 녹색암대로부터 채취한 지르콘 광물을 이용한 연령측정에서는 약 38억 살로 밝혀졌다.

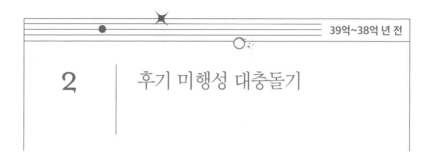

# 2 | 후기 미행성 대충돌기

| 달의 바다 |

현재 지구상에서 알려진 암석 중에서 40억 살보다 오래된 것은 아카스타 편마암뿐이다. 그보다 젊은 암석은 38억 년 전 이후에 본격적으로 나타나기 시작한다. 왜 40억 년 전과 38억 년 전 사이의 기간에 생성된 암석은 없을까? 어쩌면 우리가 그 시기에 생성된 암석을 아직 발견하지 못했을 수도 있겠지만, 앞에서 짧게 언급했던 39억~38억 년 전의 후기 미행성 대충돌기 때문일 가능성이 더 커 보인다.

보름달이 떴을 때 달 표면을 보면, 동그란 모양의 검은 얼룩 10여 개가 겹쳐서 보인다. 이 검은 얼룩은 '바다(mare)'라고 불리는데, 사실은 오랜 옛날 미행성이 충돌한 후 남겨진 자국이다. 이 '바다'를 덮고 있는 암석의 나이를 보면, 감로주의 바다(Mare Nectaris)는 39억 살, 맑음의 바다(Mare Serenitatis)와 위난(危難)의 바다(Mare Crisium)는 38.9억 살, 비의 바다(Mare Imbrium)는 38.5억 살, 그리고 동양의 바다(Mare Orientale)는 38.2억 살이다.

이 자료로부터 달에 미행성이 충돌한 시기가 39억 ~38억 년 전이었음을 알 수 있다(Koeberl, 2006). 이때 달에 충돌한 미행성의 크기는 작은 것이 지름 수십 킬로미터, 그리고 큰 것은 100킬로미터에 이르렀을 것으로 추정하고 있다.

39억~38억 년 전, 달에 미행성이 충돌했다면, 지구에는 더 크고 더 많은(수백 개) 미행성이 충돌했을 것이다. 당시 지구와 달은 무척 가까이 있었는데 지구는 달보다 훨씬 더 크고, 중력도 더 셌기 때문이다. 그런데

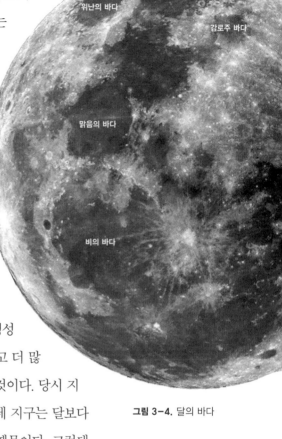

그림 3-4. 달의 바다

지구에는 이 시기의 미행성 충돌의 증거가 발견되지 않았다. 충돌의 증거가 남으려면 암석의 나이가 38억 살보다 오래되어야 한다. 현재 지구상에서 38억 살보다 오래된 암석이 분포하는 곳은 서너 군데에 불과하며, 그 암석으로부터 충돌 흔적은 아직까지 보고되지 않았다. 분명히 말할 수 있는 것은 미행성 충돌 자국이 남겨졌다고 해도, 그 후 일어났던 풍화작용과 판구조운동으로 그 기록은 모두 지워져버렸을 것이다.

후기 미행성 대충돌기에 달에 충돌했던 크기의 미행성이 지구에 충돌했다면 어떤 일이 벌어졌을까? 생각만 해도 끔찍한 일이지만, 아마도 강력한 충돌에 따라 충돌 부근의 암석도 증발하고 바닷물도 역시 증발했을 것이다. 이러한 충돌에 따른 증발량을 계산해보면 당시 해양을 모두 증발시키지는 못했을 것이라고 한다. 지름 100킬로미터의 미행성이 충돌하면 수심 40미터까지의 바닷물이 증발한다는 계산인데, 생각보다는 증발하는 물의 양이 많지 않다. 당시 바닷물의 양이 현재와 같았다고 가정했을 때, 바닷물을 모두 증발시킬 수 있는 미행성의 크기는 지름이 440킬로미터보다 커야 한다. 그러나 그 정도 크기의 미행성은 드물었기 때문에 미행성 대충돌로 바닷물이 모두 증발하는 엄청난 사건은 일어나지 않았다.

## | 니스 모델 |

태양계가 탄생해 7억~8억 년이 지난 후, 왜 갑자기 그처럼 많은 미행성이 지구와 달에 충돌했을까? 2005년 5월, 과학잡지 《네이처》에 이 질문에 대한 그럴듯한 답을 제시한 세 편의 논문이 나란히 실렸다(Tsiganis et al., 2005; Morbidelli et al., 2005; Gomes et al., 2005). 그들은 목성형 행성(목성, 토성, 천왕성, 해왕성)의 궤도 이심률(완벽한 원형의 궤도로부터 벗어난 정도)과 경사도(황도면과 이룬 각도)가 예측한 것보다 크다는 사실을 설명할 수 있는 원인으로 행성이 형성된 후에 목성형 행성의 궤도를 교란시킨 어떤 사건이 있었기 때문이라는 가정에서 연구를 시작하였다.

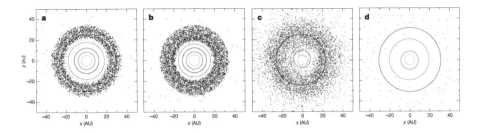

**그림 3-5. 후기 미행성 대충돌기 무렵의 거대행성 궤도 변화.**
a: 45억 년 전, b: 39억 년 전, c: 38억 9000만 년 전, d: 37억 년 전.
작은 점으로 채워진 부분은 미행성이 분포했던 영역이며,
네 개의 원은 안쪽으로부터 목성, 토성, 천왕성, 해왕성을 나타낸다.

그들이 제안한 가설은 '니스 모델(Nice model; 연구가 주로 진행된 곳이 프랑스의 니스였기 때문에 붙여진 이름)'이다. 이 가설에 따르면 태양계의 행성 형성 초기에 목성형 행성은 지금보다 훨씬 안쪽 궤도에서 돌고 있었다. 당시 태양으로부터의 거리를 보면, 목성은 5.45AU, 토성은 8.18AU, 천왕성은 11.5AU, 해왕성은 14.2AU 떨어져 있었다(그림 3-5). 그리고 그 바깥쪽(15.5~34AU)에는 행성으로 합쳐지지 않은 엄청나게 많은 수의 미행성이 돌고 있었다. (현재 태양으로부터의 거리가 목성 5.20AU, 토성 9.54AU, 천왕성 19.18AU, 해왕성 30.06AU인 것을 비교하면 목성을 제외한 다른 행성이 모두 바깥쪽으로 밀려났음을 알 수 있다.)

목성형 행성의 덩치가 점점 커짐에 따라 39억 년 전 무렵 그 커진 중력 때문에 주변에 있던 미행성의 궤도가 흐트러지면서 미행성은 태양계 곳곳으로 흩어져나갔다. 그 결과 목성형 행성의 궤도는 바깥쪽으로 밀려나게 되었고, 해왕성의 경우 태양으로부터 두 배 이상이나 더 멀어졌다. 이처럼 목성형 행성의 궤도가 바뀌는 사건은 비교적 짧은 기간

(100만 년 이내)에 일어났으며, 이때 바깥쪽에 있던 미행성 집단 중에서 일부가 내행성대까지 끌려와 지구와 달에 충돌했는데 그 시기가 후기 미행성 대충돌기에 해당한다는 것이 니스 모델이다. 수성과 화성에도 커다란 미행성 충돌 흔적이 있는데, 이 역시 후기 미행성 충돌기에 만 들어졌을 가능성이 있다.

또 다른 가설은 화성과 소행성대 사이에 화성보다 작은 '제5의 행성' 이 있었다는 가정을 바탕으로 한다. 이 행성이 39억~38억 년 전 소행 성의 궤도를 흩뜨린 결과 후기 미행성 대충돌이 일어났다는 주장이 있 지만(Chambers, 2007), 그다지 지지를 받지는 못했다. 또 화성 궤도를 돌 고 있던 지름 500킬로미터 크기의 미행성이 39억 년 전 충돌로 부서지 면서 생겨난 덩어리들이 지구 궤도에 들어와 달에 충돌하였다는 가설 도 등장하였다(Cuk, 2012).

행성 형성과정을 포함하여 태양계의 첫 10억 년 동안은 엄청난 사건 이 일어났을 것이다. 이 시기는 앞으로 풀어야 할 숙제가 많은 연구영 역으로 남겨져 있다.

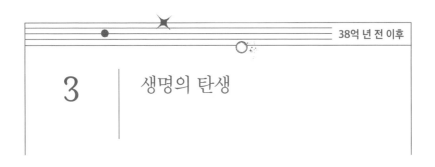

3 | 생명의 탄생

## 생명의 기원에 관한 논의

현재 지구에는 그 수를 헤아릴 수 없을 정도로 많은 생물이 살고 있다. 그래서 우리는 지구를 생물들이 살도록 특별히 창조된 장소로 생각하는 경향이 있다. 하지만 45억 년 전 지구가 탄생한 후 처음 수 억 년 동안 지구에 생물이 살았다는 증거는 존재하지 않는다.

탄생 직후의 지구는 이글거리며 끓고 있는 마그마바다로 덮여 있었다. 시간이 흐르면서 마그마바다로부터 지각이 만들어지고, 해양과 대기도 생성되었다. 지구에 바다가 존재하기 시작한 때는 44억 년 전 무렵으로 추정되며, 그때의 대기 성분 또한 지금과 크게 달랐다. 이러한 원시지구에서, 그리고 태양으로부터 들어오는 생명에 치명적인 광선(예를 들면, 자외선)으로부터 피할 수 없는 환경 아래에서 생명은 어떻게 태어났을까?

생명이 언제 어떻게 태어났을까 하는 질문은 인류가 오래전부터 궁금해했던 명제였다. 일찍이 기원전 학자들은 생물이 진흙으로부터 우연히 생겨난다고 생각했고, 이러한 우연발생설은 큰 거부감 없이 오랫동안 받아들여져왔다. 그러나 19세기에 이르러 루이 파스퇴르(Louis Pasteur)의 유명한 실험(멸균한 고기즙을 플라스크에 넣었을 때, 외부와 차단된 플라스크에서는 미생물이 생기지 않았지만, 외부와 연결된 플라스크에서는 미생물이 생긴 실험)이 알려지면서 우연발생설은 사라지고 생물속생설(생물은 생물로부터 생겨난다는 생각)이 그 자리를 대신하게 된다. 그러다가 1936년 러시아의 생화학자 알렉산더 오파린(Alexander Oparin)이 생명은 무기물질의 합성으로 탄생했다고 하는 화학진화설을 제안한 후, 지금은 이 화학진화설에 바탕을 둔 생명의 기원에 관한 연구가 이루어지고 있다.

오파린의 화학진화설을 요약하면 다음과 같다. 원시지구에 존재했던 무기물이 반응하여 간단한 유기화합물을 만들고, 이 유기화합물이 합쳐져 좀 더 복잡한 유기물 복합체를 이루었다. 이 유기물 복합체는 어떤 막 구조로 인해 주변과 격리되거나 막 바깥 물질을 흡수했다. 또 두 개의 개체로 갈라지기도 했다. 오파린은 이 유기물 복합체가 독자적인 생화학적 기능을 했기 때문에 생명으로 인정할 수 있다고 주장하면서 이 유기물 복합체를 '코아세르베이트(coacervate)'라고 불렀다.

오파린의 가설은 1955년 발표된 미국의 스탠리 밀러(Stanley Miller)와 해럴드 유리(Harold Urey)의 실험으로 강력한 지지를 받게 되었다. 스탠리와 유리는 당시 원시대기의 주성분으로 알려졌던 메탄, 암모니아, 물, 수소의 혼합기체를 밀폐된 실험기구에 넣고, 일주일 동안 전기충격을 가했다. 그 후, 실험기구의 바닥에 고인 액체를 분석하여 아미노산, 지

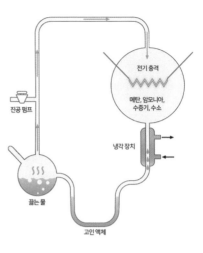

진공 펌프

전기 충격

메탄, 암모니아,
수증기, 수소

냉각 장치

끓는 물

고인 액체

**그림 3-6.** 알렉산더 오파린(왼쪽)의 가설을 지지한 밀러와 유리의 실험(오른쪽)

방산, 당류 등 유기물질이 생성되었음을 발표하여 과학계를 놀라게 했다. 하지만 아미노산은 단순한 유기화합물로 생명체가 아니다. 생물의 기본 구성물질로 중요한 것은 아미노산보다 더 복잡한 유기화합물인 단백질이다. 이론적으로 아미노산을 농축시키면 단백질이 생성될 수는 있지만, 아직까지 실험실에서 단백질을 합성한 적은 없다.

## 지구 최초의 생물

생명의 기본단위는 세포(細胞, cell)다. 생명이 성장하는 것은 새로운 세포가 늘어나는 일이며, 세포가 늘어나기 위해서는 새로운 단백질이 생성되어야 한다. 단백질은 각 세포마다 가지고 있는 고유한 유전정보를 해독함으로써 생성되고, 그 유전정보는 세포 내 핵산에 들어 있다. 핵산에는 두 종류가 있는데, 하나는 DNA고, 다른 하나는 RNA다. DNA는 이중나선구조로 이루어진 매우 복잡한 물질인 데 비하여, RNA는 한 가닥으로 이루어져 비교적 간단하다.

DNA에는 생물이 성장하고 번식하는 데 필요한 유전정보가 들어 있으며, RNA는 DNA의 유전정보를 읽고 전달하는 일을 담당한다. 새로운 세포가 생성되기 위해서는 같은 구조의 DNA가 만들어져야 하는데, 이때 DNA의 유전정보를 읽고 운반하는 일을 RNA가 담당하며, 그 정보를 해독하여 새로운 단백질을 만든다. 그런데 DNA에 들어 있는 유전정보를 읽기 위해서는 효소로 작용하는 단백질의 도움이 필요하다.

단백질이 만들어지기 위해서는 DNA의 유전정보를 필요로 하는데, 그 유전정보를 읽을 때 촉매로 작용하는 단백질이 필요하다는 점이다. 여기에서 DNA가 먼저 출현했느냐 아니면 단백질이 먼저 출현했느냐 하는 문제에 맞닥뜨리게 된다. 마치 닭이 먼저냐 달걀이 먼저냐 하는 문제처럼.

그런데 최근 들어 RNA가 유전정보를 읽고 전달하는 일 외에도 자기복제의 기능이 있고, 또 촉매로 작용하여 특정한 단백질을 만들기도 한다는 사실이 밝혀졌다. 이는 원시지구에서 비교적 간단한 RNA가 먼저 만들어진 다음, 유전정보를 전달하고 스스로 복제하고 단백질을 만드는 일이 가능했음을 의미한다. 학자들은 이와 같은 방식으로 시작되었으리라고 추정되는 지구 최초의 생물계를 'RNA세계(RNA World)'라고 부른다. 시간이 한참 흐른 후, 구조적으로 복잡하지만 화학적으로 안정된 DNA가 RNA 기능의 일부를 대신하면서 지금처럼 DNA가 중요한 역할을 담당하는 생물계가 형성되었다는 시나리오다.

단백질과 RNA, DNA가 생겼다고 해도 이들은 아직 생명이라고 부를 수 없다. 이들이 생명체로서의 기능을 하기 위해서는 외부 환경으로부터 보호받을 수 있는 특별한 장치

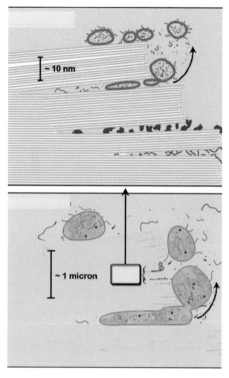

**그림 3-7.** 점토광물 표면에 유기물이 모이는 모습

(예를 들면, 생물체의 막)가 필요하다. 유기물질을 모으고, 이들을 생물체의 막으로 감싸기 위해서는 촉매가 필요했을 텐데, 점토나 광물알갱이가 그러한 기능을 담당했다는 주장이 있다(Hansma, 2010). 원시지구에서 생성된 단백질과 핵산 같은 유기물질이 막으로 둘러싸인 공간에서 보호받을 수 있었다면, 이를 지구 최초의 생명이라고 부를 수 있을 것이다. 이렇게 형성되었으리라고 추정되는 지구 최초의 생명을 원세포(原細胞, protocell)라고 한다.

아카스타 편마암 다음으로 오래된 암석은 약 38억 살 전후의 편마암으로 그린란드와 캐나다에서 발견되었다. 그린란드의 잇사크(Itsaq) 편마암 복합체와 앞에서 이미 소개한 캐나다의 누부악잇터크 습곡대의 암석이다. 두 지역은 모두 퇴적암이 분포하고 있는 점에서도 중요한데, 퇴적암을 만든 풍화·침식·운반·퇴적작용이 일어나려면 38억 년 전에 제법 커다란 대륙이 존재했음을 의미하기 때문이다.

잇사크 편마암 복합체는 그린란드 서남부 해변에 분포하며, 대표적 암석은 호상(縞狀)편마암이지만 그밖에도 여러 가지 화성암과 퇴적암이 함께 들어 있다. 잇사크 편마암 복합체의 형성 시기는 38억 7000만 년 전에서 36억 2000만 년 전으로 알려져 있으며, 특히 호상철광층을 포함한 퇴적암이 잘 드러난 곳으로 이수아(Isua) 습곡대가 유명하다. 약 38억 살인 이수아 습곡대는 한때 가장 오랜 생명의 흔적을 간직한 것으로 알려지면서 주목을 받았다. 화석 자체가 발견되지는 않았지만, 퇴적암 속에 들어 있는 탄소동위원소 비율이 오늘날 생명체에 들어 있는 비율과 비슷하다는 점(Schidlowski, 1988)에서 지구상에 남겨진 가장 오랜 생명의 기록으로 교과서에 소개되었다. 그러나 21세기에 들어와서 새로운 실험기법을 사용하여 탄소를 분석한 결과, 이수아 습곡대의 탄소는 생명이 만든 것이 아니라 변성작용이 일어날 때 무기적으로 만들어진 것으로 밝혀졌다(Dalton, 2004).

그런데 2017년 3월, 약 38억 년 전의 캐나다 누부악잇터크 습곡대에서 가장 오래된 화석을 찾았다는 논문이 발표되었다(Dodd et al., 2017).

그 화석은 적철석으로 이루어진 튜브와 필라멘트의 모습으로 지름은 10~30마이크로미터이고, 길이는 80~500마이크로미터였다. 이러한 형태는 현재 심해저 열수공(熱水孔)에서 살고 있는 철산화 미생물에 의해서 만들어지는 것으로 알려져 있다. 이 발견으로 그동안 알려졌던 가장 오래된 화석 기록은 3억 년 이상 앞당겨지게 되었다.

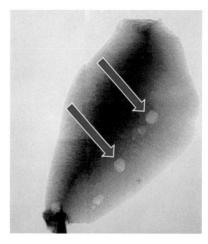

**그림 3-8.** 41억 년 전 생명의 흔적을 간직한 지르콘 광물

2015년 10월에는 41억 년 전에 생성된 지르콘 광물 속에서 생명의 흔적을 찾았다는 놀라운 발표가 있었다(Bell et al., 2015). 미국 UCLA대학의 지구화학자인 마크 해리슨(Mark Harrison) 교수 연구팀은 서부 오스트레일리아의 잭힐스 역암에 들어 있는 지르콘 광물을 집중적으로 연구하였다. 그중에서 흑연 덩어리를 가진 지르콘 광물알갱이를 고른 다음, 흑연에 들어 있는 탄소동위원소 비를 측정하였다. 그 결과, 41억 살의 지르콘 광물 속 흑연 덩어리로부터 생물 기원의 특성을 보여주는 탄소동위원소 비를 얻었다. 그 흑연 덩어리는 지르콘 광물이 생성될 때 들어갔기 때문에 생명은 그 이전에 출현했음을 의미한다. 앞으로 이 연구 결과에 대한 혹독한 검증이 이루어지겠지만, 만약 이 주장이 맞는다면 생명은 지구 탄생 후 4억 년도 채 지나지 않아 출현한 셈이다.

최근에 들어와서 지구화학적 방법으로 41억 년 전의 광물에서 생명의 흔적을 찾았고, 가장 오래된 화석으로 38억 년 전의 미생물 화석이 발견되면서 지구상에 생명이 출현한 시기에 관한 생각이 달라졌다. 그동안 가장 오래된 화석 기록을 가지고 있던 곳은 오스트레일리아의 35억 년 전 퇴적층이었다. 흥미롭게도 이 화석이 발견된 곳은 44억 살의 지르콘 광물과 41억 살의 생명의 흔적이 발견된 지역으로부터 가까운 곳이었다. 그곳은 오스트레일리아 북서부의 오지로 이름이 '노스폴(North Pole)'이다. 직역하면 '북극'인데, 남반구의 뜨거운 아열대지방에 '북극'이라는 이름이 붙여진 것이 이채롭다.

노스폴 지역의 퇴석층은 와라우나(Warrawoona)층군으로 불리며, 수로 석회질과 규질 퇴적암으로 이루어진다. 와라우나층군에서는 일반적으로 남세균(cyanobacteria)들이 만드는 것으로 알려진 스트로마톨라이트(stromatolite: 얇은 층들이 겹겹이 쌓여 이룬 퇴적구조)처럼 생긴 구조가 발견되어 발표 당시 학계의 주목을 받았다(Walter et al., 1980). 와라우나층군으로부터 더욱 중요한 연구 결과는 그로부터 10여 년이 지난 후인 1993년 발표되었다. 미국 UCLA의 제임스 윌리엄 쇼프(J.W. Schopf) 교수는 와라우나층군의 에이펙스 처트(Apex Chert)로부터 남세균 화석을 발견했다고 보고했다(Schopf, 1993). 와라우나층군으로부터 남세균 화석의 발견은 당시 과학계에 놀라운 소식이었다. 남세균은 광합성 활동하는 생물이고, 따라서 지구에서 가장 중요한 기체인 산소의 대량생산이 시작되었음을 알려주는 중요한 증거였기 때문이다. 이후 와라우나층

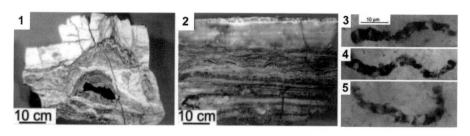

**그림 3-9.** 오스트레일리아 와라우나층군의 암석과 화석.
1, 2는 스트로마톨라이트, 3, 4, 5는 남세균으로 보고되었던 화석이다.

군의 남세균 화석은 지구에서 발견된 가장 오래된 화석으로 고등학교 교과서에 소개되었다.

과학사에서 자주 등장하는 일이지만, 대부분의 새로운 학설 또는 발견들은 반드시 혹독한 검증을 거치기 때문에 시간이 흐르면 어떤 형태로든지 공격을 받게 된다. 쇼프 교수의 가장 오래된 화석도 그러한 공격을 피할 수 없었고, 21세기에 들어서면서 에이펙스 처트 남세균 화석의 실체에 대하여 의문을 제기한 사람이 등장하였다. 그는 옥스퍼드 대학교의 마틴 브레이저(Martin D. Brasier) 교수로 영국 자연사박물관에 보관 중이던 쇼프의 연구 표본을 자세히 검토한 후 에이펙스 처트의 남세균 화석이라고 알려진 표본은 생명의 흔적이 아니라 열수변성작용이 일어날 때 생성된 작은 결정들의 집합체에 불과하다고 주장하였다 (Brasier et al., 2002). 이 논문은 지질학계에 엄청난 파장을 일으켰다. 그때까지 정설로 여겨졌던 가장 오래된 화석으로서의 기록과 산소의 출현이라는 문제를 모두 새롭게 들여다보아야 했기 때문이다. 이후 두 연구팀은 에이펙스 처트 남세균 화석의 진위에 관한 치열한 과학적 논쟁을

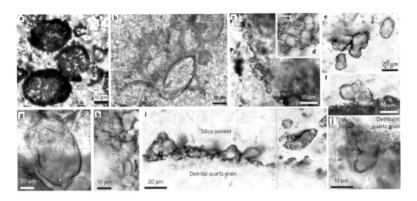

**그림 3-10.** 오스트레일리아 스트렐리풀에서 보고된 34억 년 전 화석

벌였다. 최근 쇼프 교수는 탄소동위원소 자료를 바탕으로 에이펙스 처트의 화석이 고세균에 속함을 발표했다(Schopf et al., 2018).

그러다가 2011년 놀랍게도 브레이저 연구팀에서 에이펙스 처트 화석산지로부터 약 30킬로미터 떨어진 스트렐리 풀(Strelley Pool)에서 34억 살의 화석을 보고하면서 자신들이 발견한 화석이 가장 오랜 화석이라는 주장을 펼쳤다(Wacey et al., 2011). 스트렐리 풀의 화석은 형태가 간단한 구형이거나 타원형으로 오늘날의 세균과 모습이 비슷하였다. 이 화석 생물은 산소가 없고, 메탄, 이산화탄소, 암모니아, 황화수소 같은 유독한 가스로 채워진 환경에서 황(S)에 의존하여 살았던 미생물이었던 것으로 추정되었다. 적어도 남세균의 특징은 보여주지 않았다.

## 지구 최초의 생물은?

생물이 맨 처음 어떻게 출현했는지는 아직까지 정확히 밝혀지지는 않았지만, 지구 최초의 생물은 산소가 없는 물속에서 생활하면서 물속에 들어 있던 영양분을 섭취하던 원핵생물(세균)이었을 것이라는 추정이 가능하다. 그러나 시간이 흐르면서 생물이 빠르게 번식함에 따라 심각한 먹이 부족을 겪었을 것이며, 아마도 스스로 영양분을 만드는 방법을 터득한 생물이 출현했을 것이다. 이 생물은 당시 지구에서 풍부했던 이산화탄소와 다른 성분을 이용하여 유기물을 만듦으로써 삶에 필요한 에너지를 얻었을 것으로 생각된다.

시생누대의 지구환경으로부터 생각해보았을 때, 이 시기의 생물은 이산화탄소($CO_2$)와 수소($H_2$)를 이용하여 에너지를 얻는 메탄생성세균(methanogen) 또는 이산화탄소와 황화수소($H_2S$)를 이용하여 광합성 활동(산소를 방출하지 않는)을 했던 황세균(sulfur bacteria)이었을 가능성이 크다. 그러나 시생누대의 지구에서 수소나 황화수소의 양이 적었기 때문에 다음 단계에서는 거의 무한한 자원인 이산화탄소와 물($H_2O$)을 이용하여 광합성 활동(산소를 방출하는)을 하는 생물이 출현했을 것이다. 뒤에서 자세히 알아보겠지만, 산소를 방출하는 광합성 활동을 하는 생물(즉, 남세균)은 늦으면 고원생대 초(24억 년 전)에 이르러서야 등장했던 것으로 보인다.

지구상에 생명의 출현과 관련된 기록을 요약하면, 41억 년 전의 지르콘 광물에 남겨진 탄소의 흔적은 생명활동으로 만들어졌을 가능성이 커 보인다. 하지만 화석 기록으로는 캐나다에서 발견된 38억 년 전의 생물이 가장 오래된 것이다. 그 생물은 원시적인 세균(細菌)으로 시생누대 동안 번성했을 것이다. 산소를 방출하는 광합성 활동을 하는 미생물은 (아직도 논쟁 중이기는 하지만) 고원생대에 들어가서야(24억 년 전 무렵) 출현한 것으로 보인다.

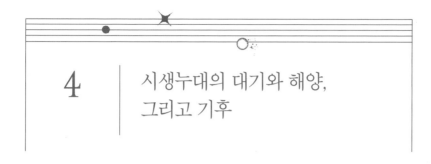

# 4 | 시생누대의 대기와 해양, 그리고 기후

## | 시생누대의 대기 |

사람들이 지구상에 최초로 출현한 생명에 대한 관심이 크기 때문에 시생누대의 생물에 관해서는 다양한 연구가 이루어진 반면, 시생누대의 대기와 해양에 관한 내용은 상대적으로 덜 알려져 있다. 그래도 어느 정도 유추할 수 있는 내용은 당시 대기의 대부분이 질소와 이산화탄소로 이루어졌으며 산소는 없었다는 점이다. 그 밖에 양은 적었지만 중요한 성분으로 메탄($CH_4$)이 있었으며, 특히 메탄은 메탄생성세균이 등장한 이후 대기 중에 크게 늘어났을 것이다.

이산화탄소와 메탄은 모두 강력한 온실기체이기 때문에 시생누대의 대기를 따뜻하게 유지하는 데 중요한 역할을 했다. 그래서 약 29억 년 전에 있었던 퐁골라(Pongola) 빙하시대를 제외하면, 시생누대의 기후는 전반적으로 따뜻했던 것으로 보인다. 사실 시생누대의 기후가 따뜻했다는 사실은 당시 태양의 밝기로 보았을 때 이해하기 어려운 측면이 있다. 왜냐하면 약 46억 년 전 태양이 별로 막 태어났을 때 태양의 밝기는 현재의 70퍼센트에 불과했고, 30억 년 전에 이르렀을 때도 태양의 밝기는 현재의 80퍼센트 수준에 머물러 있었기 때문이다. 당시 햇빛이 무척 약했기 때문에 이산화탄소와 메탄 같은 온실기체가 없었다면, 지구는 꽁꽁 얼어붙은 행성(마치 천왕성이나 해왕성처럼)이 되었을 것이다. 수치모델 연구에 따라 약 30억 년 전 무렵 대기 중 이산화탄소의 양은 현재의 100배, 그리고 메탄의 양은 현재의 600배에 달했을 것으로 추정되었다(Haqq-Misra et al., 2008). 그 무렵 태양의 밝기가 현재의 80퍼센트였음에도 불구하고 엄청난 양의 온실기체(특히 메탄은 이산화탄소보다 20배 더 강력한 온실기체다) 덕분에 지구는 온난한 기후를 유지할 수 있었던 것이다.

시생누대가 전반적으로 따뜻했음에도 불구하고, 한때 추웠던 시기가 있었다. 시생대에서 알려진 유일한 빙하시대이면서 현재까지 알려진 가장 오래된 빙하시대는 남아프리카공화국의 29억 살 퇴적층인 퐁골라 누층군에 그 흔적을 남겼다. 퐁골라 누층군 중에서 젊은 축에 속하는 모자안(Mozaan)층군은 두께 5,000미터에 이르는 두꺼운 퇴적층으로 그 가운데 4개의 빙하퇴적층이 들어 있다. 이 29억 년 전의 퐁골라 빙하시대의 생성원인은 아직 명확히 밝혀지지 않았지만, 조산운동으로 높은 산맥이 형성되어 풍화작용이 활발해지면서 대기 중의 이산화탄소 양이 줄어들었기 때문일 것으로 추정되었다(Young et al., 1998).

시생누대의 해양에 관한 정보는 더욱 드문데, 그중 시생누대에 쌓인 화학적 퇴적암의 시대에 따른 상대적 분포를 분석해 당시 바다의 모습을 그려낸 연구가 흥미롭다(Huston and Logan, 2004). 그들은 화학적 퇴적암 중에서 층을 이룬 바라이트(barite, $BaSO_4$)가 32억 년 전 이전과 18억 년 전 이후에는 많지만 그사이에는 거의 쌓이지 않은 대신 호상철광층(banded iron formation)이 집중적으로 쌓인 원인을 당시 해양의 화학적 특성에서 찾았다. 그들은 이 자료를 바탕으로 시생누대와 원생누대의 해양환경을 크게 네 단계로 나누었다.

1) 32억 년 전 이전에 해양은 대부분 환원성이었는데, 얕은 바다에는 대기 중에서 광분해로 생성된 황산염($SO_4^{2-}$)이 녹아들어서 바라이트를 두껍게 퇴적시켰다. 2) 32억 년 전에서 24억 년 전 사이의 기간에도 해양은 계속 환원성이었지만, 황산염이 줄어든 대신 철 이온이 많이 녹아 있었다. 대기 중의 황산염은 계속 바다로 녹아들었지만 황산환원세균의 활동으로 황산염이 소비되었기 때문이다. 그 결과 바라이트는 쌓이지 않은 반면, 두꺼운 호상철광층이 넓은 지역에 걸쳐서 퇴적되었다. 만약 이 기간에 대규모의 호상철광층이 쌓이지 않았다면, 우리 인류는 오늘날과 같은 발전된 문명을 누리지 못했을지도 모른다. 3) 고원생대인 24억 년 전에서 18억 년 전 사이의 기간에 대기 중의 산소량이 갑자기 크게 늘어나면서 얕은 바다에 산소가 많이 녹아들었다. 또한 대륙이 넓게 드러나 암석의 풍화작용이 활발해지면서 해양으로 유입된 황산염의 양이 크게 증가하였다. 그래서 바라이트와 석고($CaSO_4$)와 같은 황

산염 퇴적물이 많이 쌓였고, 호상철광층도 18억 년 전 무렵에 집중적으로 퇴적되었다. 4) 18억 년 전 이후에 얕은 바다는 전반적으로 산화환경이었고, 깊은 바다는 황산염이 많았으며 철은 적게 녹아 있었다. 그 결과 황산염 퇴적물이 두껍게 쌓인 반면, 호상철광층은 거의 퇴적되지 않았다.

시생누대 해양의 수온과 염도에 관한 연구에서(Knauth, 2005), 당시 바닷물의 온도는 섭씨 55~85도로 무척 따뜻했으며, 따라서 호열성(好熱性) 미생물들이 해양에서 번성하였다고 한다. 해양의 염도도 현재보다 1.5~2배가량 높았을 것으로 추정되는데, 그 이유는 당시 대륙지각이 많지 않아서 암염이나 다른 증발암을 쌓을 수 있는 대륙 연변부 환경이 좁았기 때문이다. 수온과 염도가 높은 바다에서는 산소 용해도가 감소하고 산소를 발생하는 광합성 생물이 등장하지 않았기 때문에 시생누대의 바다는 전반적으로 무산소 영역이었다. 따라서 혐기성(嫌氣性) 미생물들이 번성하기에 적합한 환경이었다.

# 5 | 대륙의 성장과
## 초대륙 케놀랜드의 탄생

지질학의 중요한 연구 주제 중 하나는 옛날의 대륙 분포와 모습을 알아내는 일이다. 지구의 암석 중에서 30억 살보나 오래된 암석이 드물기 때문에 30억 년 전 이전의 대륙 분포를 알아내기는 무척 어렵다. 30억 년 전 무렵의 지구 모습을 상상해보면, 지구 내부는 아직도 뜨거운 상태였고 따라서 맨틀대류가 빨랐으며, 대륙의 크기도 작았고 상당히 많은 부분은 물속에 잠겨 있었던 것으로 추정된다.

대륙지각은 지구 탄생 이후 시간이 흐르면서 꾸준히 늘어났을 텐데, 판구조론의 관점에서 보면 대륙지각이 생성되는 환경으로 두 가지 경우를 고려할 수 있다. 하나는 해양판이 섭입(攝入)하는 곳으로 오늘날의 호상열도(일본열도, 필리핀열도) 또는 화산호(안데스 산맥) 같은 환경이고, 다른 하나는 대륙판 내부가 갈라지면서(동아프리카 열곡대) 맨틀로부터 올라온 물질에서 새로운 암석이 만들어지는 환경이다.

지구에 분포하는 화강암의 연령분포와 강 모래나 사암에 들어 있는 지
르콘 광물의 연령분포를 종합한 자료를 보면(Condie and Aster, 2010), 연
령 빈도수가 상대적으로 높은 시기는 27억 년 전, 19억 년 전, 10억 년
전, 그리고 6억 년 전이다(Condie and Aster, 2010). 지르콘 광물은 주로 화
강암질 마그마에서 생성되므로 지르콘 광물 빈도수가 높은 시기들은
새로운 대륙지각이 생성되는 시기이거나 대륙들이 모이는 시기일 수도
있다.

　일반적으로 대륙의 크기가 커지려면, 판과 판의 충돌로 대륙과 대륙
이 합쳐지는 움직임이 일어나야 한다. 초대륙이 만들어지는 시기에 섭
입하는 해양판이 많아지면, 섭입하는 해양판을 따라 호상열도 또는 화
산호가 많이 형성되기 때문에 화강암류 암석이 많이 생성되고 아울러
지르콘 광물도 많이 만들어질 것이다. 반면에 초대륙이 일단 만들어지
면 섭입하는 판이 줄어들기 때문에 상대적으로 화강암류 암석과 지르
콘 광물의 생성도 줄어든다. 한편, 초대륙이 분리하기 시작하면 지구상
어딘가에서 새롭게 섭입하는 부분이 생겨날 테니까 화강암의 생성, 나
아가서 지르콘 광물 생성이 증가하게 될 것이다.

　여기서 짚고 넘어가야 할 사항의 하나는 '초대륙(supercontinent)'을 어
떻게 정의하느냐 하는 점이다. 원래 제안된 정의에 따르면 '거의 모든
대륙의 모임'인데 과연 그러한 초대륙 형성이 가능할지 의문이다. 예를
들면, 가장 최근의 초대륙인 판게아 대륙만 해도 우리 한반도를 포함한
동아시아의 대부분은 판게아 초대륙으로부터 멀리 떨어져 있었다. 그

럼에도 불구하고 화강암류 암석과 지르콘 광물의 연령분포 자료를 바탕으로 초대륙 문제를 바라보면, 화강암류와 지르콘 광물이 많이 생성된 기간은 초대륙을 만들어가는 과정으로, 그사이에 지르콘 광물이 적게 생성되었던 기간은 초대륙으로 존재했던 기간으로 해석할 수 있다. 이 자료로부터 선캄브리아 시대에 적어도 서너 번의 초대륙 형성시기가 있었음을 추정할 수 있다(Bradley, 2011).

## 최초의 초대륙?

사실 선캄브리아 시대의 초대륙 문제를 다룬 문헌을 살펴보면, 초대륙의 모습이나 지질시대에 관해서 의견이 일치하는 경우가 거의 없다. 학자마다 제시하는 초대륙의 이름도 제각각이고 초대륙의 형성시기도 다르다. 예를 들면, 현재 문헌에 소개된 가장 오래된 대륙으로는 약 30억 년 전의 우르(Ur) 대륙이 알려져 있다(Rogers and Santosh, 2003). 이 대륙은 오스트레일리아 서부의 필바라(Pilbara) 지역, 아프리카 남부의 카아프바알(Kaapvaal) 지역, 인도, 그리고 마다가스카르를 아우르는 땅덩어리로 알려졌다. 그런데 이 우르 대륙은 작아서 그 크기가 오늘날 오스트레일리아 대륙보다도 작았을 것이라고 한다. 따라서 초대륙이라고 부를 수 없다. 한편, 카아프바알과 필바라를 묶은 대륙인 바알바라(Vaalbara)가 31억 년 전 이전에 존재했다는 주장(Zegers et al., 1998)도 있는데, 바알바라와 우르의 관계를 설명하기는 어렵다.

이 밖에도 신시생대에서 고원생대에 걸치는 대륙으로 케놀랜드

(Kenorland), 아크티카(Arctica), 슈퍼리아(Superia), 스칼라비아(Scalavia) 등
다양한 이름이 제안되었지만, 그 실체를 명확히 파악하기는 어렵다. 캐
놀랜드는 로렌시아, 발티카, 북서부 오스트레일리아, 남부 아프리카 등
을 포함한 대륙이었고, 슈퍼리아는 로렌시아와 발티카의 일부, 스칼라
비아는 캐나다 북부와 인도 등으로 이루어진 대륙으로 알려졌다. 어떤
학자는 이들이 모두 모여 하나의 초대륙을 이루었다고 주장하는가 하
면(Rogers and Santosh, 2003), 또 다른 학자는 여러 개의 작은 대륙으로 나
뉘어 있었을 것이라고 말하기도 한다(Bleeker, 2003).

사실 신시생대 말에 대륙이 얼마나 넓었는지 판단하는 것도 쉽지
않다. 최근 연구에서 현재의 대륙지각은 대부분 25억 년 전에 생성되
었고, 그 이후에는 판의 섭입과 대륙의 풍화·침식작용이 균형을 이
루면서 순환하여 현재에 이르렀다는 흥미로운 결과가 발표되었다
(Hawkesworth et al., 2010). 이 연구 결과를 받아들인다면, 지구는 25억 년
전 무렵에도 초대륙이 존재했을 가능성은 커 보인다.

또 27억~25억 년 전에 생성된 화강암-녹색암대와 변성을 심하게
받은 편마암이 세계 곳곳에 분포하는데, 이러한 특성은 그 무렵에 오
늘날과 비슷한 판구조운동이 일어났음을 의미한다. 화강암-녹색암대
와 편마암대는 판과 판의 충돌 경계에서 섭입(subduction)과 달라붙음
(accretion)을 통해 만들어지지만, 맨틀 플룸의 활동으로 만들어졌다는
보고도 있다. 또 27억 년 전 무렵에 생성된 지각 중에는 특히 초염기성
화산암인 코마티아이트(komatiite)가 많은데(Isley and Abbott, 1999), 넓은
지역에 걸쳐서 코마티아이트 화산암이 분출했다는 사실은 당시 맨틀의
움직임이 무척 활발했음을 암시한다. 당시 판의 움직임이 오늘날보다

10배 이상 빨랐다(1년에 100cm 이동)는 연구 결과가 보고되었다(Strik et al., 2003). 27억 년 전에 빠르게 늘어났던 대륙지각은 25억 년 전에 이르렀을 무렵 성장속도가 갑자기 느려진다(Condie et al., 2009).

이와 달리 시생누대와 원생누대에는 해양판의 이동속도가 지금보다 느렸으며, 오히려 이동속도가 꾸준히 증가하다가 3억 년 전부터 감소하는 추세로 바뀌었다는 흥미로운 연구 결과도 발표되었다(Korenaga, 2006). 이 주장은 어떤 측면에서 상당한 설득력이 있어 보인다. 시생누대 당시에는 맨틀이 뜨거웠기 때문에 맨틀이 더 많이 녹았고, 그에 따라 해령에서 생성되는 해양판의 두께는 두꺼웠으며, 맨틀의 점성이 커져서 전 지구적인 해양 확장 속도는 느렸을 수도 있기 때문이다.

이상의 내용을 요약하면, 27억 년 전에서 25억 년 전까지는 대륙이 뭉치는 과정이었고, 이때 형성된 대륙으로 케놀랜드, 바알바라, 슈페리아, 스칼라비아 등 다양한 이름이 제안되었다. 이 시기에 지구 최초의 초대륙이 등장했다고 주장하는 사람도 있지만, 그들이 제안한 대륙의 크기로 보았을 때 초대륙이라기보다는 몇 개의 작은 대륙이 모인 커다란 대륙으로 다루는 것이 좋을 듯하다. 이처럼 대륙이 형성되는 시기는 신시생대 후반이었지만, 뭉쳐진 대륙의 모습을 유지했던 시기는 고원생대로 25억~22억 년 사이였다.

이 무렵 우리 한반도를 포함된 중한랜드가 어느 대륙에 속했는지는 알 수 없지만, 한반도의 바탕을 이루고 있는 암석 중에 나이가 많은 것이 27억~25억 년 전에 걸치는 것으로 보아, 우리 한반도의 바탕은 전 지구적으로 신시생대-고원생대 대륙들이 만들어지는 과정에서 형성되었을 것으로 추정된다.

# 4장

# 성장통을 겪는 지구

변화와 시련의 시대

지금으로부터 25억 년 전, 지구는 원생누대(原生累代)에 접어들면서 환경적으로 큰 변화를 겪는다. 산소가 없던 환경에서 산소가 있는 환경으로 바뀌었고, 눈덩이지구 빙하시대도 경험한다. 그리고 21억 년 전에 이르러 좀 더 복잡한 생물인 진핵생물이 등장한다.

# I  |  제1차 산소혁명사건

| 산소(O₂) |

우리가 호흡하는 공기 속에는 산소가 들어 있다. 우리 몸은 산소를 이용하여 음식물을 분해함으로써 살아가는 데 필요한 영양소와 에너지를 얻는다. 좀 더 직설적으로 표현하면, 우리는 산소가 없으면 죽는다. 산소는 우리 인간에게 무척 중요하고 유익한 성분이다. 하지만 독성이 강한 기체이기도 하다. 산소는 활동성이 무척 강해서 주변에 있는 물질을 모두 태워(산화시켜)버리기 때문이다. 불이 나거나 쇳덩어리에 녹이 스는 것은 모두 산소가 한 일이다. 우리는 산소를 눈으로 볼 수는 없지만, 공기 중에 산소가 들어 있다는 사실을 자연스럽게 받아들인다. 우리 지구의 대기에 산소가 언제나 들어 있었으리라고 생각하지만, 지구 45억 년의 역사에서 보면, 지구 탄생 후 첫 20억 년 동안은 대기와 해양에 산소는 존재하지 않았다.

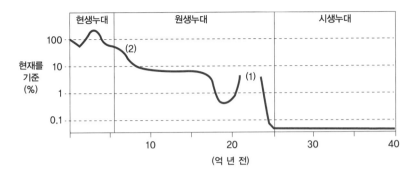

**그림 4-1.** 지질시대에 따른 산소 농도 변화를 나타내는 그래프.
(1)은 제1차 산소혁명사건, (2)는 제2차 산소혁명사건이 발생한 시기를 나타낸다.

　　지구 대기에 산소가 급격하게 늘어났던 사건이 원생누대 기간 중 두 번 있었다. 한 번은 고원생대 시작 무렵(24억~20억 년 전)이었고, 다른 한 번은 신원생대 끝닐 무렵(8억~6억 년 전)이었다. 고원생대 초 산소가 현재 수준의 0.001퍼센트에서 1퍼센트로 1,000배 이상 크게 늘어났던 사건을 보통 산소급증사건(Great Oxidation Event)이라고 하는데(Holland, 2002, 2006), 이 책에서는 이를 '제1차 산소혁명사건'이라고 부르기로 한다.

| 산소의 증거 |

　　제1차 산소혁명사건 기간에 산소가 크게 증가했다는 증거는 24억~20억 년 전의 암석에 다양한 형태로 남겨졌다(Bekker and Holland, 2012). 예를 들면, 산소가 있는 환경에서 생성되는 증거로 망간산화광물($MnO_2$), 석고와 같은 황산염광물, 그리고 적색층 등이 있다. 망간산화광물은 망

간산화미생물의 활동으로 산소가 있는 환경에서 퇴적되는 것으로 알려져 있는데, 퇴적층 중에 망간산화광물이 조금씩 나타나기 시작한 시기는 24억 1500만 년 전 무렵이었다(Johnson et al., 2013). 그 후 약 22억 2000만 년 전에 이르렀을 때, 남아프리카 칼라하리(Kalahari) 지역에 넓이 500제곱킬로미터에 걸쳐서 두께 50미터의 망간산화광물층이 퇴적되어 당시 바다에 산소가 많았음을 알려준다. 석고($CaSO_4$)와 같은 황산염 광물도 마찬가지로 산소가 있는 환경에서 퇴적되는 것으로 알려져 있다. 황산염 광물이 주로 22억 년 전 이후의 암석에서 풍부하게 발견되는 점은 당시 대기와 해양의 산소 농도가 크게 증가했음을 의미한다. 적색층(赤色層)은 철 산화광물이 들어 있는 빨간색 사암이나 셰일을 일컫는데, 역시 23억 년 전 이후의 지층에서 발견되었다(Johnson et al., 2013). 적색층은 주로 하천 환경에서 퇴적되며, 대기 중에 산소가 있을 때 형성된다.

이에 덧붙여 산소가 있으면 생성되지 않는 광물로 황철석($FeS_2$)과 우라니나이트($UO_2$)가 있는데, 두 광물은 24억 년 전 이전의 암석에는 존재하지만 그 이후의 퇴적층에서는 발견되지 않는다는 점에서 대기 중 산소 존재에 대한 간접적 증거를 제공해준다. 또 하나 흥미로운 사실은 호상철광층이 24억 년 전을 기점으로 그 이전의 암석에서는 두껍게 퇴적되었지만, 24억 년 전에서 20억 년 전, 그리고 18억 년 전과 8억 년 전 사이에 거의 퇴적되지 않은 점이다. 24억 년 전 이후에 산소가 급격히 증가했던 점을 고려하면, 호상철광층의 퇴적작용과 산소 농도 사이에 어떤 관련이 있는 것처럼 보인다.

21세기에 들어와서 지구 대기 중 산소의 존재에 관한 논쟁에서 획기적인 연구 결과가 발표되었다. 바로 퇴적암에 들어 있는 황(S)의 동위원소 농도를 비교한 지구화학적 접근방법이다. 황의 동위원소에는 네 가지가 있는데, $^{32}$S(95.04%), $^{33}$S(0.75%), $^{34}$S(4.20%), $^{36}$S(0.01%)가 그것이다. 일반적인 화학반응에서는 가벼운 동위원소가 무거운 동위원소보다 더 빨리 반응한다. 이는 가벼운 원소의 화학결합이 약해서 화학결합이 이루어지거나 깨질 때 반응이 더 빠르게 일어나기 때문이다. 퇴적암에 들어 있는 황동위원소 중에서 $^{33}$S의 상대적 농도를 분석한 결과(Farquhar et al., 2000; Farquhar and Wing, 2003)에 따르면, 24억 년 전 이전의 퇴적층에서는 $^{33}$S의 상대적 농도가 큰 폭으로 변동했지만 24억 년 전 이후의 퇴적층에서는 일정한 양상을 보여준다. 이처럼 $^{33}$S의 상대적 농도가 큰 폭으로 변동한 원인은 24억 년 전 이전의 대기에 산소가 없었기 때문이라는 추론으로 이어졌다.

24억 년 전 이전에는 대기에 산소가 없었기 때문에 오존층이 형성되지 않았고, 태양의 강력한 자외선이 지표면까지 도달하면서 질량에 따른 정상적인 화학반응이 일어나지 않았다는 해석이다. 특히 질량수가 홀수인 $^{33}$S는 자외선 복사에 더 민감하게 반응하는 것으로 알려졌다. 이처럼 정상적인 화학반응으로부터 벗어난 변동 현상을 '질량무관 분별작용(mass-independent fractionation)'이라고 한다.

요약하면, 24억 년 전에 이르렀을 무렵 대기 중 산소 농도가 크게 증가함에 따라 대기권에 오존층이 형성되었고, 따라서 그 이후에는 황동위원소의 화학반응이 정상적으로 일어났다는 설명이다.

제1차 산소혁명사건을 일으킨 원인은 무엇일까? 산소가 거의 없던 지구에서 산소 농도가 크게 증가했다면 산소 생산량이 늘어났기 때문일 것이다. 현재 지구에서 산소가 만들어지는 방법으로 두 가지가 있다. 하나는 광분해이고, 다른 하나는 광합성이다.

광분해(光分解)는 대기권 상층부에서 일어나는 현상으로 물 분자가 자외선과 부딪치면서 산소와 수소로 분리되는 반응($H_2O \rightarrow H_2 + 1/2 O_2$)이다. 이 과정에서 만들어진 수소는 가벼워서 대기권 밖으로 달아나버리지만, 산소는 충분히 무겁기 때문에 대기권에 남게 된다. 현재 광분해를 통해 생산되는 산소의 양은 1년에 200만 톤이라고 한다. 이 양이 엄청나게 많은 것처럼 느껴지겠지만, 광합성 활동으로 매년 생산되는 산소량 200억 톤에 비하면 무시할 정도의 적은 양이다. 광합성(光合成)은 초등학교 교과서에도 등장하는 잘 알려진 내용이지만, 사실 광합성의 자세한 반응과정은 아직도 완벽하게 밝혀지지 않았다. 광합성을 간단히 설명하면 식물이 이산화탄소와 물을 원료로 태양에너지의 도움을 받아 유기물을 만드는 과정($CO_2 + H_2O \rightarrow CH_2O + O_2$)이다. 이 과정에서 부산물로 만들어지는 것이 산소다.

이 밖에 특이하게 산소가 만들어지는 방법의 하나로 빙하 표면에서 일어나는 과정이 있다(Liang et al., 2006). 자외선이 빙하의 표면에 도달하면 빙하를 이루고 있던 물 분자가 수소($H_2$)와 과산화수소($H_2O_2$)로 분해되는데, 이때 생성된 과산화수소가 빙하에 갇혀 있다가 빙하가 녹을 때 물과 산소로 분해되면서 산소가 만들어진다고 한다.

광분해나 과산화수소의 분해로 생산되는 산소의 양은 무척 적다. 따라서 대기 중 산소량을 증가시키는 데 중요한 역할을 한 것은 산소를 방출하는 광합성이었을 것이다. 그러므로 대기 중 산소 함량 증가와 관련하여 밝혀야 할 내용은 이 광합성 활동이 언제 시작되었느냐는 점이다. 이를 달리 표현하면, 산소 생산 광합성을 하는 가장 원시적인 생물인 남세균이 지구상에 언제 출현했느냐 하는 질문이 된다.

결론부터 이야기하면, 남세균의 출현 시점에 관한 논쟁은 지금도 진행 중이다. 논쟁의 핵심은 남세균이 제1차 산소혁명 시기인 24억 년 전 무렵에 처음 출현했느냐 아니면 그보다 훨씬 이전에 이미 등장했었느냐 하는 점이다. 이 질문은 언뜻 쉽게 답할 수 있을 것처럼 보이지만, 산소를 생산하는 광합성 활동의 시작에 관한 문제는 오랫동안 많은 학자가 십중적으로 내달렸음에도 불구하고 아직까지 모든 사람이 수긍할 수 있는 결론에 이르지 못하였다. 광합성 남세균이 출현한 시점으로 37억 년 전이라는 주장도 있고(Rosing and Frei, 2004), 가장 늦은 시기는 23억 2000만 년 전(Kirschvink and Kopp, 2008)으로 10억 년 이상의 시간차를 보여주고 있다.

이처럼 산소를 생산하는 남세균의 출현 시점에 대하여 서로 다른 견해가 팽팽하게 대립하고 있는 배경에는 암석에서 관찰되는 산화작용의 증거가 생물의 활동으로 일어난 것인지, 아니면 무기적으로 일어난 것인지 구분하는 것이 어렵고, 또 산소가 있을 때 일어난 것인지 아니면 산소가 없어도 일어날 수 있는지 판단하기 어려운 경우도 있기 때문이다. 산소 생성 광합성의 시작과 관련하여 논쟁이 되었던 사항 중에는 시생누대 호상철광층의 성인, 미화석의 생물학적 계통, 그리고 스트로

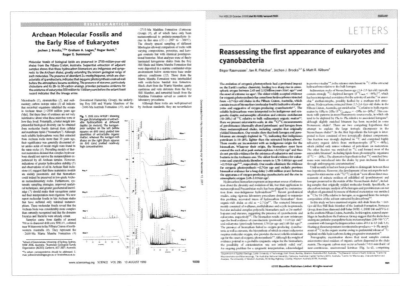

**그림 4-2.** 스테란 화석 발견(왼쪽 논문)은 시료의 오염으로 인한 해프닝(오른쪽 논문)으로 마감되었다.

마톨라이트의 성인 등이 있다.

남세균의 출현 연구와 관련된 흥미로운 이야기가 암석 속에 남아 있는 생물 표지(biomarker) 연구에서 나왔다. 1990년대 말, 오스트레일리아 북서부 필바라(Pilbara) 지역의 시추 코어로부터 채취한 27억 살 암석 시료에서 남세균과 진핵생물의 존재를 지시하는 것으로 알려진 유기물 분자 화석 스테란(sterane)을 발견했다는 논문이 과학잡지 《사이언스》에 발표되었다(Brocks et al., 1999). 당시 27억 년 전 유기물인 스테란을 발견했다는 발표는 과학계에 놀라운 소식이었다. 스테란은 남세균과 진핵생물에 모두 들어 있는 물질로, 이는 제1차 산소혁명사건이 일어나기 3억 년 전에 남세균이 이미 존재했다는 사실 뿐만 아니라 그때까지 알려졌던 가장 오래된 진핵생물 화석보다도 거의 6억 년이나 앞선 기록이었기 때문이다.

그런데 2008년에 더욱 놀라운 사실이 발표되었다. 1999년 27억 살의 유기물 분자 화석 발견을 보고했던 연구그룹에서 자신들의 연구가 사실은 시료의 오염으로 발생한 오류였다고 고백했기 때문이다(Rasmussen et al., 2008). 시료의 오염을 일으킨 근원은 시추할 때 사용되었던 스테인리스 강철 톱날로 밝혀졌는데, 그 톱날을 제조할 때 석유물질이 원료의 일부로 들어갔고, 시추할 때 섞여 들어간 톱날의 석유물질이 분석과정에서 검출되었던 것이다. 과학의 연구과정에서 세심한 실험과 시료 선택의 중요성을 다시 한 번 일깨워준 해프닝이었다.

현재까지의 자료로 판단해보았을 때, 제1차 산소혁명사건을 일으킨 직접적 원인이 무엇인지 명확히 말하기 어렵다. 남세균의 광합성 활동이 고원생대의 산소 증가에 중요한 역할을 했을 것으로 생각되지만, 남세균이 언제 출현했는지 알 수 없는 상황에서 산소급증현상을 명쾌하게 설명하기가 어렵다는 것이다. 제1차 산소혁명의 시기에 관한 정의도 학자에 따라 다양하게 제시되어 있지만, 여기서는 홀란드(Holland, 2002, 2006)의 원래 제안을 받아들여 대기 중에 산소량이 급증했던 24억 ~20억 년 전으로 폭넓게 다루었다.


## 로마군디-자툴리 변동

제1차 산소혁명사건에서 가장 놀라운 내용의 하나는 22억 2000만 년 전에서 20억 6000만 년 전 사이에 대기 중 산소 함량이 엄청나게 높았던(현재보다 10~20배) 시기가 있었다는 점이다(Karhu and Holland, 1996). 현재보다 산소 농도가 10~20배인 환경을 상상하기는 어렵지만, 만약 당시에 오늘날과 같은 수풀이 있었다면(육상에 수풀이 우거지기 시작한 때는 4억 년 전 이후이다.) 작은 불티에도 지구 곳곳에서 불타오르는 모습을 볼 수 있었을 것이다. 지구화학자들은 이 특이한 현상을 '로마군디-자툴리 변동(Lomagundi-Jatuli excursion)'이라고 부른다. 이 로마군디-자툴리 변동 기간에 산소 농도가 무척 높았다는 사실을 알게 해준 것은 퇴적암의 탄소13($^{13}$C)의 비율이 상대적으로 무척 높았다는 자료였다.

그런데 퇴적암 속에 들어 있는 $^{13}$C의 상대적 함량이 많으면 왜 산소 농도가 높았다고 생각할까? 이 내용을 이해하려면 지구시스템에서 일어나는 이산화탄소와 산소의 복잡한 흐름을 알아야 한다. 식물은 땅속의 물과 대기 중의 이산화탄소를 이용하여 광합성 활동을 하면서 산소를 방출한다. 반면에 동물은 호흡할 때 산소를 소비하고 이산화탄소를 방출한다. 이 과정에서 화학적으로 중요한 두 가지 원소, 즉 산소와 탄소는 끊임없이 순환한다. 그러면 대기 속의 이산화탄소와 산소의 함량은 어떻게 조절되고 이들은 긴 지질시대를 통해서 어떻게 변해왔을까?

생물의 활동과 관련된 화학반응에서 광합성과 호흡은 역(逆)의 관계에 있다. 광합성 활동에서는 식물이 물과 이산화탄소를 이용하여 유기물을 만들고 산소를 방출하는 반응인 반면, 호흡에서는 산소를 이용하여 유기물을 분해하면서 생물의 물질대사에 필요한 에너지를 얻고 이산화탄소와 물을 방출한다. 그런데 광합성과 호흡의 순환과정을 자세히 들여다보면, 태양으로부터 에너지를 얻고 그 에너지를 자신의 물질대사를 위해 쓰는 과정에서 물질의 획득이나 손실이 없다. 하지만 식물의 광합성 활동으로 생산된 유기물은 식물의 조직으로 남겨지며, 식물이 호흡할 때 없어지지 않는다. 즉, 식물의 성장에 사용되었던 이산화탄소와 물은 대기 속으로 곧바로 돌아가는 것이 아니라 유기물의 형태로 식물체 내에 저장되며, 부산물로 생성된 산소만 대기 속으로 방출된다. 봄철에 새롭게 자라난 식물체는 태어난 후 반드시 다음 세 가지 경로 중 하나를 겪게 된다. 동물에게 먹히거나, 자연에서 분해되어(또는 썩어) 없어지거나, 또는 퇴적물 속에 묻히는 경우다.

첫째, 동물은 식물을 섭취하여 에너지를 얻는데, 이 과정에서 산소를 소비하고 이산화탄소를 방출한다. 그리고 식물은 이산화탄소와 물을 이용하여 광합성 활동을 하면서 산소를 생산한다. 자연계에서는 동물과 식물 사이에서 일어나는 이산화탄소와 산소의 교환이 균형을 이루기 때문에 대기 중에 들어 있는 이산화탄소와 산소의 양에 큰 변동이 일어나지 않는다. 바꾸어 말하면, 식물의 생산량이 증가하면 그만큼 동물의 수가 증가하여 식물을 많이 소비하기 때문에 이산화탄소와 산소의 양이 균형을 이룬다는 뜻이다.

둘째, 자연계에서 분해자의 역할이 무척 중요하다. 분해자의 역할을 담당하는 생물로 세균과 균(곰팡이와 버섯 등)이 있는데, 이들은 동식물이 죽으면 그 유해를 분해한다. 유해가 분해되는 과정에서 산소는 소비되고, 이산화탄소는 방출된다.

셋째, 식물이 동물에게 먹히지도 않고 분해되지도 않는 경우가 있는데, 바로 퇴적물 속에 파묻히는 경우다. 그러면, 퇴적물 속에 묻힌 식물체는 탄화수소(석탄 또는 석유)의 형태로 암석 속에 보존되어 광합성-호흡의 순환과정에서 벗어나게 된다. 하지만 오랜 시간이 흘러 석탄이나 석유가 지표면으로 올라오면(또는 우리 인류의 활동으로 석탄이나 석유가 채굴되면), 이들도 풍화작용이나 분해자의 활동을 통해 분해되어 다시 광합성-호흡의 순환과정에 끼어들게 된다.

긴 지질시대의 관점에서 보면, 유기질 탄소(식물체)의 매몰과 노출이 균형을 이루기 때문에 대기 중 이산화탄소와 산소의 함량이 일정한 수준을 유지하리라고 생각된다. 하지만 많은 양의 식물체가 한꺼번에 매몰되면서 많은 양의 탄소가 암석 속에 석탄이나 석유의 형태로 저장되면, 광합성-호흡의 순환과정에 균형이 깨진다. 식물체가 많이 매몰되면 그만큼 분해해야 할 양이 줄어들기 때문에 산소 소비가 줄어 대기 중 산소의 함량은 늘어나는 한편, 대기 중으로 돌아가는 이산화탄소의 양이 줄어들어 이산화탄소 농도는 감소하게 된다. 따라서 얼마나 많은 식물체가 매몰되었느냐에 따라 대기 중 이산화탄소와 산소의 농도는 상대적으로 변하게 되고, 그 결과 지구시스템에 큰 영향을 미치게 된다.

앞의 내용을 요약하면, 암석 속에 매몰된 식물체(유기질 탄소)의 양이 많으면 많을수록 대기 중 산소의 양은 늘어난다. 그렇다면 지질시대에 따른 산소 함량의 변동을 알기 위해서는 각 시대별로 얼마나 많은 유기질 탄소가 암석 속에 매몰되었는지 알면 된다. 지질시대에 따른 유기질 탄소의 매장량은 어떻게 알 수 있을까? 암석 속에 들어 있는 모든 유기질 탄소, 즉 석탄과 석유의 매장량을 직접 계산할 수 있으면 좋은데, 우리는 아직도 석탄과 석유가 어디에 얼마나 매장되었는지 완벽하게 알고 있지 못하기 때문에 지질시대에 따른 매장량을 계산하는 일은 원론적으로 불가능하다. 그러나 다행스럽게도 유기질 탄소의 매장량을 추정할 수 있는 단서가 탄소동위원소의 상대적 비율 속에 숨겨져 있다.

자연계에는 세 가지의 탄소동위원소($^{12}$C, $^{13}$C, $^{14}$C)가 있다. 기체상태의 이산화탄소에서 탄소의 대부분은 $^{12}$C(98.9%)로 존재하고, 그다음으로 $^{13}$C(1.1%), 그리고 $^{14}$C가 가장 적게 들어 있다. 그런데 식물이 광합성 활동을 할 때, 상대적으로 가벼운 $^{12}$C를 더 많이 활용한다. 따라서 식물체에는 $^{12}$C가 상대적으로 더 많이 들어 있게 된다. 그러므로 식물체가 암석 속에 많이 매몰되면 상대적으로 많은 양의 $^{12}$C가 매몰되며, 그 결과 대기 중의 $^{13}$C은 상대적으로 늘어나게 된다. 그런데 대기와 해양의 순환이 무척 빠르기 때문에 대기와 해양에 들어 있는 탄소동위원소 비는 거의 비슷한 수준을 유지한다. 이러한 원리를 바탕으로 퇴적물에 들어 있는 탄소동위원소 비를 분석하여 $^{13}$C이 상대적으로 많으면 식물체가 많이 매몰되어 식물체를 분해하는 데 산소가 적게 사용되었으므로 대기 중 산소량이 많은 것으로 추정하고, $^{13}$C이 상대적으로 적으면 식물체가 적게 매몰되어 식물체를 분해하는 데 산소가 많이 소비되었으므로 대기 중 산소량이 적은 것으로 판단한다(Berner et al., 2003).

1970년대를 전후하여 아프리카 짐바브웨의 로마군디(Lomagundi) 지방과 러시아의 자툴리(Jatuli) 지역의 고원생대 석회암에 $^{13}$C이 비정상적으로 많이 들어 있다는 자료가 발표되었을 때 사람들은 그 중요성을 알지 못했었다. 그러다가 $^{13}$C의 함량이 비정상적으로 높은 것은 전 지구적으로 일어났던 산소 급증(현재의 10~20배)과 관련이 있기 때문이었다는 생각으로 발전하게 되었고(Karhu and Holland, 1996), 그래서 붙여진 이름이 로마군디-자툴리 변동(Lomagundi-Jatuli excursion)이다. 22억 2000만 년 전에서 20억 6000만 년 전 사이에 있었던 로마군디-자툴리 변동이 알려준 산소 급증 사건은 지구 역사상 그 규모와 지속기간에서 사례를 찾아볼 수 없을 정도로 특이한 현상이었다.

로마군디-자툴리 변동이 유기물(식물성 미생물)의 대량 매몰을 반영하는 것으로 보이기는 하지만, 어떻게 그처럼 긴 기간 동안 많은 양의 유기물이 매몰될 수 있었는지 설명하기는 쉽지 않다. 하지만 여러 가지 가능성을 생각해볼 수는 있다. 먼저 이 무렵에는 이미 남세균이 번성했던 것으로 추정되는데, 당시 생태계에서 남세균을 먹어치우는 생물과 산소 호흡을 하는 생물이 아직 출현하지 않았기 때문일 가능성이 있다. 산소 호흡을 하는 생물이 없고 또 남세균을 먹어치우는 생물도 없었기 때문에 생물의 유해는 퇴적물 속에 쌓일 수밖에 없었고, 따라서 산소가 소비되지 않았기 때문에 산소는 늘어날 수밖에 없었을 것이다.

마찬가지로 잘 모르는 것은 로마군디-자툴리 변동이 어떻게 끝났느냐 하는 점이다. 매몰되는 유기물의 양이 적었기 때문이라고 추정할 수 있지만, 왜 매몰되는 유기물의 양이 적어졌는지 설명하기 어렵다. 어쩌면 21억 년 전 무렵에 이르러 남세균을 잡아먹는 생물이 출현했거나 동시에 산소를 효율적으로 호흡할 수 있는 생물이 등장하면서 끝났을지도 모른다. 유기물 퇴적속도, 산소 농도, 그리고 생물계의 진화를 함께 풀어낼 수 있는 멋진 가설을 기대해본다.

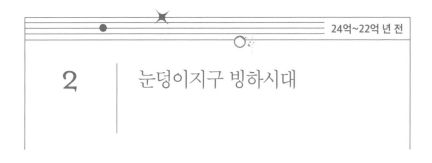

# 2 | 눈덩이지구 빙하시대

## 고원생대 눈덩이지구 빙하시대

고원생대 초에 지구에서 일어났던 중요한 사건으로 제1차 산소혁명사
건을 먼저 소개했지만, 거의 같은 시기에 일어났던 또 다른 특이한 사
건으로 '눈덩이지구 빙하시대'가 있다. 믿기지 않겠지만, 적도지방까지
도 빙하로 꽁꽁 얼어붙었던 전 지구적 규모의 빙하시대다. 제1차 산소
혁명사건과 눈덩이지구 빙하시대가 거의 같은 시기에 일어났다는 점에
서 두 사건 사이에 어떤 인과관계가 있으리라.

고원생대에 빙하시대가 있었다는 사실은 일찍이 캐나다의 오대호 부
근에 분포하는 휴런(Huron)누층군으로부터 알려졌다. 휴런누층군에는
시기를 달리하는 세 개의 빙하퇴적층(Ramsey Lake층, Bruce층, Gowganda층)
이 들어 있으며, 이 빙하퇴적층은 24억 5000만 년 전에서 23억 년 전
사이에 쌓인 것으로 밝혀졌다(Young et al., 2001; Rasmussen et al., 2013). 이

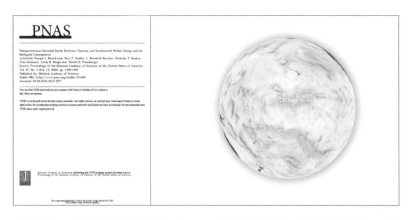

**그림 4-3.** 커쉬빙크의 〈고원생대 눈덩이지구〉 논문(왼쪽)은 고원생대 지구에 대한 생각을 완전히 바꾸어놓았다.

빙하퇴적층이 쌓인 시기를 휴런 빙하시대라고 부른다. 비슷한 시기의 빙하퇴적층이 남아프리카, 오스트레일리아, 스칸디나비아, 그리고 인도에서 보고되어 고원생대 초에 빙하가 넓게 분포했었음을 알려준다.

1990년대 후반, 남아프리카의 고원생대층을 연구하던 학자들은 트란스바알(Transvaal)누층군에 속하는 막가니엔(Makganyene) 빙하퇴적층 바로 위에 놓이는 현무암-안산암질 용암의 나이가 22억 2000만 살이라는 것과 고지자기 연구를 통해 당시 그 지역의 위도가 약 11도였다는 사실을 알아냈다(Evans et al., 1997). 막가니엔 빙하퇴적층과 용암이 거의 같은 시기에 쌓였기 때문에 자연스럽게 당시 적도 부근까지 빙하로 덮였을 것이라는 생각으로 발전하였다. 이 생각을 바탕으로 발표된 '고원생대 눈덩이지구(Paleoproterozoic snowball Earth)' 빙하시대라는 논문(Kirschvink et al., 2000)은 고원생대 지구의 모습에 대한 사람들의 생각을 완전히 바꾸어놓았다. 이어진 연구에서 고원생대 눈덩이지구 빙하시대는 막가니엔 빙하퇴적층에 국한된다는 사실을 알아냈고(Kopp et al., 2005), 그 시기는 23억 2000만 년 전에서 22억 2000만 년 전 사이로 추정되었다.

캐나다 휴런누층군의 빙하퇴적층은 모두 23억 2000만 년 전 이전에 퇴적되어 막가니엔 빙하퇴적층보다 오래된 지층임이 밝혀졌고, 따라서 휴런 빙하시대에도 빙하가 전 지구를 덮었는지에 대해서는 명확한 이야기를 할 수 없었다. 한편, 캐나다와 남아프리카 두 지역의 빙하퇴적층에 관한 암석연령 측정을 바탕으로 위의 내용을 지지하는 연구(Rasmussen et al., 2013)가 발표되었다. 그 연구에서 고원생대에는 시기를 달리하는 4개의 빙하퇴적층이 있으며, 휴런누층군에서 알려진 3개의 빙하퇴적층은 24억 5000만 년 전에서 23억 2000만 년 전 사이에 퇴적되었고, 고원생대 '눈덩이지구' 빙하시대는 마지막 네 번째 빙하퇴적층인 막가니엔층에 국한된다고 결론지었다. 아울러 이 막가니엔 눈덩이지구 빙하시대는 22억 6000만 년 전에서 22억 2000만 년 전 사이에 일어났다고 제안하였다.

그런데 최근 새로운 암석연령 자료를 바탕으로 캐나다와 남아프리카 지역의 빙하퇴적층이 거의 같은 시기에 쌓였다는 연구가 발표되었다(Gumsley et al., 2017). 앞선 연구와 달리 휴런누층군의 램지 레이크층과 아프리카의 막가니엔층이 같은 시기에 퇴적되었다는 결과를 얻었다. 그들의 연구 결과에 따르면, 고원생대에는 시기를 달리하는 4개의 빙하퇴적층이 있으며, 그 시기는 24억 2600만 년 전에서 22억 2400만 년 전 사이의 약 2억 년에 걸친다.

그렇다면 고원생대 빙하시대는 어떻게 시작되었을까? 사실, 이 빙하시대의 형성 원인에 대해서 모든 사람이 수긍할 수 있는 이론은 아직 등장하지 않았다. 따라서 다양한 생각과 논의가 가능한데, 이 문제에 관해서 논하기 위해서는 먼저 눈덩이지구 빙하시대 이전의 지구에 대해서 알아보아야 한다.

시생누대와 원생누대의 기후를 논할 때 생각해야 할 점은 당시 태양이 지금처럼 밝지 않았다는 사실이다. 보통 '희미한 젊은 태양의 역설(faint young sun paradox)'이라고 불리는 내용인데, 태양이 별로 막 태어난 46억 년 전에는 태양의 밝기가 현재의 70퍼센트에 불과했기 때문에 이론적으로 지구의 바다가 꽁꽁 얼어붙었어야 했지만, 그렇지 않았다는 사실(왜냐하면 명왕누대와 시생누대의 암석에서 액체상태의 바다가 존재했다는 증거들이 있기 때문에)은 역설적이라는 해석에서 나온 용어다.

태양은 탄생 후 꾸준히 밝아지고 있기 때문에 고원생대 초에 태양의 밝기는 현재의 80~85퍼센트 수준에 이르렀을 것으로 추정된다. 지금처럼 밝은 태양 아래에서도 온실기체인 이산화탄소가 없다면 지구의 평균 기온이 섭씨 영하 18도까지 내려가 바다까지도 완전히 얼어붙을 것이라고 한다. 그런데 25억 년 전 고원생대 초에는 지금보다도 태양이 훨씬 덜 밝았음에도 불구하고 바다가 얼지 않았다면 이는 당시의 대기에 온실기체의 양이 무척 많았음을 의미한다. 당시 지구의 대기와 바다를 따뜻하게 유지하는 역할을 담당했던 온실기체로 이산화탄소와 메탄을 떠올릴 수 있다. 학계에서는 시생누대와 원생누대 시절의 이산화탄소와 메탄의 역할에 관해서 지난 20여 년 동안 활발한 논의가 이루어져 왔다.

가장 먼저 고려할 수 있는 온실기체는 이산화탄소($CO_2$)다. 이산화탄소는 화산이 분출할 때 수증기 다음으로 많이 방출되는 휘발성 기체이고, 오늘날에는 화석연료 사용으로 그 양이 엄청나게 늘고 있다. 현재 화석연료 사용으로 $CO_2$ 농도 증가에 따른 환경 파괴 문제는 인류의 생존을 위협할 정도로 심각한 단계에 이르렀고, 그래서 국제적 협약을 통하여 $CO_2$ 배출을 규제하고 있다. 만일 시생누대와 고원생대 초의 대기 중 $CO_2$의 양이 충분히 많았다면 당시 태양이 덜 밝았음에도 지구를 충분히 따뜻하게 데워줄 수 있었을 것이다. 시생누대 기간에 따뜻한 지구를 유지하기 위해 필요한 대기 중 $CO_2$의 양을 이론적으로 계산하면, 대기의 20퍼센트(2016년 현재 $CO_2$ 함량이 0.04퍼센트니까 현재의 약 500배에 해당) 이상을 차지해야 한다고 한다(Kasting, 1993). 하지만 $CO_2$의 함량이 증가하면, 암석을 풍화시키는 데 그만큼 많은 양의 $CO_2$가 소비되기 때문에 20퍼센트라는 높은 $CO_2$ 농도를 유지하는 것이 불가능하다는 반론이 제기되었다(Zahnle, 2006). 오히려 명왕누대와 시생누대에는 암석이 풍화될 때 소비된 $CO_2$가 많아서 대기 중 $CO_2$의 농도가 낮았고, 따라서 당시 바다의 대부분은 얼어붙었어야 한다고 주장하면서 화산이 분출하는 곳이나 미행성이 떨어진 지역만 부분적으로 녹아 있었을 것이라고 추정하였다(Zahnle, 2006). 따라서 현재까지의 연구 결과를 바탕으로 고원생대 초의 지구에서 온실기체로서 $CO_2$의 역할을 평가하기는 어렵다.

두 번째로 고려할 온실기체는 메탄($CH_4$)이다. 메탄은 이산화탄소보다

20배 이상 더 강력한 온실기체이고, 신시생대와 고원생대에는 대기 중에 들어 있는 양이 훨씬 많았을 것이다. 메탄은 자연계에서 무기적으로 만들어지기도 하는데, 운석의 충돌이나 해양지각의 초염기성암이 사문암으로 바뀌는 과정에서 적은 양이기는 하지만 메탄이 생성되는 것으로 알려져 있다. 하지만 신시생대와 고원생대의 메탄은 대부분 메탄생성세균의 활동으로 생성되었을 것으로 추정한다(Kasting, 2005). 신시생대와 고원생대의 기후가 충분히 따뜻한 상태를 유지하기 위해서는 대기 중 이산화탄소의 함량이 적어도 3퍼센트 수준(당시 고토양으로부터 얻은 수치이고, 현재의 약 75배)은 되어야 하고, 메탄의 농도는 1,000ppm(현재 메탄의 농도가 1.8ppm이므로 약 600배) 이상이어야 한다는 계산 결과가 알려져 있다(Haqq-Misra et al., 2008).

## 고원생대 눈덩이지구 빙하시대의 원인

따뜻했던 지구가 고원생대에 접어들면서 빙하시대로 접어들었다면, 이는 온실기체가 줄어들었기 때문일 것이다. 온실기체가 줄어드는 방법에는 무엇이 있을까? 특히 강력한 온실기체인 메탄의 농도가 줄어드는 방법이 필요해 보이는데, 학자들이 주목한 것은 그 무렵 일어났던 산소의 급격한 증가였다(Pavlov et al., 2000). 남세균의 광합성 활동으로 생산된 산소가 메탄과 결합하면서($CH_4 + 2O_2 \rightarrow CO_2 + 2H_2O$) 메탄의 농도가 급격히 줄어들어 지구 표면의 온도를 10도 이상 낮추었고, 그 결과 고원생대 눈덩이지구 빙하시대가 시작되었다는 시나리오다(Kopp et al., 2005;

Haqq-Misra et al., 2008).

로버트 코프(Robert Kopp)는 고원생대 눈덩이지구 빙하시대의 원인을 산소 생성 광합성 활동을 하는 남세균의 등장에서 찾았다(Kopp et al., 2005). 즉, 24억 5000만 년 전 남세균이 출현하면서 산소의 대량생산이 가능해졌으며, 그 결과 대기 중에 들어 있던 메탄이 줄어들어 지구의 기온이 영하 아래로 곤두박질쳤다고 주장하였다. 이 가설은 산소 생성 광합성 생물의 출현과 고원생대 눈덩이지구 빙하시대가 직접적인 인과관계를 갖는다는 점에서 설득력이 커 보인다.

최근의 연구에서는 원생누대의 눈덩이지구 빙하시대, 산소혁명사건, 그리고 대규모 화성활동이 거의 같은 시기에 일어났다는 점을 바탕으로 이들 사이에 관련이 있다는 주장이 발표되었다(Gumley et al., 2017). 25억 년 전에서 24억 4000만 년 전 사이의 화성활동이 세계 곳곳에서 기록되었는데, 이를 대규모 화성활동지대(Large Igneous Province)와 연결시켰다. 이때 분출된 현무암이 화학적 풍화작용을 겪으면서 이산화탄소의 농도는 감소하고, 많은 영양염류가 바다로 녹아 들어갔다. 그 결과 활발해진 남세균의 광합성 활동으로 산소혁명사건이 일어났으며, 산소가 온실기체인 메탄을 대기 중에서 제거함으로써 지구의 냉각을 가속화해 고원생대 눈덩이지구 빙하시대가 시작되었다는 설명이다.

그동안 원생누대 동안에 지구가 모두 빙하로 덮였던 눈덩이지구 빙하시대가 두 번(고원생대 초와 신원생대 후반) 있었다는 것은 잘 알려진 내용이다. 그런데 이상한 점 하나는 고원생대 빙하시대가 끝난 약 22억 년 전부터 신원생대 빙하시대의 시작인 약 8억 년 전까지 약 14억 년 동안 지구에서 빙하의 흔적이 거의 없었다는 점이었다. 이는 14억 년 동안 지구가 계속 따뜻한 상태를 유지했기 때문인지, 아니면 아직도 발견되지 않은 빙하퇴적층이 있는지 의문을 가지게 한다. 그러한 점에서 2005년 오스트레일리아의 킴벌리(Kimberly)분지에서 18억 년 전의 빙하 활동 흔적을 찾아냈을 뿐만 아니라 그 빙하퇴적층이 위도 20도 부근 지역에서 쌓였다는 연구 결과(Williams, 2005)는 주목할 만하다. 그동안 그토록 많은 지질학자가 지구 곳곳을 헤매고 다녔음에도 아직도 알려지지 않은 암석이 있다는 사실이 놀랍기만 하다.

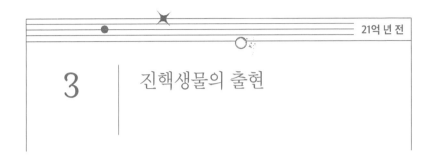

# 3 진핵생물의 출현

## 원핵생물과 진핵생물

24억 년 전에서 20억 년 전 사이에 제1차 산소혁명사건과 고원생대 빙하시대를 겪고 난 지구는 환경이 크게 바뀌었다. 특히 대기와 바다에 산소의 등장은 당시 생물들에게 엄청난 영향을 미쳤을 것이다. 왜냐하면 산소가 없던 환경에서 살던 생물들에게 산소는 마치 독가스처럼 치명적인 기체였을 것이기 때문이다. 당시에 살았던 생물들이 산소에 대처할 수 있었던 방법으로는 그냥 죽거나, 산소가 없는 영역으로 도망가거나, 아니면 산소에 적극적으로 적응하는 능력의 습득이었을 것이다. 고원생대 초의 생물들은 대부분 원시적 세균이었을 텐데, 시간이 흐르면서 산소에 적응하며 살아남은 세균들이 생겨났고, 그중에는 산소를 이용하여 호흡(呼吸, 유기물을 산화시켜 $CO_2$와 $H_2O$로 분해하는 과정)할 수 있는 호기성(好氣性) 세균도 등장했을 것이다.

지구에는 그 수를 헤아릴 수 없을 정도로 많은 생물이 살고 있다. 지구의 생물은 세포의 구조적 특징에 따라 크게 원핵생물과 진핵생물로 나뉜다. 원핵생물(原核生物)의 세포는 크기가 작고(1~10μm), 구조적으로 단순해 핵이 없으며, DNA물질이 세포질 내에 흩어져 있다. 반면에 진핵생물(眞核生物)의 세포는 크고(10~100μm), DNA물질이 들어 있는 염색체는 핵 속에 들어 있으며, 그 밖에 특별한 기능을 담당하는 소기관(색소체, 미토콘드리아 등)들이 세포질 내에 들어 있다.

1990년대에 들어와서 분자생물학의 발전과 함께 생물들 사이의 새로운 계통진화관계가 밝혀지면서 생물을 세 개의 역(域)으로 구분하고 있다. 세균(Bacteria)역, 고세균(Archaea)역, 진핵생물(Eukarya)역이다. 세균과 고세균은 원핵세포를 가지며, 진핵생물만 진핵세포를 갖는다. 생물의 진화계통에 따르면, 지구상의 모든 생물은 세균에서 출발하여 고세균으로, 고세균으로부터 진핵생물로 발전하였다고 한다(Hug et al., 2016). 진핵생물은 훨씬 복잡하고 발전된 생물이므로 진핵생물이 언제 어떻게 지구에 출현했는가 하는 문제는 고생물학자들이 풀고싶어 하는 가장 중요한 연구 주제의 하나였다(Knoll et al., 2006).

현재 진핵생물일 가능성이 큰 화석으로 가장 오래된 것은 약 21억 년 전 다세포생물 화석인 그리파니아(Grypania)다. 이 화석은 탄질물(炭質物)로 이루어진 동그랗게 말린 리본 모양으로 폭 1~2밀리미터, 길이는 수 센티미터에 이른다(Han and Runnergar, 1992). 이 화석은 미국, 캐나다, 중국, 인도 등 여러 지역에서 보고되어 그리파니아가 당시 넓은 지역에 걸쳐서 살았음을 알 수 있다. 그러나 그리파니아가 원핵생물의 군체일 가능성도 제기되었고, 또 최근에는 그리파니아가 산출된 지층의 나이

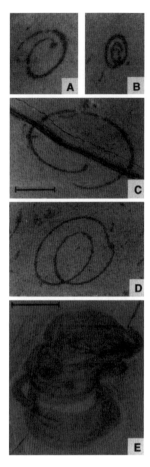

**그림 4-4.** 21억 년 전 지층에서 보고된 가장 오랜 진핵생물 화석 그리파니아

가 처음에 알려진 것보다 젊다(19억 년 전이라는 연구 결과도 있다.)는 반론도 있어 앞으로의 연구를 지켜봐야 할 것이다.

이밖에도 아프리카 가봉의 21억 년 전 지층(Albani et al., 2010)과 남아프리카의 22억 년 전 고토양층(Retallack et al., 2013)에서도 진핵생물에 속할 가능성이 있는 크고 복잡한 화석이 발견되어 학계의 평가를 기다리고 있다. 한편 다양한 단세포 진핵생물들이 18억 년 전 이후의 원생누대 지층에서 많이 산출되었다(Knoll et al., 2006). 그러므로 진핵생물이 생물계에 등장한 때는 빠르면 22억~21억 년 전 그리고 늦어도 18억 년 전이라고 말할 수 있다. 진핵생물은 과연 어떻게 태어났을까?

현재 진핵생물의 진화와 관련하여 많은 지지를 받고 있는 가설은 보스턴대학교의 린 마굴리스(Lynn Margulis) 교수가 제안한 공생설(共生說)이다(Margulis, 1970, 1981). 원래 독립적으로 살고 있던 원핵생물들이 먹고 먹히는 과정에서 서로에게 도움이 되는 공생관계로 발전했으며, 그 과정에서 진핵생물이 탄생했다는 이론이다.

좀 더 자세히 설명하면, 어떤 원핵생물이 다른 동물성 원핵생물에게

잡혀 먹혔을 때 처음에는 쉽게 먹혔겠지만, 시간이 지나면서 잡아먹히던 생물에게 저항력이 생겨 동물성 원핵생물 내에 자리잡고 살게 되었다는 것이다. 결국 한 생물체가 다른 생물체 내에서 살면서 그 생물에 필요한 어떤 기능을 담당함으로써 그 생물의 소기관(小器官)이 되었다는 설명이다. 대표적인 예로 광합성 남세균은 색소체(色素體), 호기성 세균은 호흡을 담당하는 미토콘드리아(mitochondria)가 되었을 것으로 추정하고 있다. 색소체와 미토콘드리아는 독자적인 DNA를 가지고 있고 분열도 하기 때문에 예전에 독립생활하던 원핵생물이었을 가능성이 무척 커 보인다.

# 4 | 초대륙 컬럼비아

## | 초대륙의 등장 |

22억 년 전 무렵, 눈덩이지구 빙하시대와 둔화된 화성활동의 시기로부터 벗어난 지구에는 21억 년 전에서 18억 년 전 사이에 세계 곳곳에서 격렬한 조산운동과 화성활동이 일어났다(Zhao et al., 2002). 이 조산운동에 대한 분석을 바탕으로 고원생대의 초대륙 컬럼비아(Columbia)가 존재했다는 주장이 등장했다(Rogers and Santosh, 2002; Zhao et al., 2002). 이 시기의 초대륙은 컬럼비아 또는 누나(Nuna)로 불리는데, 연구자들마다 이름을 선호하는 이유도 다양하고 복원한 고지리도의 모습도 다양하다 (Meert, 2012; Evans, 2013). 여기서는 컬럼비아라는 이름을 채택했다.

18억 년 전의 대륙분포를 알아내는 일이 과연 가능할까 하는 의문이 들기는 하지만, 상상력이 풍부한 과학자들은 조산운동과 고지자기 자료를 바탕으로 나름대로의 초대륙 컬럼비아의 모습을 그려냈다. 다양

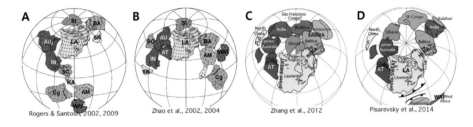

**그림 4-5.** 컬럼비아 초대륙의 다양한 복원도

한 사람들이 다양한 생각을 했기 때문에 현재 발표된 컬럼비아 초대륙의 복원도만 해도 7~8개다.

대부분의 컬럼비아 초대륙 복원도에서 로렌시아(Laurentia: 현재의 북아메리카 대부분과 그린란드를 포함한 대륙), 발티카(Baltica: 현재의 스칸디나비아와 동유럽), 시베리아, 그리고 오스트레일리아 대륙을 묶어 컬럼비아 초대륙의 가운데에 배치한 다음 그 주변을 다른 대륙들이 감싸고 있는 모습으로 그리고 있다. 그 밖의 대륙들은 복원도마다 위치가 다르다. 예를 들면, 우리 한반도가 포함된 중한랜드를 로렌시아와 발티카 부근에 배치한 경우도 있지만(Rogers and Santosh, 2002), 최근 연구에서는 오스트레일리아 대륙에 가깝게 놓인 복원도가 더 지지받고 있는 듯하다(Zhang et al., 2012; Pisarevsky et al., 2014). 인도 대륙, 아마조니아(남아메리카 북동부), 아프리카의 여러 대륙(콩고, 칼라하리, 카아프바이알 등)의 위치는 복원도마다 다르기 때문에 어느 것이 옳고 그른지 판단하기 어렵다.

컬럼비아 초대륙의 형성 시기와 분리 시기도 학자들마다 생각이 다르다. 컬럼비아 초대륙의 형성시기는 19억 년 전과 16억 년 전 사이이졌다(Condie and Aster, 2010; Bradley, 2011; Evans, 2013). 여기서는 여러 가지 지질학적 특성 중에서 수동형 대륙연변부의 상대적 빈도수와 지르콘 광물 연령분포 자료를 바탕으로 초대륙 형성 주기(또는 윌슨 주기)를 다룬 연구(Bradley, 2011; Cawood and Hawkesworth, 2014)를 고려하여 컬럼비아 초대륙의 존속 시기를 알아보았다.

　수동형 대륙연변부(passive margin)는 대륙과 해양이 만나는 부분 중에서 판구조적으로 조용한 부분이다. 바꾸어 말하면, 해령이나 해구 그리고 화산호처럼 활발한 판구조운동이 일어나는 경계로부터 멀리 떨어진 곳으로 대륙붕이 넓게 분포하는 지역이다. 오늘날 수동형 대륙연변부의 대표적인 예는 대서양 연안이며, 태평양에는 동아시아 지역을 제외하면 수동형 대륙연변부라고 말할 수 있는 곳이 없다. 일반적으로 수동형 대륙연변부는 초대륙이 분리되는 기간에는 늘어나고, 초대륙이 만들어지는 과정에는 줄어든다. 그동안의 연구에 따르면, 수동형 대륙연변부가 늘어난 기간은 27억~25억 년 전, 22억~19억 년 전, 10억~6억 년 전, 2.5억 년 전 이후다. 반면에 대륙연변부가 줄어든 기간은 25억~24억 년 전, 19억~17억 년 전, 6억~3억 년 전이다. 이 자료를 이미 알려진 초대륙과 연결해보면, 25억~24억 년 전은 케놀랜드, 19억~17억 년 전은 컬럼비아, 그리고 6억~3억 년 전은 판게아 초대륙이 형성되는 시기와 거의 일치한다. 단지 약 10억 년 전 초대륙으로 알려진 로디니아의 시기에는 뚜렷한 변화가 보이지 않는다.

　한편, 지르콘 광물의 생성 특성을 고려하면, 지르콘 광물 연령분포가 초대륙 주기를 반영할 것으로 추정되었다(Condie and Aster, 2010; Bradley, 2011). 앞에서 이미 언급한 내용인데, 일반적으로 초대륙이 형성되거나 분리되는 시기에는 지르콘 광물이 많이 생성되고, 반면에 초대륙 상태를 유지할 때는 지르콘 광물의 생성이 줄어드는 것으로 알려져 있다. 선캄브리아 시대에서 지르콘 광물의 빈도수가 높았던 때는 27억 년 전, 25억 년 전, 19억~18억 년 전, 11억 년 전, 6억 년 전이다. 반면에 지르콘 광물의 빈도수가 낮았던 때는 24억~22억 년 전, 16억~13억 년 전, 9억~7억 년 전이다.

위의 두 자료(수동형 대륙연변부의 수와 지르콘 광물 연령분포)를 고려하여 선캄브리아 시대의 초대륙 주기를 추정해보면, 27억~24억 년 전은 케놀랜드 형성시기, 24억~22억 년 전은 초대륙 시기, 22억~18억 년 전은 케놀랜드의 분리와 컬럼비아 대륙의 형성시기, 18억~13 컬럼비아 초대륙 시기, 13억~9억 년 전은 컬럼비아 대륙의 분리와 로디니아 대륙의 형성 시기, 9억~7억 년 전은 로디니아 초대륙 시기로 구분할 수 있을 것으로 보인다. 요약하면, 컬럼비아 초대륙은 18억 년 전에 완성되어 18억~13억 년의 기간에 초대륙으로 존재하다가 13억 년 전부터 분리되기 시작한 것으로 보인다.


## 고원생대의 한반도


한반도의 땅덩어리가 지구의 역사에서 본격적으로 등장하는 시점이 바로 고원생대다. 남한에서 알려진 가장 오래된 암석이 25억 800만 살이기 때문이다(Cho et al., 2008). 북한지역에는 아마도 좀 더 오래된 시생누대의 암석이 있을 것으로 추정되지만, 북한지역의 암석에 대한 자료는 잘 알려져 있지 않다. 현재까지 알려진 자료로 보았을 때 한반도의 바탕을 이루는 암석들은 대부분 25억~18억 년 전 고원생대에 생성되었으며, 크게 세 개의 땅덩어리로 나뉜다. 세 개의 땅덩어리는 북쪽부터 낭림육괴, 경기육괴, 영남육괴라고 불린다. 이 고원생대 암석은 고시생대(약 36억 년 전)에 생성된 후 27억 년 전 무렵 맨틀에서 지각형성 기원물질로 만들어진 다음, 약 25억~23억 년 전 이들 기원물질의 재활성을 통해 육괴(땅덩어리)의 골격을 이룬 것으로 알려졌다. 이들은 고원생대 동안에 지각분화과정을 겪어 18억 년 전에 이르렀을 무렵 안정된 대륙의 모습을 갖춘 것으로 보인다(이승렬·조경오, 2012).

나는 한반도를 포함하여 동아시아를 이루고 있던 땅덩어리가 고생대 이전에는 중한랜드와 남중랜드로 나뉘어 있었다고 해석했다(최덕근, 2014). 중한랜드는 북중국의 대부분, 만수지역, 그리고 한반도의 일부를 포함한 땅덩어리였다. 중한랜드는 동부지괴와 서부지괴로 나뉘며, 그 사이에 고원생대 조산대가 놓여 있다. 북중국횡단조산대로 불리는 이 조산대는 약 18억 5000만 년 전에 형성된 것으로 알려졌다(Zhao et al., 2004). 남중랜드는 남중국의 대부분을 포함하며, 북서쪽의 양자지괴와 남동쪽의 캐타이시아지괴로 이루어진다.

나는 한반도를 세 개의 지괴로 구분할 것을 제안했는데, 북쪽으로부터 북부지괴, 중부지괴, 남부지괴로 구분한다(최덕근, 2014). 북부지괴는 황해도 이북에 있는 대부분의 북한지역을 아우른다. 중부지괴는 황해도, 경기도, 충청도, 강원도 북부지역을, 그리고 남부지괴는 강원도 남부와 경상도, 전라도 일부 지역으로 이루어진다. 고생대 이전에 북부지괴와 남부지괴는 중한랜드에 속한 반면, 중부지괴는 남중랜드의 한 부

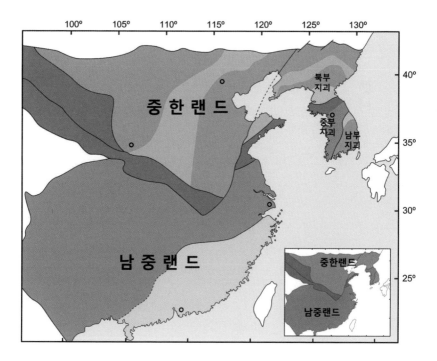

**그림 4-6.** 동아시아 지체구조도

분이었다.

컬럼비아 초대륙에서 중한랜드와 남중랜드는 초대륙의 가장자리에 위치했으며, 서로 멀리 떨어져 있었던 것으로 그려졌다(Zhao et al., 2004; Zhang et al., 2012). 고원생대 시절 한반도 땅덩어리가 어떤 모습이었고 어느 곳에 있었는지 아직은 잘 모르지만, 한반도 육괴의 연령분포 자료로 판단해보았을 때(이승렬·조경오, 2012) 대부분의 나이가 20억~18억 년 전에 몰려 있는 것으로 보아 한반도의 바탕을 이루는 땅덩어리는 대부분 컬럼비아 초대륙 형성과정에서 탄생한 것으로 생각된다.

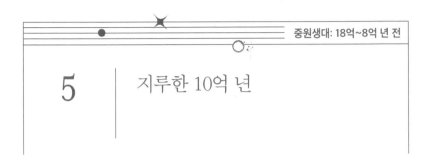

## 5 | 지루한 10억 년

| 지구의 사춘기 |

지구의 긴 역사를 통해서 보면, 18억~8억 년 전의 지구는 그 이전의 지구와 그 이후의 지구에 비해서 무척 특이한 시기였다. 왜냐하면 환경적 측면과 생물 진화적 측면에서 거의 변화가 없었던 것처럼 보이기 때문이다. 지구가 진화의 톱니바퀴 돌리기를 거부하는 것처럼 보이는 점에서 마치 사춘기에 접어든 청소년을 연상시킨다. 그래서 사람들은 이 시기를 '지루한 10억 년(boring billion)', '황폐한 10억 년(barren billion)' 또는 '지구 역사에서 가장 재미없었던 시대(dullest time)'라고 부르기도 한다. 그렇지만 판구조적 측면에서는 컬럼비아 초대륙이 갈라져서 새로운 초대륙 로디니아를 만들어가는 시기였기 때문에 결코 지루할 수 없었으리라 생각된다. 우리 한반도에는 이 시기의 암석이 거의 알려져 있지 않다.

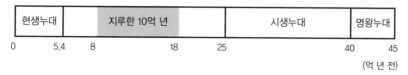

| 현생누대 | 지루한 10억 년 | 시생누대 | 명왕누대 |

| 0 | 5.4 | 8 | 18 | 25 | 40 | 45 |

(억 년 전)

**그림 4-7.** 지루한 10억 년

앞에서 알아본 것처럼 고원생대는 산소가 없던 환경에서 산소가 풍부해지는 환경으로 접어든 시기였다. 시간이 흐르면서 산소 함량은 점점 늘어났고, 따라서 대기뿐만 아니라 바다까지도 산소가 녹아들었을 것으로 추정된다. 바다에 녹아들어간 산소는 철과 결합하여 호상철광층을 이루었고, 그 결과 18억 년 전 이후에는 해양에 철이 고갈되어 대규모 호상철광층이 쌓이지 않았다는 설명으로 이어졌다(Cloud, 1973; Holland, 1984). 18억 년 전 이후 생산된 산소는 계속 바닷물에 녹아들어가 깊은 바다까지도 산소가 존재했다는 추론으로 이어졌고, 이 내용은 호상철광층 형성과 산소의 진화과정을 명쾌하게 설명할 수 있는 멋진 이론으로 받아들여졌다. 과연 그랬을까? 20세기가 끝날 무렵, 이러한 내용을 부정하는 새로운 가설이 등장했다.

| 캔필드 대양 |

새로운 가설은 18억 년 전에서 8억 년 전까지 약 10억 년 동안 깊은 바다에는 산소가 없었을 뿐만 아니라 오히려 독성이 강한 황화수소($H_2S$)로 가득 채워졌다는 놀라운 발상이었다(Canfield, 1998). 이 가설을 제안

한 덴마크의 지질학자 도날드 캔필드(Donald Canfield)의 이름을 따서 이 10억 년 동안의 해양을 '캔필드 대양(Canfield Ocean)' 또는 중간 대양(intermediate ocean)이라고 부른다. 캔필드의 가설은 그만의 독창적인 논리적 사고의 결과였다. 제1차 산소혁명으로 급증한 산소가 철을 포함한 다른 원소의 행동에 커다란 영향을 주었겠지만, 그는 특히 깊은 바다가 산소로 채워지기는 어렵다고 생각했다.

캔필드가 제안한 가설은 다음과 같다. 24억 년 전 이전에는 대기와 해양에 산소가 없었고, 해양에는 황산염이 적게 들어 있었다. 따라서 철을 제거할 수 있는 방법이 없었기 때문에 당시 해양은 철이 많이 녹아 있는 환경을 유지할 수 있었다. 24억 년 전 무렵 제1차 산소혁명사건이 일어났을 때, 산소의 증가로 풍화작용이 활발해짐에 따라 암석 속에 들어 있던 황철석($FeS_2$)이 풍화되어 바다로 들어가면서 해양의 황산염 농도가 올라갔다. 바다로 들어간 황산염은 황환원세균에 의한 환원작용으로 황화수소($H_2S$)가 되었고, 이들이 바닷물에 녹아 있던 제1철과 결합하여 황철석으로 침전됨으로써 해양에서 철이 제거되었다. 따라서 24억 년 전 이후에는 호상철광층이 쌓이지 않았다고 설명했다.

18억 년 전에 이르렀을 때, 해양에 들어 있는 황화수소의 양이 해저 화산활동으로부터 공급되는 철의 양을 능가하게 되었다. 그 결과 18억 년 전을 기점으로 해양은 철 이온이 많았던 무산소 환경으로부터 황화수소가 많은 무산소 환경(즉, 캔필드 대양)으로 바뀌었다는 결론에 도달했다. 이어진 연구에서 깊은 바다가 황화수소로 채워진 무산소 환경으로 바뀐 시점이 정확히 18억 4000만 년 전이라는 사실을 알아냈고(Poulton et al., 2004), 이 환경은 그 후 약 10억 년 동안 지속되었다. 8억 년 전에 이르러 제2차 산소혁명사건을 맞이한 해양에서 산소 농도가 크게 증가하면서 캔필드 대양은 종말을 맞이했다.

18억 년 전에서 8억 년 전까지의 지루한 10억 년 동안 캔필드 대양은 화학적으로 특성이 다른 두 부분으로 나뉘어 있었다고 한다. 바다의 얕은 부분(수심 20m 이내)에는 산소가 녹아 있었지만, 그 밑 깊은 부분은 황화수소로 채워진 무산소 영역이었다. 얕은 바다에는 남세균 같은 미생물들이 살고 있었고, 이들이 살고 있는 영역의 바로 아래, 즉 얕은 부분과 깊은 부분의 경계부는 햇빛이 닿을 수 있을 정도로 얕았지만 산소는 없는 환경으로 녹색 황세균과 자색 황세균들이 살고 있었다. 이들 황세균은 물($H_2O$) 대신에 황화수소($H_2S$)를 이용한 광합성 활동을 하며 번성했다. 그 결과 캔필드 대양의 깊은 바다는 맹독성 황화수소로 가득 찼기 때문에 다른 생물들이 살 수 없었다. 얕은 바다에 살던 광합성 생물들이 산소를 생산하기는 했겠지만, 대기와 바다를 산소로 채우기에는 턱없이 부족했다. 게다가 생산된 산소도 떠돌던 죽은 미생물들을 분해하는 데 대부분 소비되었기 때문에 대기와 바다에서의 산소 농도는 무척 낮았다. 이 무렵 캔필드 대양에서 뿜어져 나오는 유황 때문에 지구에는 달걀 썩은 냄새가 진동했을 것이라고 한다.

최근 캔필드 대양도 처음 제안되었던 모습에서 약간 바뀌었는데, 황화수소로 채워진 영역은 대륙 연변부와 대륙사면(오늘날의 저산소영역과 비슷)의 깊이에 국한되고, 더 깊은 곳에는 철이 많이 녹아 있었다는 연구 결과가 발표되었다(Poulton and Canfield, 2011).

10억 년 동안 지속되었던 캔필드 대양은 지구 역사에서 무척 특이했던 시기였다. 그렇다면 특이한 현상이 암석에 기록으로 남겨졌을 것으로 예상된다. 18억 년 전에서 8억 년 전 사이에 일어났던 지질현상 중에서 다른 시대와 비교했을 때 눈에 띄게 다른 점으로 네 가지를 들 수 있다. 첫째, 빙하시대가 없었다. 둘째, 호상철광층(BIF)이 퇴적되지 않았다. 셋째, 조산대 금광상(orogenic gold deposits)과 화산기원 괴상 황광상(volcanogenic massive sulfide deposits)이 드물다. 넷째, 수동형 대륙연변부가 적다는 것이다.

첫째, 지루한 10억 년 동안 빙하시대가 없었다. 과거 지질시대를 통해서 빙하시대가 여러 차례 있었다는 사실은 잘 알려져 있다(Eyles, 2008). 신시생대(29억~28억 년 전)의 빙하시대, 고원생대(24억~22억 년 전과 18억 년 전)의 빙하시대, 신원생대(8억~6억 년 전)의 빙하시대, 오르도비스기 빙하시대, 석탄-페름기 빙하시대, 그리고 제4기 빙하시대가 그것이다. 30억 년 전 이전에도 빙하시대가 있었으리라고 추정되지만, 암석에 남겨진 기록은 없다. 지난 30억 년 동안에 10여 차례의 크고 작은 빙하시대가 있었고, 빙하시대와 빙하시대의 간격은 보통 2억~5억 년이다. 그런데 18억 년 전부터 8억 년 전까지의 10억 년 동안은 빙하시대가 전혀 없다는 점에서 특이하다.

지루한 10억 년 동안에는 왜 빙하시대가 없었을까? 맨 처음 생각할 수 있는 원인의 하나는 온실기체인 이산화탄소와 메탄의 역할이다. 지루한 10억 년 동안 메탄생성세균의 활동으로 생산되었던 메탄의 양이 지금의 10~20배였기 때문에 지구가 따뜻했다는 주장도 있고(Pavlov et al., 2003), 또 당시의 이산화탄소량만으로도 지구는 충분히 온난한 상태를 유지할 수 있었다는 해석도 있다(Young, 2013). 어떤 사람은 아직 그 시기의 빙하퇴적층이 발견되지 않았거나, 빙하퇴적층이 퇴적되었지만 판구조운동 때문에 그 기록이 없어져버렸을지 모른다고 추정하기도 했다(Eyles, 2008). 지구시스템이 땅, 바다, 대기, 생물의 복잡한 상호작용을 통해 조절된다는 점을 감안할 때, 단순히 어느 한 요인으로 이 문제를 풀기는 어려워 보인다.

둘째, 호상철광층이 없다. 앞에서 이미 소개한 호상철광층의 시대별 산출양상을 보면, 대규모 호상철광층이 주로 27억~24억 년 전에 퇴적되었고, 24억 년 전과 20억 년 전 사이에는 철광층의 양이 현저하게 줄었다가 20억~18억 년 전에 다시 많이 쌓였다. 18억~8억 년 전에는 거의 퇴적되지 않다가 8억 년 전에 이르렀을 때 또다시 호상철광층이 퇴적되었다(Bekker et al., 2010).

24억 년 전에 시작된 산소의 증가에 따라 풍화작용이 활발해지면서 암석 속에 들어 있던 황철석($FeS_2$)이 풍화되어 황산염의 형태로 바다로 녹아 들어갔다. 이 황산염은 황환원세균 활동으로 황화수소가 되었고, 황화수소는 바닷물에 녹아 있던 제1철과 결합하여 황철석으로 침전됨으로써 해양의 철이 제거되었다. 따라서 이 기간에는 독특한 층리구조를 보여주는 전형적인 호상철광층이 쌓이지 않았다. 20억~18억 년 전의 호상철광층의 성인은 명확히 설명하기는 어렵지만, 아마도 해령에서의 철 유입이 늘었기 때문일 수 있다. 18억 년 전에 이르렀을 때, 해양에 들어 있는 황화수소의 양이 해저 화산활동으로부터 공급되는 철의 양을 능가하면서 호상철광층의 퇴적이 멈추었을 것이다. 8억 년 전 이후의 호상철광층 퇴적은 신원생대 눈덩이지구 빙하시대와 산소급증 사건과 관련이 있어 보인다.

셋째, 조산대 금광상과 화산기원 괴상 황광상이 적다. 조산대(造山帶) 금광상은 판과 판이 충돌하는 부분에서 주로 형성된다. 조산대 금광상이 많이 형성된 시기는 27억~26억 년 전과 6억 년 전 이후이고, 반면에 조산대 금광상이 형성되지 않았던 시기는 25억~22억 년 전과 17억~8억 년 전이다. 25억~22억 년 전은 케놀랜드 초대륙 시기이며, 화성활동이 정체된 시기이기도 한다. 17억~8억 년 전은 컬럼비아 초대륙과 로디니아 초대륙의 시기와 겹친다. 반면에 초대륙 판게아 시기에는 조산대 금광상이 많은 것으로 보아 지루한 10억 년 동안 조산대 금광상이 없었는지 그 이유를 설명하기는 어렵다.

화산기원 괴상 황광상도 지루한 10억 년 동안 상대적으로 적은데, 그 이유는 아직 잘 모른다. 이 시기의 화성활동 기록으로 보았을 때, 특별히 화산활동이 둔화된 것처럼 보이지는 않는다.

넷째, 수동형 대륙연변부가 적다. 고원생대의 대륙 분포를 자세히 들여다보면, 컬럼비아 초대륙의 중앙부를 차지하고 있던 로렌시아, 발티카, 시베리아 대륙은 20억 년 전에 한 덩어리가 된 후 계속 그 상태를 유지하다가 8억 년 전에 이르러서 분리되기 시작한다. 이는 컬럼비아 초대륙에서 로디니아 초대륙으로 가는 윌슨 주기에서 대륙의 갈라짐이 활발하지 않았음을 의미한다. 이와 같은 대륙의 움직임은 지질시대에 따른 수동형 대륙연변부의 빈도에 반영되어 18억 년 전에서 8억 년 전 사이에 수동형 대륙연변부의 수가 그 이전이나 그 이후에 비하여 상대적으로 적음을 알 수 있다. 대륙이 오랫동안 한 덩어리를 이루고 있었던 것은 지구 내부에서의 움직임이 상대적으로 느렸기 때문이며, 이처럼 느린 땅덩어리의 움직임은 해양, 대기, 생물계에도 영향을 미쳐 지루한 10억 년의 정체된 환경을 이끌었을 것으로 생각된다.

| 생물계 |

앞서 살펴보았듯이 진핵생물이 출현한 때가 빠르면 22억~21억 년 전, 늦어도 18억 년 전임을 알았다. 그러므로 18억 년 전 이후의 지루한 10억 년 동안에도 생물이 꾸준히 진화했으리라 예상되는데, 화석 자료에서는 그러한 양상이 뚜렷하게 보이지 않는다. 화석기록이 적기는 해도 캔필드 대양의 특성으로부터 예측할 수 있는 내용의 하나는 당시 바다에서 녹색 황세균이나 자색 황세균이 크게 번성했으리라는 점이다. 진핵생물들은 캔필드 대양의 얕은 부분(수심 20m 이내)에서 살았을 것이다. 진핵생물의 대부분은 단세포 원생생물이었겠지만, 오늘날의 미역이나 김과 비슷한 해조류도 얕은 바다에서 살았을 것으로 추정된다(Bengtson et al., 2017).

지루한 10억 년의 화석을 논할 때 항상 등장하는 화석으로 아크리타치(acritarch)가 있다. 아크리타치는 둥근 형태의 미화석으로 크기는 50~300마이크로미터이고, 유기질 세포벽을 가지는 원생생물이었을 것으로 추정하고 있다. 아크리타치의 어원을 보면 acrit는 '알 수 없다'는 뜻이고 arch는 '오래된'이란 뜻이다. 그러므로 이를 번역하면 '무엇인지

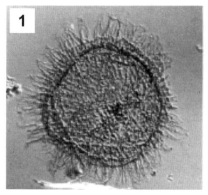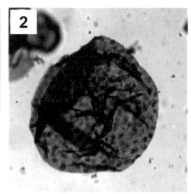

**그림 4-8.** 원생누대의 아크리타치 화석

알 수 없는 오래된 것'이라는 의미이다. 그러므로 아크리타치는 생물학적 분류군이 아니고, 연구자의 입장을 편하게 해주기 위해서 만들어낸 전문용어다. 즉, 연구사는 생물의 계통 문제에 관해서 큰 고민을 하지 않고도 분류학적 연구를 수행할 수 있다. 이와 같은 아크리타치의 분류학적 연구는 지질학적으로 지층의 선후관계를 밝히는 데 도움을 준다. 아크리타치의 형태는 기본적으로 구형(球形)이지만, 어떤 경우에는 돌기를 가지는 경우도 있다.

원생누대 진핵생물 화석의 산출양상을 종합적으로 다룬 연구(Knoll et al., 2006)에 따르면, 지루한 10억 년 동안에 기록된 진핵생물 화석은 각 시대마다 10종이 넘지 않는다. 아크리타치의 형태도 밋밋한 구형이 대부분이고, 돌기를 가진 종류는 많지 않았다. 그러다가 지루한 10억 년이 끝나는 8억 년 전 이후부터 아크리타치의 종 수가 크게 증가하고 돌기를 가지는 종류도 많아진다. 지구상에 동물이 출현한 때는 그보다 훨씬 후인 약 6억 년 전 무렵이기 때문에 지루한 10억 년 동안 생물계에서 커다란 변혁이 일어나지 않았음을 알 수 있다. 그 원인은 무엇이었을까? 아마도 산소가 없고 황화수소로 가득했던 캔필드 대양 때문일 것이다.

## 신원생대 초대륙 로디니아: 10억~8억 5000만 년 전

18억 년 전에서 8억 년 전에 이르는 10억 년 동안에 해양과 대기 그리고 생물계에서 커다란 변화는 보이지 않는다. 마치 지구의 수권, 기권, 생물권이 잠시 휴면기에 들어간 듯하다. 하지만 이 기간에 지권(대륙)은 큰 변화를 겪었다. 18억 년 전에 형성되었던 컬럼비아 초대륙이 분리되었다가 다시 합쳐지는 판구조운동으로 또 다른 초대륙 로디니아가 10억 년 전 무렵에 형성되었기 때문이다. 땅덩어리는 엄청난 변화를 겪었음에도 불구하고, 해양과 대기, 그리고 생물계에서는 눈에 띄는 변화가 없었다는 점이 이상할 정도다.

1970년대에 판구조론이 지구과학의 새로운 패러다임으로 자리매김하면서 3억 년 전 판게아 초대륙 이전에도 또 다른 초대륙이 존재했으리라는 점은 예상하고 있었다. 그로부터 20여 년이 흐른 1991년, 선캄브리아 시대 말와 고생대 초에 로렌시아(현재의 북아메리카 대부분을 포함한 대륙)의 서쪽 가장자리와 오스트레일리아/남극 대륙의 태평양 연안 부분이 붙어 있었고, 동쪽 가장자리는 아프리카와 남아메리카를 이룬 대륙과 연결되었다는 해석을 바탕으로 초대륙의 존재가 제안되었는데 (Dalziel, 1991; Hoffman, 1991; Moores, 1991), 판게아 이전의 초대륙에 이미

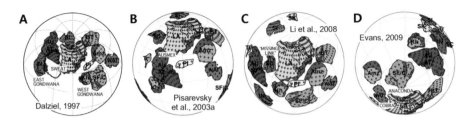

**그림 4-9.** 로디니아 초대륙의 복원도

로디니아라는 이름이 붙어 있었다(McMenamin and McMenamin, 1990). 로디니아(Rodinia)의 어원은 러시아어 'родит'로, '태어나다'라는 뜻이다. 지구의 모든 대륙이 로디니아 초대륙으로부터 태어났다는 생각을 반영한 이름이다. 발티카와 시베리아 대륙은 로렌시아의 북쪽에 배치되었나(그림 4-9A). 로디니아 초대륙을 구성한 바탕에는 북아메리카 대륙의 동쪽에서 일어났던 13억~10억 년 전의 그렌빌(Grenville) 조산운동을 로디니아 초대륙 형성과정에서 일어났던 것으로 보았고, 로렌시아 대륙의 가장자리를 따라 관찰되는 7억 5000만~5억 5000만 년 전의 화산활동은 로디니아 초대륙이 갈라지는 판구조운동으로 해석한 데 있었다.

 1990년대 중반에는 신원생대 기간 중에 두 개의 초대륙이 있었다는 논쟁으로 이어졌는데, 10억 년 전에 형성되었던 로디니아 초대륙이 8억 년 전에 분리되기 시작했고, 그 후 잠시 판노티아(Pannotia) 초대륙이 존재했었다는 주장이 있었다. 하지만 최근에는 판노티아 초대륙에 대한 언급은 시들해졌다. 이 무렵 그동안의 로디니아 초대륙 복원에서 소외되었던 대륙으로 동아시아 대륙(중한랜드, 남중랜드, 타림)이 있었는데(Li et al., 1995), 남중랜드가 로렌시아와 오스트레일리아 대륙 사이를 채우고 있었다는 새로운 모습의 복원도를 제시했다. 중한랜드와 타림(Tarim: 중국 서부에 있는 지금의 신장 지구)은 남중랜드와 멀리 떨어져 초대륙의 가장자리에 놓였던 것으로 그려졌다.

2000년대에 들어와서는 여러 연구그룹에서 다양한 로디니아 초대륙 복원도를 제시함으로써 오히려 로디니아의 진정한 모습을 이해하기 어려워졌다. 대부분의 복원도에서는 로렌시아를 로디니아 초대륙의 가운데 위치시킨 다음, 동쪽에 있는 그렌빌 조산대를 대륙과 대륙의 충돌대로 그리고 있는 반면, 에반스는 그렌빌 조산대를 안데스-형 조산대(즉, 해구에서 섭입으로 인해 형성되는 화산호)로 해석하여 로렌시아를 로디니아 초대륙의 가장자리에 위치시켰다. 사실 기록이 희미한 10억 년 전의 암석 자료를 가지고 모든 사람이 수긍할 수 있는 복원도가 그려질 수 있을지 의문스럽기도 하다.

로디니아 초대륙의 모습에 대해서는 다양한 생각이 경쟁하고 있는데 반해, 로디니아 초대륙의 형성시기는 비교적 의견의 일치를 보여준다. 컬럼비아 초대륙이 분리된 후, 각각 독립적으로 존재했던 대륙들이 모여 로디니아 초대륙을 만들어간 시기를 13억~10억 년 전, 초대륙으로 존재했던 기간을 10억 년 전에서 8억 5000만 년 전, 그리고 8억 5000만 년 전 이후에 로디니아 초대륙이 분리되기 시작한 것으로 알려져 있다.

이 무렵 한반도를 이루고 있던 땅덩어리는 중한랜드와 남중랜드로 나뉘어 있었다. 그런데 중한랜드에 속했던 북부지괴와 남부지괴에는 중원생대와 신원생대 암석이 전혀 없다. 중원생대와 신원생대에 생성된 암석이 없다는 사실은 그 기간에 중한랜드가 판구조적으로 안정된 지역(바꾸어 말하면, 판의 경계로부터 먼 곳)에 있었음을 암시한다. 반면에 남중랜드에 속했던 중부지괴에는 로디니아 초대륙이 분리되는 시기에 해당하는 화산활동이 있었고, 그 내용은 충청분지에 기록되어 있다. 필자는 이 무렵 남중랜드가 로디니아 초대륙의 가장자리에 있었다는 고지리도를 바탕으로 한반도 충청분지의 지체구조 역사를 전개했다(최덕근, 2014).

# 5장

# 청년 지구

신원생대

'지루한 10억 년'에서 벗어난 지구는 제2차 산소혁명사건과 신원생대 눈덩이지구 빙하시대라는 또 다른 혹독한 기후 변화를 겪는다. 그리고 이 사건이 끝날 무렵, 동물이 등장하면서 지구의 모습은 달라지기 시작한다.

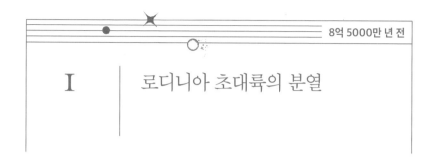

# I 로디니아 초대륙의 분열

## | 태평양의 탄생 |

10억 년 전에 완성되었던 로디니아 초대륙은 8억 5000만 년 전 무렵부터 분열하기 시작한다. 7억 5000만 년 전에 이르렀을 때, 오스트레일리아, 남극 대륙, 인도 대륙, 현재의 동아시아 대륙(한반도와 중국 포함)으로 이루어진 동곤드와나(East Gondwana) 대륙이 로렌시아 대륙으로부터 떨어져나가면서 오늘날 태평양의 모태가 탄생하였고, 시베리아와 발티카, 그리고 아프리카/남아메리카 대륙들도 로렌시아로부터 떨어져나갈 준비를 하고 있었다. 따라서 태평양은 탄생한 후 7~8억 년이 흘렀으므로 현재 지구에서 가장 나이가 많은 해양이다.

　로디니아 초대륙이 분열된 양상을 잘 반영하는 자료의 하나로 7억 5000만 년 전부터 6억 년 전 사이에 수동형 대륙연변부가 급격히 증가하는 양상이다. 한편, 로디니아 초대륙이 분리되는 과정에서 신원생대 눈덩이지구 빙하시대가 일어났다는 사실은 로디니아 초대륙 분리와 눈덩이지구 빙하시대 사이에 어떤 연관관계가 있음을 암시한다. 서곤드와나(West Gondwana) 대륙이 제 모습을 갖춘 때는 약 6억 년 전으로 아마조니아, 서아프리카, 콩고-샌프란시스코 대륙들로 이루어졌다. 5억 8000만 년 전에는 서곤드와나 대륙, 발티카, 시베리아가 로렌시아 대륙으로부터 떨어져나가면서 그사이에 새로운 바다 이아페투스(Iapetus) 대양이 열렸다.

## 곤드와나 초대륙의 탄생

로렌시아 대륙의 양쪽으로부터 떨어져나온 동곤드와니 대륙과 서곤드와나 대륙이 서서히 접근하면서 두 대륙 사이에 있었던 모잠비크(Mozambique) 해양은 수축하기 시작했고, 5억 5000만 년 전에 이르러 완전히 합쳐져 곤드와나 초대륙이 탄생하였다. 동곤드와나 대륙과 서곤드와나 대륙의 충돌을 통해 형성된 조산대는 보통 동아프리카-남극 대륙 조산대(East African-Antarctic Orogen)로 알려졌는데, 당시 이 조산운동으로 형성된 산맥은 곤드와나횡단 거대산맥이라고 불리기도 한다. 곤드와나횡단 거대산맥(Transgondwanan Supermountains)은 길이 8,000킬로미터에 폭 1,000킬로미터를 넘는 엄청나게 큰 산맥으로, 그동안 지구에서 존재했던 산맥 중에서 가장 규모가 컸던 것으로 알려졌다(Squire et al., 2006). 곤드와나 대륙 한가운데 높은 산맥이 형성되면서 대륙의 풍화작용은 활발해졌고, 아울러 지의류와 같은 하등 생물의 활동에 의하여

**그림 5-1.** 글로소프테리스 화석

토양 형성이 촉진된 결과 많은 영양분이 해양으로 흘러들어갔다. 그 무렵 다양한 영양분이 해양으로 들어간 것과 함께 대기 중에 산소량이 급격히 증가하면서(제2차 산소혁명사건) 에디아카라기와 캄브리아기 동물의 번성을 이끌었을 것으로 추정하고 있다.

먼저 곤드와나 대륙의 유래와 성격에 대해서 알아보기로 하자. 19세기 후반에 아프리카, 남아메리카, 인도, 오스트레일리아 대륙의 석탄기 퇴적층에서 글로소프테리스(Glossopteris)라는 특이한 형태의 나무고사리 화석이 산출된다는 사실이 알려졌다. 같은 종류의 식물화석이 산출된다는 사실을 바탕으로 19세기의 학자들은 지금 멀리 떨어져 있는 이 대륙들이 예전에는 어떤 형태로든지 서로 연결되었을 것으로 생각했다. 무척 과감한 성격이었던 오스트리아의 지질학자 에두아르트 쥐스(Eduard Suess)는 이 자료를 바탕으로 그의 저서 《지구의 표면》에서 예전에 지구에는 2개의 커다란 초대륙이 있었다고 주장했다. 하나는 곤드와나 초대륙이었고, 다른 하나는 아틀란티스 초대륙이었다. 곤드와나라는 이름은 글로소프테리스 화석이 발견된 인도의 한 지방인 곤드(Gond)에서 따왔는데, 곤드와나(Gondwana)는 힌두어로 '곤드사람이 사는 땅'이라는 뜻이다.

쥐스가 제안한 곤느와나는 현새 남반구를 차지하고 있는 남아메리카, 아프리카, 인도, 오스트레일리아, 남극 대륙을 아우르는 초대륙이었다. 그리고 이에 대응하는 북반구의 초대륙으로 전설의 대륙 아틀란티스 대륙을 끌어들였다. 그런데 쥐스가 제안한 곤드와나 대륙은 후기 고생대에서 중생대에 걸친 기간에 존재했던 초대륙임을 기억해야 한다. 이와 달리 원생대 말과 전기 고생대에 존재했던 곤드와나 초대륙은 위의 대륙 외에도 시베리아와 발티카를 제외한 현재의 아시아와 유럽 대륙의 대부분을 포함하는 초대륙이었다. 시기를 달리하는 대륙에 같은 이름을 사용하는 것은 혼란스럽기 때문에 신원생대 말과 고생대 초에 존재했던 초대륙에 대해서 새로운 이름을 쓰는 것이 바람직해 보인다. 곤드와나 대륙이라는 이름을 문헌에서 만났을 때, 그 이름이 신원생대 말~전기 고생대 초의 곤드와나 초대륙에 쓰인 것인지 아니면 후기 고생대와 중생대의 곤드와나 초대륙에 쓰인 것인지 파악해야 한다.

로디니아 초대륙이 해체되는 과정에서 일어났던 판구조운동은 한반도에도 기록을 남겼다. 한반도의 북부지괴와 남부지괴에는 신원생대 지층이 알려져 있지 않지만, 중부지괴의 충청분지와 임진강대에는 신원생대층이 넓게 분포하고 있기 때문이다. 신원생대 퇴적층이 쌓이기 위해서는 퇴적물이 쌓이는 퇴적분지가 형성되었다는 뜻이며, 퇴적분지가 형성되기 위해서는 어떤 형태의 판구조운동이 일어나야 한다. 신원생대 기간에 충청분지는 남중국 남화(南華)분지의 북동쪽 가장자리를 차지하고 있었던 것으로 보이는데(Choi et al., 2012), 경기육괴와 임진강대에서는 어떤 일이 일어났는지 아직 밝혀지지 않았다.

8억 5000만 년 전, 로디니아 초대륙이 해체되는 과정의 일환으로 남중랜드 가운데에 열개분지(裂開盆地)인 남화분지가 탄생했을 때 충청분지는 난후아분지의 북동부에 자리하고 있었다. 분지가 열리면서 일어났던 화산활동에 의한 퇴적물과 7억 년 전 무렵의 눈덩이지구 빙하시대와 빙하가 녹고 난 후에 쌓인 퇴적물들이 충청분지에 잘 남겨져 있는데, 이 퇴적층은 옥천누층군이라고 불린다(최덕근, 2014).

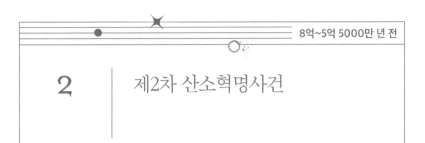

## 2 | 제2차 산소혁명사건

신원생대 동안에 대기 중 산소 함량이 크게 증가했다는 점은 학계에서
모두 인정하고 있지만, 산소가 급증한 정확한 시기와 메커니즘에 대해
서는 아직도 이견이 분분하다. 신원생대에 산소가 크게 증가한 현상은
보통 신원생대 산소급증사건(Neoproterozoic oxidation event)으로 불리는데
여기서는 '제2차 산소혁명사건'으로 부르기로 한다. 제2차 산소혁명사
건의 기간에 대기 중 산소 함량은 현재 수준의 5~18퍼센트로 크게 늘
어난 것으로 알려졌다. 이 정도의 산소 함량이면 동물들이 호흡하기에
충분한 수준이었고, 그래서 후기 신원생대에 동물이 등장할 수 있었던
것으로 보인다.

지구에서 산소 함량이 늘어나기 위해서는 식물들의 활발한 광합성
활동과 그 생성물인 유기물질이 퇴적물 속에 많이 매몰되어야 한다. 퇴
적물 속에 유기물 매장량과 산소 함량의 변화의 상관관계에 관한 내용
은 앞부분(143~146쪽)에서 자세히 다루었다. 퇴적물 속에 얼마나 많은

유기물이 매몰되었는지는 탄소동위원소 연구를 통해 알아낼 수 있는데, $^{13}$C의 양이 상대적으로 많으면 매몰된 유기물의 양이 많았고, 이는 다시 대기 중 산소 함량이 높았음을 의미한다.

신원생대 기간 중 탄소동위원소 $^{13}$C의 변동 양상을 추적해보면, 8억 년 전부터 5억 5000만 년 전에 이르는 기간에 $^{13}$C의 상대적 양이 크게 증가했다가 감소하기를 여러 번 반복했음을 알 수 있다. 그런데 빙하시대와 빙하시대 사이의 기간에서는 $^{13}$C의 상대적 함량이 높고 빙하시대에는 낮은 경향을 보여준다. 하지만 빙하시대가 아닌 때도 무척 낮은 경우가 있어 이 자료를 해석하는 데 주의가 요구된다. 여하튼 $^{13}$C의 상대적 함량이 +5‰보다 컸던 때는 유기질 탄소가 많이 매몰되었던 시기였고, 따라서 산소 함량이 높았던 시기로 추정할 수 있다.

$^{13}$C의 상대적 함량이 크게 늘어난 약 8억 년 전부터 스터트(Sturtian) 빙하시대의 시작점인 7억 2000만 년 전의 기간에 눈에 띄는 환경 변화는 로디니아 초대륙의 해체와 다양한 플랑크톤의 번성이다. 플랑크톤의 번성으로 지구 생물량(biomass)은 크게 늘어났고, 로디니아 초대륙이 갈라지면서 새롭게 형성된 넓은 대륙붕 지역에 플랑크톤의 유해가 퇴적물과 함께 매몰되었다. 식물성 플랑크톤의 광합성 활동에 의하여 생산된 산소량도 많았지만, 얕은 대륙붕 지역에 플랑크톤의 유해가 많이 매몰되면서 분해할 유기물의 양이 줄어들었기 때문에 대기와 얕은 바다의 산소 함량은 크게 증가했다. 아울러 당시 깊은 바다는 대부분 무산소 영역이었기 때문에 바닥에 쌓인 생물의 유해가 분해되지 않은 상태로 퇴적물 속에 묻힐 수 있었다.

21세기에 들어서면서 신원생대 제2차 산소혁명사건의 유기물 매몰과 산소 증가를 전혀 다른 관점에서 바라본 흥미로운 논문(Kennedy et al., 2006)이 발표되었다. 그들이 주목한 것은 신원생대에 등장했던 육상 생태계와 그곳에서 일어났던 점토광물의 대량생산이었다. 신원생대 이전에는 육지에 생물이 살았다는 기록이 없다. 그런데 신원생대에 접어들면서(9억~8억 년 전) 물에 가까운 육지에 균류(곰팡이)와 광합성 남세균들이 함께 살기 시작했다. 오늘날 바위나 나무껍질 표면을 덮고 있는 지의류(地衣類 lichen)에 속하는 생물이다. 육지에 지의류가 살기 시작하면서 지구의 표면은 엄청난 변화를 겪게 된다. 지의류가 암석 표면에 자라면서 촉진된 암석의 화학적 풍화작용으로 곳곳에 토양이 형성되었고, 그 토양을 이루는 주 구성물질로 점토광물이 있었다.

점토(또는 진흙)는 크기가 매우 작은 알갱이로 물을 잘 흡수하여 끈적거리는 득성이 있다. 진흙으로 재워져 있는 시해안 갯벌을 걸을 때 걷기 힘들 정도로 질커덕거리는 것은 바로 이 점토광물 때문이다. 점토광물의 특성 중 하나는 유기질 탄소와 결합하는 탁월한 능력이다. 암석의 화학적 풍화작용으로 발생한 점토광물이 빗물에 씻겨 바다로 운반되면, 바닷물에 함유된 유기질 탄소와 함께 퇴적물로 쌓였다. 그 결과 엄청난 양의 유기질 탄소가 퇴적물 속에 매몰되었고, 대기와 바다의 산소 함량이 크게 증가했다는 설명이다.

신원생대 탄소동위원소의 변동에서 $^{13}$C의 상대적 함량이 높았던 때도 있었던 반면에 크게 감소했던 시기도 있었다. 빙하시대의 기간에는 $^{13}$C의 함량이 낮은 경향을 보여주고 있는데, 특이하게도 빙하시대와 전혀 관련이 없는 약 5억 5500만 년 전 무렵에 $^{13}$C의 상대적 함량이 +5퍼밀에서 −12퍼밀로 크게 감소하였다. 이 시기의 탄소동위원소 변동은 전 지구적 규모였던 것으로 알려져 있으며, 보통 슈람/워노카(Shuram/ Wonoka) 변동이라고 부른다. 그러면 이 시기에 $^{13}$C의 상대적 함량이 크게 감소한 원인은 무엇일까? $^{13}$C의 상대적 함량이 낮아진 원인은 아직 명쾌하게 밝혀지지 않았지만, 깊은 바다에도 산소가 증가하면서 그곳에 묻혀 있던 유기질 탄소가 분해된 결과 가벼운 $^{12}$C이 많아졌기 때문인 것으로 보인다.

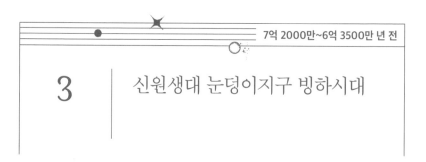

# 3 신원생대 눈덩이지구 빙하시대

신원생대 암석 중에 빙하퇴적층이 있다는 사실은 1871년 스코틀랜드 서쪽에 있는 이일레이(Islay) 섬에서 맨 처음 알려졌다. 그 후 세계 곳곳의 거의 모든 대륙에서 신원생대 빙하퇴적층이 보고되었고, 20세기 전반에는 신원생대 빙하시대가 후기 고생대 빙하시대나 제4기 빙하시대에 버금갈 정도로 규모가 컸다는 것도 알게 되었다. 1960년대에 들어섰을 때는 신원생대의 빙하퇴적층이 따뜻한 대륙붕 환경에서 쌓인 탄산염 퇴적층 바로 위에 놓인다는 사실을 알았다. 여기서 더 나아가 온난한 지방의 바다까지도 빙하로 덮였다면 극지방 역시 빙하로 덮였을 것이라는 생각으로 발전했다. 하지만 따뜻한 온대지방이 빙하로 덮이는 방식을 설명할 수 없었기 때문에 더 이상 연구의 진전은 없었다.

1980년대 중반, 오스트레일리아 남부의 플린더스 산맥에 분포하는 약 7억 년 전 빙하퇴적층인 엘라티나층(Elatina Formation)의 고지자기(古地磁氣)를 연구하던 학자들이 엘라티나층이 쌓일 당시 그 지역의 위도가 적도 부근이었다는 결과를 발표하여 사람들을 놀라게 했다. 적도지방이 빙하로 덮였다니 믿기 어려운 연구 결과였다. 이 문제를 검증하고 싶었던 미국 캘리포니아 공과대학의 고지자기학자 조 커쉬빙크(Joe Kirschvink) 교수도 이 연구에 참여했는데, 그 역시 엘라티나층이 위도 15도 이내의 적도 부근에서 쌓였다는 결과를 얻었다. 이 결론을 바탕으로 커쉬빙크는 신원생대에 빙하가 적도부근까지 덮였다면 극지방은 당연히 빙하로 덮였을 것이기 때문에 지구 밖에서 당시의 지구를 보면 지구는 마치 커다란 눈덩이처럼 보였을 것이라는 생각을 두 페이지의 짧은 논문으로 정리하여 〈눈덩이지구(snowball Earth)〉라는 제목으로 발표했다(Kirschvink, 1992). 이 눈덩이지구 가설은 학계에 빠르게 퍼져나가 논쟁의 소용돌이를 일으켰고, 이 소용돌이는 하버드 대학교 폴 호프만(Paul Hoffman) 교수팀의 논문 〈신원생대 눈덩이지구〉가 1998년 과학잡지《사이언스》에 게재되면서 극에 달했으며(Hoffman et al., 1998), 신원생대 눈덩이지구 가설에 관한 논쟁은 지금까지도 이어지고 있다.

현재 신원생대 빙하퇴적층이 쌓인 시기는 크게 세 번으로 구분되었다. 그중 두 번은 규모가 커서 적도지방까지도 빙하로 덮인 눈덩이지구를 형성했던 것으로 추정되고 있다. 하나는 스터트(Sturtian) 빙하시대로 7억 2000만 년 전에서 6억 6000만 년 전 사이에 있었고, 다른 하나는 마리노(Marinoan) 빙하시대로 6억 4500만 년 전에서 6억 3500만 년 전 사이로 알려져 있다(스터트와 마리노라는 이름은 신원생대 빙하퇴적층이 분포하는 오스트레일리아 남부 애들레이드시에 있는 지역에서 따왔다.). 규모가 작은 빙하시대로는 5억 8000만 년 전의 가스키어스(Gaskiers) 빙하시대가 알려져 있다.

호프만 교수팀은 바다까지도 두께 1킬로미터를 넘는 빙하로 덮여 있었다는 믿기 어려운 주장을 펼쳤다. 그들이 눈덩이지구 가설을 제안하게 된 배경은 신원생대 빙하퇴적층이 거의 모든 대륙 곳곳에서 보고되었고, 대부분의 경우 이 빙하퇴적층 바로 위에 두께 수 미터 또는 수십 미터의 백색 석회암층이 놓이는 데 바탕을 두고 있다. 석회암은 일반적으로 따뜻한 바다환경에서 쌓이는 암석인데, 어떻게 빙하퇴적층과 석회암층이 붙어 있을 수 있었을까, 라는 문제와 씨름하는 과정에서 바다까지도 빙하로 덮여 있었다면 빙하퇴적층과 석회암층이 잇달아 퇴적될 수 있다는 결론에 도달했던 것이다.

그들은 논문에서 바다가 빙하로 덮여 있으면, 바다와 대기 사이의 교류가 끊어진다는 점에 주목했다. 현재는 바다와 대기가 직접 만나고 있기 때문에 이산화탄소를 시로 주고받으면서 이산화탄소 농도에서 평형을 이루고 있다. 하지만 눈덩이지구 빙하시대처럼 바다가 빙하로 덮여 있다면, 바다와 대기의 교류가 끊어지기 때문에 상황은 달라진다. 그런데 바다가 빙하로 덮여 있어도 바다 밑에서의 화산활동은 멈추지 않는다. 판구조운동으로 인해 해령과 호상열도, 그리고 열점에서 화산이 계속 분출하기 때문이다. 현재 화산에서 뿜어져 나오는 기체 중에서 가장 많은 성분은 수증기로 약 83퍼센트이며, 이산화탄소는 12퍼센트로 수증기 다음으로 많다. 그런데 수증기는 분출하자마자 곧바로 응결하여 바닷물과 섞이지만 이산화탄소는 기체 상태로 남아 있게 된다.

이산화탄소는 가볍기 때문에 빙하 곳곳의 갈라진 틈(crevasse)을 따라 대기로 스며들어갔다. 대기와 바다가 빙하로 나뉘어 있는 상태에서 시간이 흐름에 따라 대기 속의 이산화탄소 함량은 꾸준히 늘어날 수밖에 없다. 잘 알려진 것처럼 이산화탄소는 온실기체이고, 호프만 교수팀의 연구에 따르면 대기 중 이산화탄소의 양이 크게 늘어난 6억 3500만 년 전 무렵 대기의 온도가 섭씨 50도까지 치솟았다고 한다.

대기의 온도가 섭씨 50도까지 오르자 바다를 덮고 있던 빙하는 빠르게 녹았다. 그 결과 대기와 바다의 교류가 다시 시작되어 대기 중 엄청난 양의 이산화탄소는 바닷물에 녹아들어갔을 것이다. 이 이산화탄소가 바닷물 속에 들어 있던 칼슘(Ca)과 결합하여 석회암을 침전시켰다는 시나리오다. 사람들은 이 석회암을 덮개석회암(cap carbonate)이라고 불렀다. 석회암층이 빙하퇴적층을 덮었음을 강조한 것이다.

이 논문이 발표된 이후 사람들은 바다에 어떻게 그처럼 두꺼운 빙하가 형성될 수 있었는지, 당시에 살았던 생물은 어떻게 생명을 유지할 수 있었는지 등등 여러 가지 문제점들을 제기했다. 어떤 학자는 적도 부근의 빙하는 두께가 얇았을 것이라고 주장하기도 하고, 또 어떤 학자는 아예 적도 부근 먼 바다에는 빙하가 없었다는 수정안을 내놓기도 했다. 그래서 어떤 학자들은 눈덩이(snowball) 지구보다는 슬러시덩이(slushball) 지구라는 말을 선호하기도 한다. 빙하의 규모가 어떠했는지 그 정확한 모습을 알기는 어렵다고 해도, 신원생대 당시 지구 대부분이 빙하로 덮였다는 사실에는 의견이 일치하고 있다.

우리의 한반도에도 신원생대 눈덩이지구 빙하시대의 기록이 남겨져 있다. 충청북도 충주 부근에서 옥천에 이르는 넓은 지역에 걸쳐서 신원생대 눈덩이지구 빙하시대에 쌓였던 퇴적물들이 잘 드러나 있다. 이 빙하퇴적층은 황강리층이라고 불리며, 그 위에 놓이는 덮개석회암층은 금강석회암 멤버로 불린다. 필자는 옥천 부근의 도로변에 드러나 있는

**그림 5-2.** 옥천 부근 금강석회암 멤버에서 관찰된 드롭스톤

금강석회암 멤버로부터 빙하시대가 끝난 직후 떠돌던 빙산에서 떨어진 화강암 덩어리를 발견하여 한반도에도 신원생대 눈덩이지구의 흔적이 남아 있음을 보고했다.

그러면 신원생대 눈덩이지구 빙하시대는 어떻게 일어났을까? 신원생대 빙하시대의 원인으로 고원생대 빙하시대 때와 마찬가지로 두 가지 견해가 경쟁하고 있다. 하나는 제2차 산소혁명사건의 시기에 산소가 증가함에 따라 온실기체인 메탄 함량이 감소하여 빙하시대가 도래했다는 주장이고(Schrag et al., 2002; Pavlov et al., 2003), 다른 하나는 로디니아 초대륙의 해체와 곤드와나 초대륙의 생성에 따른 활발한 풍화작용으로 인한 이산화탄소의 감소가 빙하시대의 주원인이었다는 주장이다(Young, 2013). 그 무렵 태양의 밝기가 현재의 90~95퍼센트였기 때문에 이산화탄소와 메탄의 함량이 감소하면 지구는 빙하시대로 접어들 수 있었을 것이다.

최근에 발표된 새로운 가설에서는 7억 2000만 년 전에 로렌시아 대륙과 시베리아 대륙 사이에서 일어났던 대규모 화성활동이 빙하시대의 주원인이었다고 주장하고 있다(Macdonald and Wordsworth, 2017). 화산활동이 일어날 때 분출한 황화수소($H_2S$)와 아황산가스($SO_2$)의 에어로졸이 성층권으로 올라가 햇빛을 차단한 결과 눈덩이지구 빙하시대가 도래했다는 것이다.

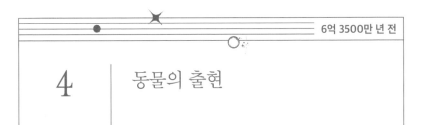

## 4 | 동물의 출현

생물은 환경변화에 민감하게 반응한다. 따라서 지구환경의 급격한 변화—초내륙의 해체와 형성, 산소 농도의 급승, 기후 변동 등—는 생물의 활동과 진화에 직접적인 영향을 미쳤을 것이다.

8억 5000만 년 전부터 시작된 로디니아 초대륙의 분열로 새롭게 생겨난 대륙붕 환경이 많아졌다. 대륙붕 환경은 생물이 살기에 적합한 곳이고, 따라서 생물들이 번성하였으며, 그 결과 유기질 탄소가 대륙붕 퇴적물에 많이 매몰되어 대기 중 산소량은 크게 늘어났다. 한편 새로운 초대륙 곤드와나가 만들어질 때 곤드와나횡단 거대산맥과 같은 높은 산맥이 형성되면서 풍화작용이 활발하게 일어나 이산화탄소가 많이 소비된 것도 대기 중 산소 농도를 늘리는 데 중요한 역할을 했다. 아울러 높은 산맥이 형성되면, 침식작용이 활발해진다. 그 결과 많은 양의 영양소가 바다로 유입되었고, 식물들의 활발한 광합성 활동에 의하여 산소 농도는 크게 증가하였다. 로디니아 초대륙의 해체와 곤드와나 초대류의 형성과정에서 모잠비크 대양은 사라지고 태평양과 이아페투스 대양이 새롭게 탄생하면서 해양의 순환 양상에도 큰 변화가 일어났을 것이다. 이처럼 지구시스템에서의 커다란 변화는 결국 생물계에 영향을 미쳐 생물의 다양화를 이끌었을 것으로 추정된다.

지루한 10억 년이 끝난 8억 년 전부터 5억 년 전에 이르는 기간에 아크리타치와 원생생물에 속하는 생물들이 무척 다양해졌다(Knoll et al., 2006). 지구 역사에서 산소가 급격히 증가했던 두 번의 시기─고원생대 제1차 산소혁명과 신원생대 제2차 산소혁명─가 있었는데, 각 시기마다 생물계에서 커다란 변혁이 일어났다. 제1차 산소혁명 시기에는 진핵생물이 등장했고, 제2차 산소혁명 시기에는 후생동물이 출현했다. 후생동물(後生動物, metazoa)이란 원생동물을 제외한 다세포 동물을 지칭하며 우리 인류가 속한 동물군이나. 우리가 주변에서 만나는 대부분의 생물은 후생동물에 속한다. 후생동물은 크기도 크고, 구조도 복잡하기 때문에 생활할 때 많은 산소를 필요로 한다.

다세포동물의 출현에 관한 가장 오랜 기록은 6억 3500만 년 전의 해면동물의 생물 표지(Love et al., 2009)이다. 해면동물은 다세포동물이기는 하지만, 생물의 구조가 단순하기 때문에 측생동물(側生動物 Parazoa)로 분류되어 좀 더 복잡한 후생동물과 구분한다. 다세포동물의 출현시기가 신원생대 눈덩이지구 빙하시대의 끝날 무렵과 일치하는 것은 두 사건이 밀접한 관련이 있음을 암시한다. 그보다 약간 젊은 지층(약 6억 년 전)에서 원시적 후생동물인 자포동물과 좌우대칭동물의 배(胚) 화석이 발견(Xiao et al., 1998)되어 신원생대 후반에 이르렀을 때 지구 생물계가 크게 달라졌음을 알려준다.

선캄브리아 시대가 끝날 무렵에는 훨씬 뚜렷한 동물화석들이 보고되었다. 먼저 동물이 기어가거나 구멍을 뚫은 자국으로 남겨진 생흔화석(生痕化石)이 5억 5500만 년 전 퇴적층에서 알려진 이후, 캄브리아기에 들어서면 더욱 많은 화석이 발견된다. 동물이 구멍을 뚫을 수 있었다는 것은 대기와 물속에 동물이 활동하기에 충분한 산소(10~15%)가 들어 있었음을 의미한다. 뒤에서 다시 언급하겠지만, 캄브리아기의 시작, 즉 현생누대의 시작은 생흔화석인 트리코파이쿠스 페둠(Trichophychus pedum)의 첫 출현이다. 골격을 가진 화석으로 가장 오래된 것은 석회질 골격으로 이루어진 클라우디나(Cloudina)와 나마칼라투스(Namacalathus)인데, 5억 5000만 년 전 지층으로부터 보고되었다. 이처럼 신원생대에 동물의 존재를 알려주는 다양한 화석이 발견되었는데, 이 중 가장 유명한 것은 에디아카라 동물군이다.

## 에디아카라 동물군

에디아카라 동물군에 속한 화석이 맨 처음 보고된 때는 19세기 후반이었지만, 당시 학자들은 그 화석의 중요성을 인식하지 못했다. 기묘한 형태의 에디아카라 화석이 발견된 곳은 오스트레일리아 남부 플린더스 산맥의 에디아카라 언덕이다(Sprigg, 1947). 발견한 화석이 캄브리아기 이전에 살았던 독특한 동물군집이라는 사실을 인지한 글래스너(Glaessner, 1959) 교수는 이를 '에디아카라 동물군(Ediacara fauna)'이라고 이름붙였다. 그 후 에디아카라 동물군은 5대륙의 30곳이 넘는 화석산지로부터 270

종 이상의 화석이 보고되어 이들이 신원생대 끝날 무렵의 바다에서 번성했음을 알 수 있다(Narbonne, 2005; Shen et al., 2008).

신원생대 마지막 빙하시대인 5억 8000천 만 년 전의 가스키에스 빙하시대가 끝난 직후에 에디아카라 동물군이 등장했다. 에디아카라 동물군은 형태의 다양성과 산출 양상에 따라 세 개의 군집으로 구분되었다. 1) 아발론(Avalon) 군집은 5억 7500만~5억 6000만 년 전의 화석군집으로 비교적 깊은 바다에서 화산활동의 영향을 받았던 환경을 지시한다. 2) 백해(White Sea) 군집은 5억 6000만~5억 5000만 년 전의 지층에서 발견되었으며, 얕은 바다환경에서 살았던 것으로 보인다. 3) 나마(Nama) 군집은 5억 5000만~5억 4100만 년 전 지층에서 보고되었으며, 대부분 얕은 바다환경을 지시하는 것으로 알려졌다. 하지만 최근 또 다른 분석에 따르면(Gehling and Droser, 2013), 에디아카라 동물군을 시대에 따라 세 개의 군집으로 나누는 것이 의미가 없으며, 세 개의 군집으로 나뉘는 것처럼 보이는 것은 퇴적환경과 화석이 보존되는 양상의 차이 때문이라고 해석했다.

에디아카라 화석을 처음 연구한 학자들은 그 화석이 해파리나 바다조름 같은 자포동물 또는 절지동물에 속한다고 생각했다. 한편, 골격이 없는 생물들이 그처럼 정교하게 화석으로 남은 것은 에디아카라 동물군이 지금 현재 지구상에 살고 있는 생물과 전혀 관련이 없는 멸종 생물로 독특한 형태와 구조를 가졌기 때문이라는 주장도 등장했다(Seilacher, 1989). 이후에도 에디아카라 동물군의 생물학적 유연관계에 대한 다양한 생각이 발표되었는데, 원생동물, 지의류, 광합성 다세포생물, 원핵생물의 군집, 균류 등이 그것이다(Narbonne, 2005 참조). 최근의 문헌

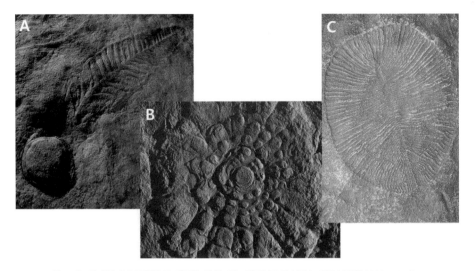

**그림 5-3.** 에디아카라 동물군의 대표적 화석. A는 차르니오디스쿠스 아르보레우스(*Charniodiscus arboreus*), B는 마우소니테스 스프리기(*Mawsonites spriggi*), C는 디킨소니아 코스타타(*Dikinsonia costata*)이다.

에서는 에디아카라 생물은 동물 또는 동물에 가까운 생물이라는 견해가 지배적이다.

그렇다면 에디아카라 동물군은 어떤 동물이었을까? 현재 동물계에서 가장 간단하고 원시적인 종류는 방사대칭동물(放射對稱動物, Raidiata)로 해면동물과 자포동물(해파리, 산호, 말미잘 등)이 대표적이다. 에디아카라 화석 중에는 방사대칭인 종류가 많아 해면동물이나 자포동물에 속할 가능성이 커 보인다. 또한 좌우대칭 형태를 가지는 화석들도 있는데, 이들은 절지동물이나 연체동물과 관련이 있을 것이다. 이 밖에도 특이한 형태의 화석이 다양하게 존재하지만 이들이 어떤 동물에 속하는지는 전혀 알 수 없다.

에디아카라 화석을 처음 보았을 때 사람들이 놀란 것은 골격이 없음에도 불구하고 생물의 형태적 특징이 정교하게 보존된 점이며, 게다가 화석의 크기가 작게는 수센티미터에서 큰 것은 2미터에 이를 정도로 엄청나게 크다는 점이다. 에디아카라 화석은 모두 눌린 자국으로 남겨졌다. 그럼에도 형태의 윤곽이 뚜렷하며 다른 화석에서 보통 볼 수 있는 탄화작용이나 광물로 인해 치환된 모습이 전혀 관찰되지 않는다. 골격이 없고 부드러운 육질부로만 이루어진 생물이 어떻게 그처럼 정교하게 화석으로 남겨졌을까? 예를 들어, 해파리가 퇴적물 속에서 눌렸다고 가정했을 때, 해파리가 눌린 상태로 퇴적면에 남겨질까? 흐물거리는 해파리가 화석으로 남겨지기는 거의 불가능한데, 만약 퇴적면이 미생물의 막으로 덮여 있었다면 해파리의 눌린 자국이 마치 데스마스크처럼 남겨질 수 있다는 가설이 제안되었다(Gehling, 1999). 신원생대 말엽에는 미생물을 긁어먹는 동물들이 아직 등장하기 이전이었으므로 해양퇴적면이 미생물의 막으로 덮여 있었다는 생각은 설득력이 있어 보인다.

그러면 신원생대 말 약 3000만 년 동안 번성했던 에디아카라 동물군이 캄브리아기 시작 직전에 갑자기 사라진 원인은 무엇일까? 단순하게 설명하면, 환경적 또는 생태학적 변화에 따라 신원생대 말에 에디아카라 동물군이 멸종했다고 할 수 있다. 그러한 환경적 또는 생태학적 변화에는 무엇이 있을까? 앞에서 에디아카라 화석이 보존되는 데 퇴적면 위에 있던 미생물의 막이 중요한 역할을 했다고 언급했다. 그 미생물을 뜯어먹는 동물들이 등장하면서 에디아카라 생물들은 화석화되기 어려웠을 것이라는 생각이다. 이 해석은 캄브리아기 퇴적층에서도 적기는 하지만 에디아카라 화석이 발견된 사실과도 잘 어울려 보인다.

또 다른 해석으로는 동물을 잡아먹는 육식동물의 등장으로 거의 움직이지 못했던 에디아카라 생물들이 멸종했다는 생각이다. 아울러 신원생대 말엽인 5억 5500만 년 전부터 관찰되는 생흔화석은 동물들이 퇴적물을 교란시키고 뚫으면서 에디아카라 생물들의 서식지를 파괴시킨 점도 에디아카라 동물군이 사라지게 하는데 기여했을 것으로 생각된다. 결국 새로운 먹이 섭취 형태의 생물들이 등장하면서 에디아카라 동물군은 멸망했고, 새로운 동물군들의 출현은 새로운 지질시대인 현생누대의 시작을 예고하고 있다.

6장

# 생명이 넘치는 지구

캄브리아기

지질시대는 크게 명왕누대, 시생누대, 원생누대, 현생누대
로 나뉜다. 현생누대의 현생(顯生)은 그 시기의 암석에서 생
물(화석)이 보인다는 뜻이다. 그러므로 현생누대는 지구에
생명이 많아진 시대라고 말할 수 있으며, 이는 다시 고생대,
중생대, 신생대로 나뉜다.

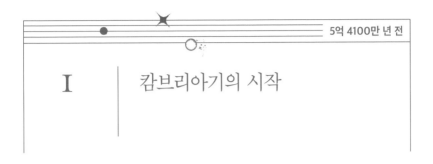

# I 캄브리아기의 시작

## 캄브리아기

지구의 역사에서 캄브리아기가 차지하는 위상은 무척 크다. 지질시대를 오랫동안 캄브리아기 이전(즉, 은생누대 또는 선캄브리아 시대)과 이후(즉, 현생누대)로 나누었던 것만 봐도 알 수 있다. 그렇다면 지구 역사에서 캄브리아기는 왜 중요할까? 캄브리아기의 시작이 5억 4100만 년 전인 것은 어떻게 알게 되었을까?

지질학에서 '캄브리아(Cambria)'라는 용어를 처음 사용한 사람은 영국 케임브리지 대학의 지질학 교수 아담 세지윅(Adam Sedgwick)이다. 19세기 초엽 영국 웨일스 북서부 지방을 조사했던 세지윅은 그 지역의 지층에 대해서 캄브리아계(Cambrian System)라는 이름을 붙였는데, '캄브리아(Cambria)'는 웨일스(Wales)의 라틴어 표기이다. '캄브리아기'라는 지질시대명이 정해지는 과정을 들여다보면, 현재 우리가 쓰고 있는 '캄브리아기'의 개념이 완성되기까지 많은 우여곡절이 있었음을 알게 된다.

19세기 초에는 영국 웨일스 지방의 암석에 관해서 알려진 내용이 거의 없었다. 웨일스 지방의 암석은 습곡과 단층으로 복잡하게 변형되어 있었을 뿐만 아니라 화석도 드물었기 때문이다. 1831년 세지윅 교수는 당시 영국지질조사소 소장이었던 로더릭 머치슨(Roderick Murchison)과 함께 웨일스 지방에 대한 지질조사를 시작했다. 세지윅은 웨일스 북서부지방을, 그리고 머치슨은 웨일스 남동부 지역을 중점적으로 조사했다. 약 4년에 걸친 야외조사를 바탕으로 1835년 세지윅과 머치슨은 그들의 연구 결과를 공동으로 발표했는데, 세지윅은 웨일스 북서부 지방의 암석에 '캄브리아계'라는 이름을, 그리고 머치슨은 남동부 지방의 암석에 '실루리아계(Silurian System)'라는 이름을 붙였다. 이때 두 사람은 캄브리아계기 아래에 놓이고, 실루리아계가 위에 놓인다는 사실에 의견을 같이했다. 그런데 추가 조사를 진행하는 과정에서 두 지질시대의 일부가 겹친다는 것을 알게 되었고, 그러자 두 사람은 그 겹치는 부분을 서로 자신이 제안한 지질시대에 포함시키려고 노력했다.

이 문제가 불거지면서 두 사람 사이는 벌어지기 시작하였고, 그 후 두 사람은 캄브리아기-실루리아기에 관한 지질시대 논쟁에서 조금도 양보하지 않았다. 오히려 시간이 흐르면서 문제가 해결되는 것이 아니라 두 연구그룹 사이에 감정의 골은 깊어만 갔다. 세지윅은 실루리아계 하부를 모두 캄브리아계에 포함시킨 반면, 머치슨은 캄브리아계 대부분이 실루리아계에 속한다고 주장했다. 캄브리아계와 실루리아계의 범위에 관한 다툼은 세지윅과 머치슨이 죽고 난 후에도 멈추지 않았다. 케임브리지 대학 출신들은 세지윅의 캄브리아계를 따랐고, 반면에 영국지질조사소 학자들은 머치슨의 실루리아계를 지지했다.

이 문제가 해결되기까지 긴 세월이 걸렸다. 영국의 고생물학자 찰스 랩워스(Charles Lapworth)는 캄브리아기와 실루리아기가 겹친다고 알려진 구간의 필석(筆石) 화석을 연구했는데, 그 구간의 필석 화석이 캄브리아기와 실루리아기의 전형적인 화석과 다르다는 사실을 알았다. 그 연구를 바탕으로 1879년 랩워스는 그 겹치는 구간에 대하여 오르도비스기(Ordovician)라는 새로운 지질시대를 제안했고, 그 결과 40여 년에 걸친 캄브리아기-실루리아기 논쟁은 마침표를 찍었다.

1990년대의 지구과학 교과서에는 캄브리아기가 약 5억 7000만 년 전에 시작되었으며, 캄브리아기는 '삼엽충의 시대'라고 쓰여 있다. 실제로 캄브리아기의 시작과 함께 삼엽충이 출현했다는 생각은 지질학계에서 오랫동안 정설로 받아들여졌던 개념이었다. 1990년대 이전에도 방사성동위원소를 이용한 다양한 암석연령측정방법이 있었다. 하지만 당시 측정된 암석연령에 대한 정확도에는 항상 의구심이 따라다녔다. 그러다가 1990년대 초에 지르콘(zircon)이라는 광물에 들어 있는 우라늄을 이용하여 암석연령을 측정할 수 있는 장치가 개발되면서 문제가 해결되었다. 그 장치는 고분해능 이온 질량분석기(Sensitive High-Resolution Ion Microprobe, 보통 SHRIMP라고 부름)로 지르콘 광물에 들어 있는 아주 적은 양의 우라늄과 납을 측정하여 암석연령을 정확히 알아낼 수 있었다. 21세기에 들어서면서 지르콘 광물의 암석연령 자료는 대부분의 지질학 연구에서 반드시 포함시켜야 하는 필수적 요소가 되었다.

1990년대 초, SHRIMP를 사용하여 캄브리아기 지층의 암석연령을 측정했을 때 놀라운 결과가 나왔다(Compston et al., 1992). 아프리카의 모

**그림 6-1.** 캄브리아기 시작의 기준점이 된 생흔화석 트리코파이쿠스 페둠

로코에 캄브리아기 지층이 잘 드러난 곳이 있는데, 그곳에는 가장 오래된 삼엽충이 첫 출현하는 지층보다 50미터 아래에 화산재층이 있었다. 그 화산재층의 나이를 SHRIMP로 측정했더니 놀랍게도 5억 2100만 살이라는 값이 나왔다. 이 자료는 5억 2100만 년 전보다 나중에 삼엽충이 출현했음을 의미한다. 당시 캄브리아기의 시작으로 알려졌던 5억 7000만 년과 비교하면 거의 5000만 년이나 젊은 셈이다. 당시 오르도비스기의 시작이 5억 년 전으로 알려졌으므로 만일 삼엽충의 첫 출현을 캄브리아기의 시작점으로 정할 경우 캄브리아기의 지속기간은 2000

만 년에 불과하게 되었다.

그 무렵 국제 캄브리아기 층서위원회(International Subcommission on Cambrian Stratigraphy)에서는 캄브리아기 전문 연구자들의 의견을 종합하여 캄브리아기의 시작을 삼엽충의 첫 출현이 아니라 생흔화석 트리코파이쿠스 페둠의 첫 출현으로 정할 것을 결정했다(Brasier et al., 1994). 그래서 정해진 캄브리아기의 시점은 5억 4100만 년 전으로 최초의 삼엽충 화석보다도 약 2000만 년 앞선 시기이다. 최근 정해진 오르도비스기의 시작이 4억 8500만 년 전이므로 캄브리아기의 지속기간은 약 5600만 년이다.

## 2 캄브리아기 생물대폭발

| 삼엽충 |

19세기 초엽 세지윅이 웨일스 지방을 조사했을 때, 어떤 지층을 기준으로 아래쪽에서는 화석이 잘 보이지 않은 반면 위쪽에는 화석이 많이 발견된다는 사실을 알았다. 당시 세지윅은 화석이 많이 들어 있는 층을 캄브리아기 시작의 기준으로 삼았다. 캄브리아기 퇴적층에 들어 있는 화석 중에는 삼엽충이 특히 많았고, 따라서 삼엽충은 캄브리아기의 시작을 알려주는 좋은 징표였다.

그런데 삼엽충은 겉보기에 매우 발달된 형태의 동물이다. 절지동물에 속하는 삼엽충은 크기도 클 뿐만 아니라 형태적으로도 복잡하다. 삼엽충은 머리, 몸통, 꼬리로 나뉘며, 각 부분도 형태적으로 무척 복잡하다. 머리는 여러 개의 조각으로 나뉘어 있으며, 몸통은 2~100개의 마디로 이루어져 몸을 동그랗게 움츠릴 수도 있었다. 꼬리는 반원형 또는

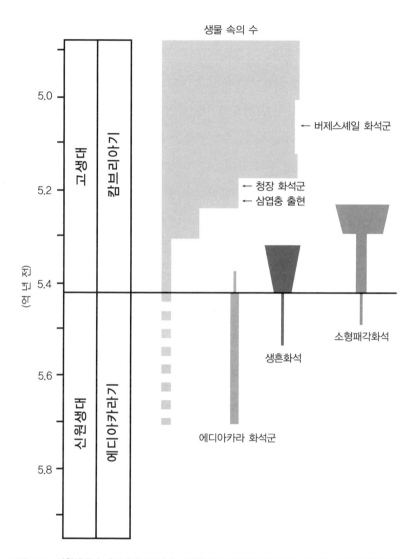

**그림 6-2.** 신원생대의 에디아카라기에서 고생대 캄브리아기로 넘어가는 시기에 생물이 다양해지는 양상. 5억 7000만 년 전에 에디아카라 화석이 출현한 후, 5억 5500만 년 전에는 퇴적물 위를 기어가거나 구멍을 뚫는 생흔화석, 그리고 5억 5000만 년 전에 골격을 가지는 생물들이 등장했다. 특히 생물이 빠르게 다양해진 때는 약 5억 2000만 년 전이다.

삼각형이고, 가장자리는 보통 밋밋하지만 가시 모양의 돌기들이 솟아 있기도 한다.

지구상에 맨 처음 출현한 동물치고 삼엽충은 너무 복잡한 모습이다. 지구상에 맨 처음 출현한 생물이 삼엽충이라는 사실은 진화론의 주창자 찰스 다윈(Charles Darwin)을 무척 곤혹스럽게 했고, 그래서 다윈은 캄브리아기 화석기록을 무척 싫어했다고 한다. 특히, 진화론에 부정적이었던 학자들이 지구 최초의 생물이 삼엽충처럼 복잡한 동물이라는 사실은 진화론이 틀렸기 때문이라고 지적했을 때 다윈은 논리적으로 대처할 방법이 없었다. 19세기에는 화석 자료가 충분치 않았기 때문에 다윈이 진화론 비판자들의 공격에 대응하기는 어려웠을 것이다.

앞에서 이미 소개한 것처럼 지금 우리는 삼엽충이 출현하기 훨씬 이전에 다양한 동물이 실있음을 알고 있다. 지구의 최초 동물은 6억 3500만 년 전에 출현했고, 5억 7000만 년 전에는 에디아카라 동물군, 5억 5500만 년 전에는 구멍을 파는 동물, 그리고 5억 5000만 년 전에 이르러서 골격을 가진 동물이 등장했다. 다윈의 시대에는 그러한 화석들이 전혀 알려지지 않았는데, 만일 다윈이 지금 살아 있었다면 진화론 비판자들을 충분히 설득할 수 있었을 것이다.


## 골격을 가진 동물의 출현

캄브리아기 시작의 국제적 기준은 생흔화석 트리코파이쿠스 페둠의 첫 출현으로 정해졌지만, 이 무렵 동물계에서 일어났던 가장 놀라운 혁신

**그림 6-3.** 중국 캄브리아기 지층에서 보고된 소형패각화석

은 골격을 가지게 되었다는 점이다. 필자는 개인적으로 캄브리아기 시작의 기준으로 구멍을 파는 생흔화석보다 골격을 가진 농물의 첫 출현이 더 좋다고 생각한다. 약 5억 5000만 년 전에 골격을 가진 동물이 처음 출현하기는 했지만, 캄브리아기에 접어들면서 골격을 가진 동물화석들이 갑자기 많아지기 시작한다. 이 골격화석은 탄산칼슘 또는 인산칼슘으로 이루어지며, 형태는 간단한 관(管) 모양이거나 고깔 모양 또는 판상(板狀)이고, 크기도 대부분 1밀리미터보다 작다. 그래서 이 작은 골격화석에 붙여진 이름이 소형패각화석(小形貝殼化石, small shelly fossils)이다. 소형패각화석 골격은 생물의 육질부를 보호해주고, 생물의 이동에도 도움을 주었으리라고 생각된다. 하지만 소형패각화석이 어떤 동물에 속하는지는 아직도 잘 모른다.

캄브리아기에 접어들면서 소형패각화석이 많아지기는 하지만, 맨 눈으로 볼 수 있을 정도로 큰 골격화석이 많이 발견되는 때는 캄브리아기가 시작하고도 약 2000만 년이 지난 후인 5억 2000만 년 전 무렵의 일이다. 캄브리아기 골격화석들 중에서 가장 흔한 종류가 삼엽충이며, 이따금 극피동물, 해면동물, 자포동물에 속하는 화석들도 발견된다. 일찍이 고생물학자들은 우리에게 친숙한 동물화석의 출현을 생물의 역사에서 중요한 사건으로 인식하였으며, 그래서 이 사건에 '캄브리아기 생물대폭발(Cambrian explosion)'이라는 용어가 붙여졌다. 캄브리아기 생물대폭발이라는 용어를 책에서 만났을 때, 사람들은 캄브리아기 시작과 함께 생물이 갑자기 다양해진 것처럼 받아들이기 쉽지만, 사실은 생물이 본격적으로 다양해진 것은 캄브리아기가 시작하고 나서도 한참 후인 5억 2000만 년 전의 일이라는 점을 기억해야 한다. 현재 지구상에 존재하는 동물 문(門, phylum)의 대부분은 5억 2000만 년 전 무렵에 등장한 것으로 알려져 있다.

캄브리아기에 동물이 다양해진 양상을 가장 잘 보여주는 화석산지로 유명한 곳이 캐나다의 버제스셰일(Burgess Shale)과 중국의 청장(澄江)이다. 버제스셰일과 청장에서는 골격화석 뿐만 아니라 지렁이처럼 부드러운 부분으로만 이루어진 생물의 화석도 잘 보존되어 당시 살았던 동물군집의 내용을 놀랍도록 자세히 보여주고 있다. 그래서 고생물학자들은 그러한 화석산지를 '화석 노다지(fossil lagerstätte)'라고 부르면서 연구에 더욱 많은 시간을 투자하고 있다. 필자는 운 좋게도 두 화석산지를 모두 방문할 수 있었는데, 그곳 암석에서 정교하게 보존된 화석의 모습을 보고 무척 놀랐다. 청장 화석산지의 나이는 대략 5억 1800만 살, 그리고 버제스셰일 화석산지의 나이는 약 5억 800만 살이기 때문에 두 화석산지는 시간이 흐름에 따라 해양 동물계의 내용이 어떻게 바뀌어갔는지 밝히는 데도 중요한 자료를 제공해주고 있다.

현재 지구상에서 알려진 '화석 노다지' 중에서도 특히 유명한 화석산지가 버제스셰일 화석산지다. 캐나다 로키산맥의 해발 2,200미터에 위치한 버제스셰일 화석산지는 1909년 미국의 고생물학자 찰스 월코트(Charles D. Walcott)가 발견했다. 그 후 100년이 넘도록 꾸준한 학술조사가 이루어지면서 놀랍도록 보존이 좋은 화석들이 채집되어 캄브리아기에 살았던 해양생물에 관한 많은 정보를 알려주었다. 버제스셰일 화석군(Burgess Shale fauna)에서 골격이 없는 화석이 차지하는 비중이 90퍼센트를 넘는다. 이곳에서는 다른 캄브리아기 화석산지에서 볼 수 없는 다양한 화석이 발견되었기 때문에 버제스셰일 화석군은 캄브리아기 생물상의 진면목을 보여준다고 말할 수 있다. 실제로 버제스셰일 화석산지에서는 현존하는 동물 문(예를 들면, 해면동물, 자포동물, 완족동물, 연체동물, 절지동물, 극피동물, 척삭동물 등)의 대부분이 보고되었다.

버제스셰일 화석군의 나이는 약 5억 800만 살로 알려져 있는데, 궁금한 것은 버제스셰일 화석산지의 화석들이 어떻게 그토록 보존이 잘 되었나 하는 점이다. 부드러운 육질부로만 이루어진 동물들이 화석으로 남았다는 사실은 이들이 퇴적물 속에 빨리 매몰되었을 뿐만 아니라 매몰 후에도 산소가 없는 환경에 남겨졌음을 의미한다. 대부분의 버제스셰일 동물들은 산소가 풍부한 얕은 대륙붕 환경에서 살았을 것으로 추

**그림 6-4.** 버제스셰일 화석산지에서 보고된 화석으로 왼쪽이 마렐라(*Marella*), 오른쪽은 할루시제니아(*Hallucigenia*)

정되는데, 이들이 산소가 없는 환경에 매몰되었다는 것은 얕은 바다에 살던 생물들이 퇴적물과 함께 깊은 바다로 빠르게 운반되었기 때문이라고 해석할 수 있다. 실제로 버제스셰일을 이루고 있는 층 중에는 얕은 곳에서 깊은 곳으로 쓸려 내려와 쌓인 저탁암(低濁岩)이 있기 때문에 그러한 해석이 가능해 보인다.

│ 청장 화석군 │

1984년 중국 서남부 윈난성에서 버제스셰일 화석군에 버금갈 정도로 보존이 좋은 캄브리아기 화석군이 발견되었다. 청장 화석군(Chengjiang fauna)은 나이가 약 5억 1800만 살로 버제스셰일보다 1000만 년 앞서기 때문에 학술적으로 더욱 중요하게 다루어져야 할 것이다. 버제스셰일 화석군과 비교하였을 때 청장 화석군에서 보고되지 않은 동물 문(門)으로 연체동물과 극피동물이 있는데, 이는 청장 화석군 시대에 그 동물들이 등장하지 않았다기보다는 어떤 원인 때문에 화석으로 남겨지지 않았을 가능성이 크다. 청장 화석군에서 가장 중요한 내용의 하나는 원시 어류화석, 즉 척추동물이 산출된다는 점이다.

청장 화석산지도 버제스셰일 화석산지처럼 화석들의 보존상태가 좋은데, 청장 화석산지의 암석들은 모두 얕은 바다에서 쌓였다는 점에서 차이가 있다. 얕은 바다에서 쌓였는데도 화석 보존이 좋은 원인으로는 그 퇴적층이 염도 변화가 심했던 환경에서 쌓였기 때문이라는 해석이 있다.


## 생물 골격과 포식자의 등장

캄브리아기 시작 무렵에 골격을 가진 동물이 갑자기 출현하게 된 배경은 무엇일까? 이 질문에 대하여 환경적·발생학적·생태학적인 측면에서 다양하게 생각해볼 수 있겠지만 아직 명확한 해답을 제시하기는 어려워 보인다.

우선 1차적인 원인을 당시 해양의 화학적 특성에서 찾아보기로 하자. 현생누대의 해양화학 자료에 따르면(Stanley and Hardie, 1998), 신원생대 말에서 캄브리아기에 이르는 기간에 해양의 칼슘 농도가 급격히 증가했다고 한다. 해양에서 칼슘의 양이 늘어나면서 탄산칼슘($CaCO_3$)이나 인산칼슘[$Ca_3(PO_4)_2$]으로 이루어진 동물 골격 형성이 가능했던 것으로 보인다. 얕은 바다에 살았던 동물들은 골격으로 무장하면서 유해한 자

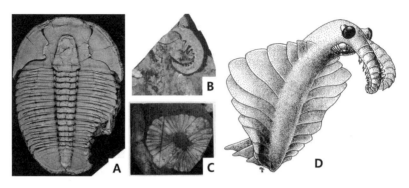

**그림 6-5.** A는 캄브리아기 삼엽충으로, 오른쪽 아래 물린 자국이 보인다. B는 아노말로카리스, C 는 페이토이아, D는 새로운 해석을 바탕으로 복원한 아노말로카리스의 모습이다.

외선으로부터 보호받을 수 있었고, 골격에 근육을 부착시킬 수도 있게 되었다. 아울러 당시 막 출현했던 육식동물(포식자)의 공격으로부터 살아남을 수 있는 가능성도 커졌을 것이다. 원시 어류의 이빨 기능을 했던 것으로 추정되는 코노돈트(conodont) 화석이 이 무렵에 출현했는데, 코노돈트 골격은 인산칼슘으로 이루어진다.

　화석기록에서 잡아먹는 자와 잡아먹히는 자의 관계를 잘 보여주는 예를 캄브리아기에 가장 흔한 화석인 삼엽충에서 찾아볼 수 있다. 삼엽충 화석 중에는 이따금 동그랗게 깨진 부분(그림 6-5A)이 관찰되는데, 이 깨진 부분을 어떤 동물에게 물렸을 때 생겨난 자국이라고 해석한 연구가 있다(Babcock and Robison, 1989). 그들은 삼엽충을 공격한 동물로 청장과 버제스셰일 화석산지에서 보고된 아노말로카리스(*Anomalocaris*)라는 화석을 지목했다.

　'*Anomalocaris*'를 그대로 번역하면 '이상한 새우'라는 뜻이다. 그러한 이름을 가지게 된 배경을 설명하면, 1892년 '아노말로카리스'라는 화석이 처음 발표되었을 때 그 모습이 마치 머리 없는 새우처럼 보였기 때문에 그러한 이름이 붙여졌다고 한다(그림 6-5B). 한편, 버제스셰일 화석을 연구하던 월코트는 1911년 아노말로카리스와 함께 산출되는 화석으로 페이토이아(Peytoia)를 보고하면서(그림 6-5C) 페이토이아는 해파리에 속할 것이라고 생각했다. 그러한 생각은 이후 반세기 넘도록 별다른 이견 없이 받아들여졌다. 그러다가 1980년대 중반, 이 화석들에 대한 재평가를 하던 영국의 고생물학자 휘팅턴(H. H. Whittington)은 아노말로카리스가 커다란 절지동물의 '팔', 그리고 페이토이아는 그 동물의 '입'에 해당될 것이라는 흥미로운 연구 결과를 발표했다.

그 후, 버제스셰일과 청장 화석산지에서의 화석 발굴에서 휘팅턴의 추정은 입증되었다(그림 6-5D). 아노말로카리스 중에서 몸통의 길이가 1미터에 이르렀던 것도 있었다. 캄브리아기의 바다에서 아노말로카리스는 먹이사슬의 가장 위에 있었던 포식자였으며, 그들이 가장 좋아했던 먹이는 삼엽충이었던 것으로 보인다. 캄브리아기의 삼엽충은 아노말로카리스 같은 포식자에게 꼼짝 못 하고 당할 수밖에 없었을 것이다. 그러다가 캄브리아기 후기에 이르면 몸통을 동그랗게 옴츠릴 수 있는 삼엽충이 등장하는데, 이는 포식자의 공격에 대처했던 삼엽충의 방어 수단이었을 것이다. 이처럼 잡아먹는 자와 잡아먹히는 자 사이에 경쟁을 통해서 동물들의 모습은 더욱 다양해졌다.

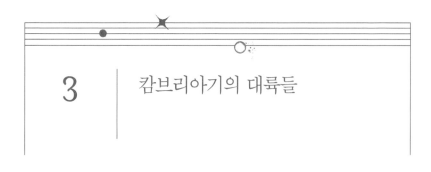

# 3 | 캄브리아기의 대륙들

| 고생대 초의 고지리도 |

앞에서 신원생대의 초대륙 로디니아의 모습을 소개하기는 했지만, 로디니아 초대륙의 복원도는 학자들마다 달랐다. 현재까지 모아진 자료가 10억 년 전 지구의 모습을 그리기에 충분치 않기 때문일 것이다. 그러나 캄브리아기에 들어서면, 학자들이 제시한 고지리도에 일치하는 부분이 많아진다. 화석 자료도 많고 암석의 형성과정도 더 잘 이해한 덕분이리라.

신원생대 중반(약 8억 5000만 년 전)부터 갈라지기 시작했던 로디니아 초대륙은 6억 년 전 무렵에 이르러 또 다른 초대륙 곤드와나를 만들고, 동시에 세 개의 작은 대륙이 생겨났다. 이 작은 대륙은 로렌시아(Laurentia), 발티카(Baltica), 시베리아(Siberia)로 불린다. 로렌시아는 현재의 북아메리카 대부분과 아일랜드 북부, 스코틀랜드, 그리고 노르웨이

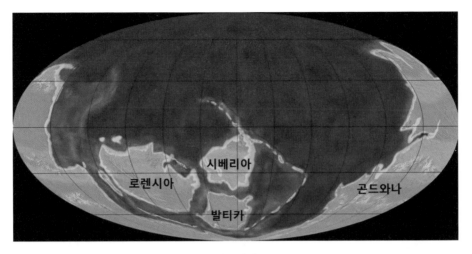

**그림 6-6.** 5억 4000만 년 전(캄브리아기 초)의 고지리도

의 서부를 포함한다. 발티카는 스칸디나비아반도와 북유럽을 포함한 땅덩어리이며, 시베리아 대륙은 우랄산맥 동쪽에 위치한 시베리아와 카자흐스탄 지역을 포함한다.

고생대 초의 고지리도에서 특이한 사항은 당시 대륙들이 대부분 남반구에 몰려 있다는 점이다. 곤드와나는 적도에서 남극지방에 이르는 넓은 지역에 걸쳐서 분포한 초대륙이었다. 로렌시아와 시베리아는 남반구의 저위도 지역에 있었으며, 발티카는 남반구의 고위도 지방을 차지하고 있었다. 이때 로렌시아와 곤드와나/발티카 사이에 있던 바다를 이아페투스 해양이라고 부른다. 지질학자들이 이아페투스 해양의 실체를 알아챈 것은 1960년대 중반으로, 대륙이동에 관한 논쟁이 한창 진행 중이었던 때였다.

20세기 전반, 캄브리아기 삼엽충 화석을 연구하고 있던 고생물학자들은 유럽과 북아메리카에서 산출되는 삼엽충 화석군집의 내용이 전혀 다르다는 사실을 알고 있었고, 그들을 각각 유럽형 삼엽충 군집과 북아메리카형 삼엽충 군집이라고 불렀다. 그런데 이들의 산출 양상을 자세히 들여다보면 이상한 점이 있었다. 유럽형 삼엽충이 현재 북아메리카 대륙인 캐나다 뉴펀들랜드 섬 동부와 미국 북동부 뉴잉글랜드 지방에서 발견되는 반면, 북아메리카형 삼엽충이 유럽 대륙에 속한 스코틀랜드, 아일랜드 북부와 노르웨이 서부 해안지역에서 보고되었기 때문이다. 당시 학자들은 유럽형 삼엽충이 북아메리카 대륙의 동쪽에, 그리고 북아메리카형 삼엽충이 유럽의 서부 끝자락에 분포하는지 그 이유를 알지 못했다.

이 문제에 도전했던 사람은 캐나다 토론토 대학교의 지질학자 존 투조 윌슨(John Tuzo Wilson)이었다. 윌슨은 유럽과 북아메리카 대륙의 캄브리아기 삼엽충 화석군 내용이 다른 것은 예전에 두 대륙 사이에 지금의 대서양과 전혀 다른 바다가 있었기 때문이라는 가설을 제시했다. 그는 판게아 초대륙 위에 고생대 바다의 경계를 그려 넣어 예전 바다의 윤곽을 보여주었다. 캄브리아기 때는 현재의 스코틀랜드, 아일랜드 북부, 그리고 노르웨이 서부는 북아메리카에 붙어 있었고, 현재의 캐나다 뉴펀드랜드 섬 동부와 미국 뉴잉글랜드 지방은 아프리카 대륙(즉, 곤드와나 대륙)에 가까이 있는 모습이다. 이 캄브리아기 바다는 고생대 중반에 닫혔다가 쥐라기에 다시 열렸는데, 새롭게 열린 바다가 지금의 대서양이라는 이야기다. 윌슨은 그 생각을 〈대서양은 닫혔다가 다시 열렸는가?〉라는 매우 파격적인 제목의 논문으로 《네이처》에 발표했다(Wilson, 1966).

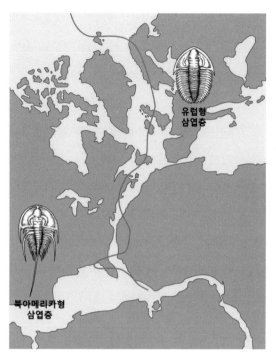

**그림 6-7.** 판게아 초대륙 위에 북아메리카형 삼엽충과 유럽형 삼엽충의 산출 지역을 구분하는 선 (파란 선)을 긋고, 이 선이 고생대 당시 대륙과 해양의 윤곽을 알려준다고 해석했다.

　이 논문의 영향은 엄청나게 컸다. 곧바로 이 가설을 야외에서 확인하려는 연구가 진행되었는데, 이 연구를 추진한 학자는 대서양 양쪽에 있던 두 학자로 영국 케임브리지 대학교의 존 듀이(John Dewey)와 미국 뉴욕주립대학의 존 버드(John Bird)였다. 이 두 사람은 애팔래치아 산맥 고생대층의 층서와 지질구조에 대한 연구를 바탕으로 고생대 때 대륙과 해양의 변천과정을 다룬 논문(Dewey and Bird, 1970)을 《미국지구물리학회지》에 발표했다. 그 내용을 요약하면 다음과 같다.

　신원생대 말(약 6억 년 전), 한 덩어리를 이루고 있던 대륙이 북아메리카 대륙과 유럽-아프리카 대륙으로 갈라지면서 새로운 바다가 탄생하였다. 그들이 논문을 발표할 당시에는 이 바다를 고대서양(Proto-Atlantic Ocean)이라고 불렀는데, 나중에 이아페투스 해양으로 바뀌었다. 고대서양은 해저확장으로 점점 넓어졌고, 대륙의 가장자리인 대륙붕과 대륙사면에는 육지에서 운반되어온 퇴적물이 두껍게 쌓였다. 시간이 흐르면서 넓어진 고대서양의 가장자리에 해구가 생기고, 오래된 해양지각이 섭입되면서 고대서양은 좁아지기 시작하였다. 고생대 중엽, 마침내 고대서양 양쪽에 있던 대륙들이 충돌하여 합쳐졌는데, 그 시기는 초대륙 판게아가 만들어진 고생대 후기였다. 두 대륙의 충돌로 그 사이에 쌓였던 퇴적물은 오늘날 히말라야 산맥처럼 높은 습곡산맥을 형성했는데, 이 산맥은 그동안의 풍화·침식작용으로 낮아져 북아메리카에는 애팔래치아 산맥으로, 유럽에는 칼레도니아 산맥으로 남겨졌나. 쥐라기에 이르렀을 때 판게아 초대륙이 분리되면서 오늘날의 북아메리카 대륙과 유럽-아프리카 대륙 사이에 새로운 바다가 탄생했는데, 그 바다가 대서양이다. 새롭게 태어난 대서양은 해저확장으로 계속 넓어져 현재의 모습에 이르렀다.

그들의 논문은 판구조론이라는 가설이 단지 현재 일어나고 있는 판의 움직임을 설명하는 데 그치지 않고, 과거에 지구에서 일어났던 사건들을 설명할 수 있는 사례를 보여준 훌륭한 연구였다. 이 연구에 자극을 받은 지질학자들은 초대륙이 만들어졌다가 갈라지는 사건이 오랜 지질시대를 통하여 여러 번 일어났으리라고 생각했다. 이처럼 대륙이 갈라져 해양이 형성되고, 또 해양이 사라지면서 새로운 대륙이 형성된 후 다시 갈라지는 일련의 과정을 윌슨 주기라고 하는데, 이는 윌슨이

1966년에 발표한 논문의 업적을 기리기 위함이다.


## 5억 년 전 무렵의 한반도

고생대 초에 지구에는 곤드와나, 로렌시아, 발티카, 시베리아 등 4개의 대륙이 있었고, 이 대륙들이 대부분 남반구에 몰려 있었다. 앞에서 자세히 이야기한 것처럼, 고생대 때 현재의 유럽과 북아메리카 지역에서 해양이 열리고 닫히는 사건들이 일어났다. 그 무렵 우리 한반도는 어디에 있었고, 어떤 일이 벌어지고 있었을까?

필자는 전기 고생대 때 한반도는 중한랜드와 남중랜드에 속하는 땅덩어리에 나뉘어 있었으며, 중한랜드와 남중랜드는 각각 곤드와나 초대륙의 가장자리에 있었다는 주장을 펼쳤다(최덕근, 2014). 한반도의 땅덩어리 중에서 북부지괴와 남부지괴는 중한랜드에, 그리고 중부지괴는 남중랜드에 속했다. 특히, 중한랜드는 곤드와나 대륙의 중앙부와 내륙해로 인해 떨어져 있었던 것으로 추정했고, 이 내륙해를 조선해(朝鮮海)로 명명했다. 하지만 남중랜드에 속했던 중부지괴에서 어떤 일이 벌어졌는지는 아직 잘 모른다.

전기 고생대에 중한랜드는 기다란 섬의 형태로 곤드와나 대륙 쪽으로는 얕은 바다인 조선해(지금의 황해와 비슷한 얕은 바다)가 자리하고 있었고, 그 바깥쪽으로는 판탈라사(Panthalassa)라고 불리는 넓은 해양이 펼쳐져 있었다. 필자는 조선해에 쌓인 퇴적층인 조선누층군에 화성활동의 기록이 거의 없다는 점을 근거로 중한랜드는 해령이나 해구 또는 화산

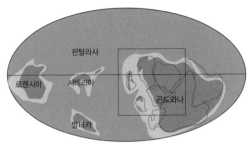

**그림 6-8.** 후기 캄브리아기(4억 9000만 년 전)의 고지리도

호 환경으로부터 멀리 떨어져 있었던 것으로 판단했다. 이때, 중한랜드
는 비교적 평탄한 땅덩어리로 가장 높은 곳도 1,000미터를 넘지 않았던
것으로 추정했는데, 그렇게 생각한 배경에는 조선해에 쌓인 퇴적물의
알갱이 크기가 전반적으로 삭았기 때문이다.

여기에서 고려해야 할 사항은 전기 고생대 때 조선해에 쌓인 퇴적물
이 모두 중한랜드로부터 공급된 것은 아니었다는 점이다. 그림 6-8에
서 볼 수 있는 것처럼, 조선해 건너편에는 곤드와나 초대륙이 버티고
있었고 그곳으로부터 엄청난 양의 퇴적물이 조선해로 쏟아졌을 것이
기 때문이다. 실제로 조선해 퇴적물의 대부분이 곤드와나 대륙으로부
터 공급되었다는 증거를 사암의 지르콘 연령분포에서 찾아볼 수 있다
(McKenzie et al., 2011). 그동안의 곤드와나 대륙에 관한 연구에 따르면, 신
원생대 말과 전기 고생대 초에 동곤드와나(East Gondwana: 인도, 오스트레일
리아, 남극 대륙으로 이루어짐)와 서곤드와나(West Gondwana: 남아메리카와 아프
리카 대륙을 포함)가 합쳐지면서 곤드와나횡단 거대산맥이라고 불리는 거
대한 산맥이 곤드와나 초대륙의 한가운데에 형성되었다고 한다. 이 곤

드와나횡단 거대산맥은 길이 8,000킬로미터, 폭 1,000킬로미터를 넘는 것으로 알려져 규모면에서 오늘날의 히말라야 산맥을 능가했다(Squire et al., 2006). 현재, 황해에 쌓이고 있는 퇴적물 중에는 히말라야 산맥을 출발하여 황하나 양자강을 따라 운반되어온 양이 엄청난 것처럼, 5억 년 전에는 곤드와나횡단 거대산맥에서 쏟아져 나온 엄청난 양의 퇴적물이 조선해에 쌓였다.

캄브리아기와 오르도비스기에 조선해에 쌓였던 퇴적층을 한반도에서는 조선누층군(朝鮮累層群)이라고 부르며, 이 조선누층군은 현재 강원도 일대의 태백산분지에 넓게 분포하고 있다. 조선누층군은 사암-이암-석회암으로 이루어진 두께 1~1.5킬로미터의 해성(海成) 퇴적층이다. 고생대 초엽, 태백산분지는 조선해의 한 부분으로 태백지역은 육지에 가까웠고, 영월지역은 육지로부터 멀리 떨어진 곳이었다. 그래서 두 지역의 퇴적층은 쌓인 양상이 사뭇 다르다. 지금은 태백과 영월이 약 50킬로미터 떨어져 있지만, 그 당시는 1,000킬로미터 이상 멀리 떨어져 있었던 것으로 추정했다.

조선해에 퇴적작용이 시작된 때는 대략 5억 2000만 년 전이었다. 이 퇴적작용이 일어난 배경은 비교적 쉽게 설명할 수 있는데, 고생대 초에 전 지구적으로 해수면이 상승하면서 지형적으로 낮은 곳을 따라 바닷물이 밀려들어왔기 때문이다. 이 시기에 일어났던 전 지구적 해수면 상승에 의한 퇴적작용은 곤드와나 대륙뿐만 아니라 로렌시아, 발티카, 시베리아 대륙에서도 알려져 있다. 그중에서도 대표적인 예가 미국 서부 그랜드캐니언의 골짜기 바닥에 있는 타피츠 사암층(Tapeats Sandstone)이다. 그랜드캐니언의 사암층과 태백산분지의 사암층(장산층으로 불림)은

**그림 6-9.** 미국 서부의 그랜드캐니언을 이루고 있는 암석은 대부분 고생대층이다.

캄브리아기의 전 지구적 해수면 상승이 일어났을 때 퇴적되었다는 이
야기다.

　중한랜드는 길쭉한 섬의 형태로 대륙 쪽으로는 내륙해인 조선해가
자리하고 있었고, 그 반대편에는 넓은 해양이 펼쳐져 있었지만 해구나
화산호로부터 멀리 떨어져 있었던 것으로 보인다. 약 5억 2000만 년 전,
전 지구적으로 일어났던 해수면 상승으로 지형적으로 낮았던 곤드와나
대륙의 가장자리를 따라 바다가 들어왔고, 중한랜드와 오스트레일리아
대륙 사이에 조선해가 탄생했다. 처음에는 조선해에 주로 모래로 이루

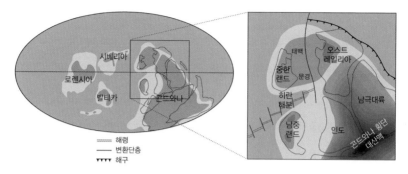

**그림 6-10.** 중기 오르도비스기(4억 6000만 년 전)의 고지리도. 조선해는 없어지고 중한랜드와 남중랜드는 히란해분으로 인해 떨어져 있었다.

어진 쇄설성 퇴적물이 쌓이다가 5억 1000만 년 전에 접어들면서 탄산염이 많이 쌓이는 환경으로 바뀌었다. 그 후 5억 년 전에는 쇄설성 퇴적물과 탄산염 퇴석물 혼합상으로 바뀐 나음, 캄브리아기 끝날 무렵(4억 8500만 년 전) 영월지역에서의 퇴적작용이 빨라지면서 조선해는 전반적으로 얕고(수심 100m 미만) 평탄한 탄산염대지 환경으로 바뀌었다. 이 탄산염대지 환경은 오르도비스기로 이어졌으며, 이 퇴적작용은 중기 오르도비스기 말(4억 6000만 년 전)에 끝났다.

중기 오르도비스기 말, 조선해에서 퇴적작용이 끝난 것은 중한랜드 주변의 판구조 환경이 변했기 때문일 것이다. 쉽게 설명하면, 조선해라는 바다가 사라지는 판구조운동이 일어났다는 이야기다. 이 무렵, 중한랜드는 곤드와나 대륙의 가장자리에서 조선해를 사이에 두고 오스트레일리아 대륙과 마주보고 있었고, 남중랜드와는 젊은 해양인 히란(Helan 賀兰)해분을 사이에 두고 떨어져 있었다. 후기 오르도비스기에 접어들면서 히란해분의 해령이 곤드와나 대륙 쪽으로 파고들면서 곤드와나 대륙의 가장자리가 솟아올랐고, 그 결과 조선해는 뭍으로 드러났다. 태백산분지에서는 문경지역에 후기 오르도비스기(약 4억 5200만~4억 4500만 년 전) 화산활동이 있었지만, 영월이나 태백에서는 화산활동이 기록되지 않았다. 이는 히란해분의 해령이 조선해 쪽으로 확장되지 않았음을 의미한다. 그 대신 해령에 수직 방향으로 변환단층이 생겨났으며, 이 변환단층이 조선해를 가로지르면서 조선해는 융기했고, 그 결과 조선해에서 퇴적작용이 끝난 것으로 해석했다. 문경지역의 옥녀봉층에 기록된 후기 오르도비스기 화산활동은 중한랜드가 곤드와나 대륙으로부터 떨어져나간 시점이 오르도비스기 말(4억 4300만 년 전)이었음을 알려주는 중요한 증거로 해석되었다(Cho et al., 2014).

# 7장

# 어른이 된 지구 1

진정한 고생대

고생대(古生代)는 글자 그대로 ' 옛날 생물이 살았던 시대'를 말한다. 고생대는 5억 4100만 년 전에서 2억 5200만 년 전까지 계속되며, 이 기간 동안 캄브리아기, 오르도비스기, 실루리아기, 데본기, 석탄기, 페름기로 나뉜다. 생물은 캄브리아기에 들어서면서 다양해졌지만, 오르도비스기 이후 본격적으로 다양해진다.

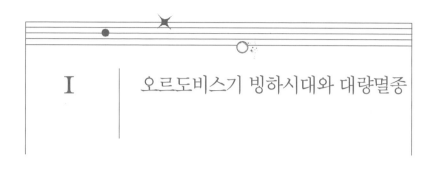

# I  오르도비스기 빙하시대와 대량멸종

## | 모든 생물은 결국 사라진다 |

지질시대—특히 고생대, 중생대, 신생대—를 구분하는 기준은 동물계에서 일어나는 커다란 변화이다. 예를 들면, 고생대 끝날 무렵에는 삼엽충과 방추충을 비롯한 고생대를 대표하는 동물이 멸종했으며, 중생대 말에는 공룡과 암모나이트가 사라졌다. 그런데, 현생누대 기간 중 바다에 살았던 동물들의 변천과정을 추적해보면 무척 흥미로운 점을 발견할 수 있다. 1980년대 초, 미국의 고생물학자 잭 세프코스키(Jack Sepkoski)는 현생누대 기간 중 해양 동물군의 발달과 쇠퇴과정을 추적하여 전통적인 지질시대 구분과 약간 다른 양상을 알아냈다(Sepkoski et al., 1981). 그리고 그 연구를 바탕으로 캄브리아 동물군, 고생대 동물군, 현대 동물군으로 구분했다.

　캄브리아 동물군은 주로 캄브리아기에 번성했던 동물들로 이루어지며, 그중 대표적 생물이 삼엽충이다. 삼엽충은 캄브리아기의 얕은 바다 퇴적물에 들어 있는 영양분을 섭취하면서 크게 번성했지만, 오르도비스기 이후 급격히 쇠퇴했다. 캄브리아기 해양 동물계의 특성을 특히 잘 보여주는 예는 앞서 소개한 중국의 청장 화석군과 캐나다의 버제스셰일 화석군이다.

캄브리아 동물군을 이어받은 해양 동물군을 고생대 동물군이라고 부르는데, 완족동물, 바다나리, 산호, 두족류 등 주로 물속에 들어 있는 영양분을 걸러 먹는 동물이 여기에 속한다. 이 고생대 동물군이 얕은 바다를 점령하면서 캄브리아 동물들은 이들을 피해 깊은 바다로 서식지를 옮기게 되었고, 그 결과 오르도비스기 이후의 해양에서 고생대 동물군이 번성했다.

중생대에 들어서면 해양 동물계의 모습은 오늘날과 비슷해지는데, 그래서 이들을 현대 동물군이라고 부른다. 현대 동물군은 오늘날 바다에 많이 살고 있는 종류인 조개, 소라, 어류, 성게 등으로 이루어진다. 물론 이 생물들이 처음 등장한 때는 고생대이지만, 고생대에는 더디게 발전하다가 중생대에 들어서면서 크게 번성했다. 이들이 얕은 대륙붕 지역을 점령하면서 고생대 동물군들은 대부분 멸종했지만, 일부는 깊은 바다로 피신하여 현재까지도 명맥을 유지하고 있다.


| 오르도비스기 말 대량멸종 |

오르도비스기가 끝나기 직전, 지구는 현생누대에 들어와서 첫 번째 빙

하시대를 맞이한다. 지구의 기온이 내려감에 따라 해양생물계는 혹독한 시련을 겪으면서 많은 생물이 사라져갔는데, 이 사건을 오르도비스기 말 대량멸종이라고 부른다.

오르도비스기 말의 대륙 분포를 보면, 곤드와나 대륙의 일부가 남극 부근의 고위도 지역에 걸쳐 있다. 그 결과 남극지방에 대륙빙하가 형성되어 전 지구적으로 해수면이 내려갔다. 당시 남극은 현재의 아프리카 북부에 있었으며, 이 지역의 암석에는 빙하퇴적층과 빙산에서 떨어진 돌(dropstone), 암석 위에 긁힌 자국 등 빙하의 흔적이 기록되어 있다. 오르도비스기 말의 빙하시대가 예전에는 수백만 년 동안 지속되었을 것이라는 주장도 있었지만, 화석 골격의 산소동위원소 분석 결과를 통해 오르도비스기 빙하시대의 지속기간이 100만 년 남짓이었다는 사실이 밝혀졌다.

그렇다면 오르도비스기 말의 빙하시대는 어떻게 시작되었고 어떻게 끝났을까? 먼저 가장 중요한 요인으로는 당시 곤드와나 초대륙이 남반구의 극지방을 포함한 고위도 지역에 자리했다는 점이다. 극지방에 대륙이 있으면 눈이 쌓여 녹지 않기 때문에 빙하 형성에 좋은 조건이 된다. 그런데 지구의 역사에서 보면, 극지방에 대륙이 있다고 해서 반드시 빙하가 형성되었던 것은 아니다. 게다가 오르도비스기 말 빙하시대는 지속기간이 약 100만 년에 불과했다. 이는 빙하가 빠르게 형성되었다가 빠르게 사라져갔음을 의미한다.

오르도비스기 화석 골격의 탄소동위원소 자료를 보면, 오르도비스기 말엽에 탄소 13($^{13}$C)의 비율이 무척 높은데, 이는 해양 퇴적물 속에 유기물질이 많이 묻혔음을 의미한다. 퇴적물 속에 유기물이 많이 묻히면,

대기 중 산소량이 증가하는 반면 온실기체인 이산화탄소는 줄어들게 된다. 그 결과 대기의 온도가 내려감에 따라 남반구의 극지방에 빙하가 쌓였을 것이다. 그 후 다시 탄소 13의 비율이 낮아진 것은 온실기체의 증가를 의미하며, 그 결과 빙하시대가 끝난 것으로 생각된다.

오르도비스기 말 빙하시대 동안에 많은 생물이 멸종했는데, 멸종은 두 단계로 나뉘어 일어났다. 첫 번째 멸종은 빙하시대가 시작할 무렵에 일어났는데, 이때는 따뜻한 열대지방에 살았던 생물이 많이 사라졌다. 대표적 동물로 산호와 스트로마토포로이드(stromatoporoid)를 들 수 있다. 이 생물들이 사라지자 추운 지역에 살았던 생물이 생활 영역을 넓혀 적도지방까지 진출하였다. 이는 적도지방의 얕은 바다가 차가워지면서 원래 그곳에 살고 있던 생물은 사라지고, 사라진 생물의 영역을 추운 지역에 살았던 생물이 차지했기 때문이다. 첫 번째 멸종의 또 다른 특징은 토착성 생물이 더 많이 멸종했다는 점이다. 빙하시대와 더불어 시작된 빠른 해수면 하강으로 인해 얕은 바다에 살았던 생물이 많이 사라졌기 때문이다. 원양에 살았던 생물도 멸종했는데, 이는 온도의 하강 때문이었을 것이다.

오르도비스기 끝날 무렵에 있었던 두 번째 멸종은 빙하시대가 끝나면서 일어났던 빠른 해수면 상승이 원인이었던 듯하다. 기후가 따뜻해지고, 해수면이 올라가면서 추운 기후에 적응했던 생물이 사라져갔다. 두 차례의 멸종사건으로 당시 살았던 생물의 50퍼센트 가량이 멸종했다. 이때 남세균을 먹고 살던 종류들이 사라지면서 한동안 남세균들이 번성하여 스트로마톨라이트 같은 퇴적구조를 많이 남겨졌다. 그 후 남세균을 먹는 생물이 다시 등장함에 따라 스트로마톨라이트는 줄어들었다. 이처럼 대량멸종 후에 스트로마톨라이트가 많아졌다가 줄어드는 현상은 나중에 있었던 대량멸종 시기에서도 관찰되었다.

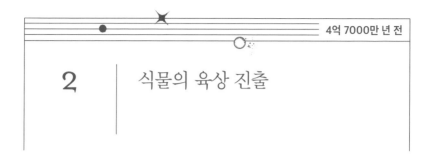

## 2 | 식물의 육상 진출

### │ 식물이 먼저 육상으로 진출 │

지구에 생명이 출현한 이후 고생대 초에 이르기까지 모든 생물은 바다에서 살았다. 바꾸어 말하면, 지구가 탄생한 이후 40억 년 동안 육지에는 생물이 살지 않았다는 이야기다. 생물이 전혀 없는 육지를 상상해보라! 바닷가 물속에는 해조류들이 파도에 흔들거리며 자라고 있었겠지만, 바위와 흙으로만 덮여 있던 육지는 풀포기 하나 없는 황량한 모습이다. 육지에 생물이 없었다고 하지만, 오늘날 지의류 같은 생물들이 바닷가 가까운 바위나 지표면을 덮고 있었을 것이다.

생물이 육지에 첫발을 언제 디뎠는지 정확히 알 수는 없지만, 분명한 사실은 식물이 먼저 육상으로 올라온 후 동물도 뒤따랐을 것이라는 점이다. 먼저 올라온 식물이 동물에게 서식지와 먹이를 제공했을 것이기 때문이다. 우리는 육상식물이 등장하기 이전의 바닷물 속에 다양한 조류(藻類)가 살고 있었음을 알고 있다. 따라서 육상식물이 그 이전에 존재했던 어떤 식물로부터 진화했다면, 육상식물의 조상은 물속에서 살았던 조류 식물일 것이다.

육상식물 조상의 후보로 가장 먼저 떠오르는 조류 식물은 녹조(綠藻)식물이다. 육상식물의 색소 조성이 엽록소 a와 b로 이루어지고, 광합성 활동에 의하여 녹말을 생산하는 점에서 녹조식물과 같기 때문이다. 또 번식할 때 육상식물은 크기가 다른 정자와 난자의 결합으로 이루어지는데, 이러한 양상이 일부 녹조식물에서 관찰된다. 따라서 육상식물의 조상을 녹조식물에서 찾는 것은 바람직해 보인다.

물속에 살던 식물이 육상에서 살기 위해서는 새로운 기관(器官)이나 장치가 필요하다. 예를 들면, 대기 가운데서 버틸 수 있고, 흙 속에 있는 물과 영양분을 흡수하여 운반할 수 있는 장치들이다. 조류 식물의 경우 물속에서 살기 때문에 물을 얻는 데 아무런 문제가 없으나 육상식물은 공기 중에 노출되어 있으므로 물을 얻을 수 있는 곳은 토양밖에 없다. 따라서 토양으로부터 물을 빨아들이는 장치가 필요했을 텐데, 아마도 처음에는 식물체의 한 부분이 그 기능을 담당하다가 나중에 뿌리로 발전했을 것이다.

일단 흙 속에 들어 있는 물을 흡수할 수 있는 능력이 생겼다면, 그다음에는 식물의 각 부분으로 물을 운반할 수 있는 기관이 필요하다. 우리가 관다발 조직이라고 부르는 기관이다. 현재 대부분의 식물에는 물과 무기질을 운반하는 물관(xylem)과 광합성 활동으로 만들어진 물질을 식물의 여러 부분으로 운반하는 체관(phloem)이 있다. 그런데 이와 같은 관다발 조직만으로 대기 중에서 쉽게 증발해버리는 물의 문제를 해결할 수는 없다. 따라서 식물이 육상 환경에 적응하기 위해서는 물의 증발을 막을 수 있는 장치가 필요하다. 현생 육상식물의 겉 부분에는 각피(cuticle)라고 하는 얇은 방수층이 있어서 수분의 증발을 막는 한편, 기공(氣孔)이라고 하는 작은 구멍을 통하여 수분의 양을 조절한다.

육상식물은 번식할 때 포자(胞子)를 생산한다. 포자의 벽은 스포로폴레닌(sporopollenin)이라고 하는 견고한 물질로 이루어져 건조한 상태에서도 오랫동안 버틸 수 있다. 육상으로 진출한 초기의 식물은 광합성에 필요한 햇빛을 더 많이 받기 위해서, 그리고 포자를 좀 더 먼 곳으로 보내기 위해서 점점 높이 자랐을 것이다. 이때 물과 영양분을 운반하는 관다발 조직과 함께 식물이 넘어지지 않도록 버틸 수 있는 장치가 필요한데, 그러한 기능을 담당하는 기관으로 헛물관(tracheid)과 섬유(fiber)가 있다.

그렇다면 식물은 언제쯤 육상으로 진출했을까? 식물의 육상 진출을 확인하기 위해서는 먼저 화석 기록을 찾아야 한다. 식물이 통째로 화석으로 남는 경우는 드물다. 대부분의 식물은 죽은 후 뿌리, 줄기, 잎, 포자 등으로 쉽게 분리되기 때문이다. 따라서 육상식물의 화석 기록을 찾으려면, 식물의 남겨진 부분을 정확히 알아보아야 한다. 바꾸어 말하면, 식물이 육상에서 살 때 필요로 했던 기관을 정확히 찾아내야 한다는 뜻이다. 예를 들면, 관다발 조직이나 헛물관, 각피와 기공 또는 포자가 그것이다.

각피와 유사한 화석이 오르도비스기와 그 이후의 지층에서 보고된 적이 있었다. 하지만 그 화석에는 기공이 관찰되지 않았으므로 육상식물의 각피라고 확신할 수 없다. 명백한 기공을 가지는 각피는 데본기

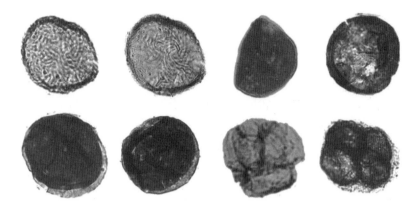

**그림 7-1.** 약 4억 7000만 년 전 아르헨티나의 중기 오르도비스기 지층에서 알려진 포자 화석으로 크기는 0.1밀리미터 정도이다.

지층에서 관찰되었다. 또 화석으로 산출된 헛물관 중 가장 오래된 것은 실루리아기 후기인 약 4억 2500만 년 전 지층에서 보고되었다. 현재 육상식물화석 중에서 가장 오래된 종류인 쿡소니아(*Cooksonia*)의 나이는 그보다 약간 앞선 약 4억 3000만 살로 영국의 웨일스 지방으로부터 알려졌다. 그러나 이보다 앞서서 육상식물의 등장을 알려주는 자료는 포자 화석으로 오르도비스기 지층으로부터 여러 차례 보고되었다. 그중에서도 가장 오래된 포자 화석은 아르헨티나의 중기 오르도비스기 지층에서 기록되었으며, 그 나이는 4억 7000만 살이다(Rubinstein et al., 2010). 그 연구자들은 산출되는 포자 화석이 비교적 다양한 점을 언급하면서 육상식물이 전기 오르도비스기 또는 캄브리아기에 이미 등장했을 가능성을 열어두었다.

위에서 소개한 오르도비스기 포자 화석은 선태식물(이끼류)에 속한다. 선태식물은 물속에서 살았던 조류식물로부터 진화했고, 관다발식물(또는 관속식물)은 선태식물로부터 진화했을 가능성이 크다. 하지만 선태식물 자체가 화석으로 보고된 경우는 드물어 고생대와 중생대로부터 알려진 선태식물 화석을 모두 합해도 100종이 안 된다. 현생 선태식물 중에서 대표적 종류로 우산이끼, 뿔이끼, 솔이끼 등이 있다. 선태식물은 뿌리, 줄기, 잎의 분화가 뚜렷하지 않으며, 관다발 조직이 없다. 선태식물이 번식을 할 때, 정자는 물속을 헤엄쳐 난자에 도달함으로써 수정이 이루어진다. 따라서 선태식물은 습한 환경에서 잘 자란다. 그러므로 초기의 선태식물도 물로부터 멀리 떨어지지 않은 육상 환경에서 자랐을 것이다.

지금 식물계의 대부분을 차지하는 관다발식물은 선태식물로부터 진화한 것으로 보인다. 관다발식물은 그 이름에서 알 수 있는 것처럼 관다발 조직이 있고, 대부분 뿌리, 줄기, 잎으로 뚜렷이 구분된다. 하지만 관다발식물 화석으로 가장 오래된 화석인 쿡소니아는 형태적으로 매우 간단하다. 쿡소니아는 키가 작아 수센티미터에 불과했고, 줄기가 갈라질 때 같은 길이의 작은 줄기로 갈라지는 특징을 보여주며, 줄기의 끝에 포자를 생산하는 타원형 포자낭이 달려 있다. 뿌리와 잎이 없으며, 광합성 활동은 줄기의 표면에서 이루어지고, 물과 영양분 흡수는 땅속에 묻힌 줄기(즉, 지하경)가 담당했다. 간단히 말하면, 쿡소니아는 줄기로만 이루어진 식물이었다. 관다발식물에 잎이 생겨난 것은 전기 데본기

에 이르러서이고, 그 후 뿌리를 가지게 된
관다발식물은 육지 곳곳으로 빠르게 퍼져
나갔다.

약 4억 3000만 년 전에 등장한 최초의
관다발식물인 쿡소니아는 줄기로만 이루
어진 기묘한 식물이었다. 그 후 관다발식
물이 잎을 가지기까지 적어도 2000만 년
이라는 기간이 더 필요했다. 잎을 가지는
식물은 데본기 초엽인 약 4억 1000만 년
전 지층으로부터 보고되었기 때문이다.

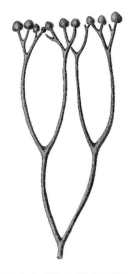

**그림 7-2.** 가장 오래된 식물 화석 쿡소니아

식물의 잎은 형태적으로 소엽(小葉)과 대
엽(大葉)으로 구분된다. 소엽은 하등식물인
석송이나 속새의 잎으로 1개의 엽맥(葉脈)이 잎 가운데를 지나며, 대엽
은 고사리와 종자식물에서 볼 수 있는 잎으로 넓고 복잡하게 갈라지는
엽맥을 가진다. 육상식물의 진화계통 측면에서 보았을 때, 잎의 진화는
소엽이 먼저 생겨난 다음 대엽으로 발전했을 것으로 추정된다.

먼저 소엽의 진화를 설명하는 학설에는 두 가지가 있다. 하나는 돌기
기원설(enation theory)로, 줄기 겉에 생겨난 돌기가 점점 커지면서 줄기
로부터 갈라져나온 관다발 조직이 엽맥을 이루어 소엽이 형성되었다고
설명한다. 반면에 텔롬설(telome theory)에서는 원래 여러 갈래의 줄기로
갈라지던 식물체가 큰 줄기 하나인 식물체로 진화하는 과정에서 짧아
진 줄기가 소엽을 이루었다고 해석한다. 한편, 대엽의 진화는 텔롬설로
설명하고 있는데, 두 개의 비슷한 길이로 갈라지던 작은 줄기들이 편평

하게 배열되면서 줄기 사이에 광합성 활동을 하는 조직들이 채워진 것이라는 주장이다.

| 육지의 모습을 바꾼 식물들 |

식물이 육상으로 올라온 때는 오르도비스기이지만, 육상식물들이 번성하기 시작한 것은 훨씬 후인 데본기에 이르렀을 때였다. 데본기 이후에 뿌리와 잎을 가지게 된 식물들은 해안으로부터 멀리 떨어진 대륙 곳곳으로 빠르게 퍼져나갔다. 식물들이 대륙으로 진출하면서 흙 속에 뿌리를 내리자 토양은 비가 내려도 쉽게 떠내려가지 않게 되었고, 육지는 초록색으로 물들게 되었다.

오르도비스기 이전의 지구에서는 오늘날처럼 굽이굽이 흐르는 강이 없었다. 맨땅으로 드러난 육지에 비가 내리면 잠시 강이 흐르기는 했겠지만 강물이 빠르게 흘러 토양을 모두 휩쓸어 가버렸기 때문이다. 그래서 옛날 하천은 오늘날 사막에서 볼 수 있는 것과 같은 그물모양의 망상(網狀)하천이었다. 그러나 데본기에 들어서면서 식물들이 땅속에 뿌리를 내려 토양을 붙잡아주었기 때문에 비가 내렸을 때도 토양은 쓸려 내려가지 않았고, 오랫동안 물을 머금을 수 있었다. 그 결과 강들은 지표면에서 오랫동안 물이 흐르는 사행(蛇行)하천을 만들어냈다. 데본기 이후의 지층에서 굽이굽이 흐르는 사행하천과 범람원 퇴적물이 많아진 이유다.

데본기 초의 육상식물들은 키가 작은 식물들이 대부분이었다. 따라서 오늘날 우리 주변에서 볼 수 있는 울창한 수풀은 형성되지 않았다. 데본기 후기에 이르렀을 때, 식물은 넓은 잎을 가지게 되었고, 키가 수 미터에서 수십 미터에 이르는 커다란 나무로 성장했다. 대표적 식물은 후기 데본기와 전기 석탄기에 번성했던 아르카이오프테리스(Archaeopteris)로 형태적으로 고사리와 겉씨식물의 중간 단계를 보여준다. 이 식물은 키가 30미터에 이르러 지구 역사상 최초의 수풀을 형성하는 데 기여했다. 이들은 포자로 번식했기 때문에 습한 환경을 좋아했고, 따라서 후기 데본기에 강어귀를 따라 울창한 수풀이 우거진 늪지대가 형성되었다.

관다발식물이 진화하는 과정에서 잎과 뿌리의 출현 다음에 일어난 커다란 변혁은 씨(seed)의 등장이다. 관다발식물은 씨의 유무에 따라 씨가 없는 것은 은화(隱花)식물, 그리고 씨가 있는 것은 현화(顯花)식물(또는 종자식물)로 분류되기도 한다. 종자식물은 데본기가 끝날 무렵인 3억 6000만 년 전에 등장했다. 씨는 물이 적은 환경에서도 잘 견디기 때문에 식물을 널리 전파시킬 수 있었다. 그 결과 석탄기에 이르러 지구 곳곳에 울창한 수풀이 형성되어 지구의 겉모습을 완전히 바꾸어놓았다.

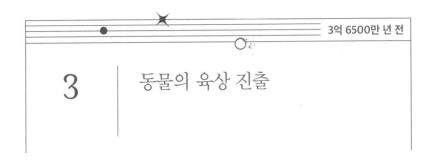

3 | 동물의 육상 진출

| 최초의 육상동물 |

식물이 육지로 올라올 때 해결해야 하는 문제가 물이었던 것처럼, 동물도 육지에서 살기 위해서는 물 문제를 해결해야 했다. 게다가 동물은 호흡할 때 산소를 필요로 하기 때문에 공기 중에서 산소 호흡을 할 수 있는 기관(폐)이 필요하다. 맨 처음 육지로 향했던 동물이 물과 산소의 문제를 동시에 해결하기는 만만치 않았을 것이다. 맨 처음 육상으로 올라온 동물은 아마도 무척추동물―그중에서도 절지동물―이었을 텐데, 화석 기록이 드물어 그들이 육상으로 올라온 시점을 명확히 말하기는 어렵다. 학자들은 그래도 식물이 육상으로 진출한 이후인 실루리아기 지층에서 육상으로 진출한 절지동물(예를 들면, 노래기, 전갈, 거미류 등) 화석들을 찾아냈다.

절지동물이 육상에 진출한 최초의 동물이기는 하지만, 사람들은 우리가 속한 척추동물(또는 사지동물)이 언제 어떻게 육상으로 올라왔느냐 하는 문제에 더 관심이 많다. 육상 척추동물은 어류로부터 진화했기 때문에 여기서 고생대의 초기 어류에 관하여 간단히 알아보기로 하자.

현재 알려진 가장 오래된 어류 화석은 중국 청장 화석산지의 약 5억 1800만 년 전 지층으로부터 발견되었고, 어류의 파편 화석들이 이따금 캄브리아기 지층에서 보고되기도 했다. 초기의 어류 화석은 턱이 없는 종류로 오늘날의 먹장어와 칠성장어가 여기에 속하며, 화석으로는 갑주어(甲冑魚)가 유명하다. 턱이 없는 어류는 오르도비스기에서 데본기에 걸쳐서 산출되었다. 턱이 있는 어류가 출현한 것은 실루리아기 초로 판피어류(板皮魚類)가 대표적이다. 어류의 턱은 아가미를 지지해주는 구조로, 이빨은 비늘의 일부가 변해서 만들어진 것으로 알려져 있다.

어류 화석은 실루리아기 지층에서 자주 보고되있고, 특히 데본기는 다양한 어류 화석이 산출된 시기로 '어류의 시대'라고 부르기도 한다. 현생 어류는 모두 판피어류로부터 진화했으며, 크게 연골어류(상어와 가오리 등)와 경골어류(현생 어류의 대부분은 여기에 속하며 2만 여 종이 알려져 있다)로 분류된다. 데본기 초에 출현한 경골어류의 한 부류인 총기어류(또는 육기어류, lobe-finned fish)는 뼈로 지지되는 근육질의 지느러미를 가지고 있다. 현재 살아 있는 총기어류 중에는 '살아 있는 화석'으로 유명한 실러캔스(coelacanth)와 폐어가 있다. 이들은 원시적인 폐를 가지고 있으며, 수면 위의 공기를 호흡한다. 고생물학자들은 최초의 사지동물이 데본기의 총기어류로부터 진화했을 것으로 추정한다.

물속에서 살던 어류로부터 육상에서 사는 최초의 사지동물(四肢動物), 즉 양서류로의 진화는 데본기 중기와 후기에 걸쳐서 일어났다. 현생 양

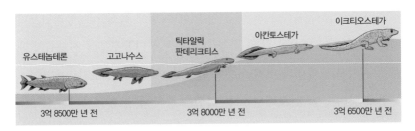

유스테놉테론     고고나수스     틱타알릭 판데리크티스     아칸토스테가     이크티오스테가

3억 8500만 년 전     3억 8000만 년 전     3억 6500만 년 전

**그림 7–3.** 어류에서 양서류로의 진화

서류의 대표적 종류인 개구리와 도롱뇽은 물속에 알을 낳고, 어릴 때는 물속에서 자란다. 그러다가 성체가 되면 물 밖으로 나와 호흡하면서 살지만 이따금 물속으로 들어가기도 한다. 이러한 양서류의 생태적 특징이 물속에서 살던 어류로부터 진화했다는 사실을 잘 알려주지만, 물속에서 살던 어류가 곧바로 양서류로 진화하기는 어려웠을 것이다.

어류에서 양서류로 진화하는 과정에 대한 내용은 비교적 자세히 밝혀져 있다(Clack, 2007). 데본기의 총기어류 화석 중에서 사지동물의 직계조상으로 알려진 종류는 캐나다 퀘벡 지방의 데본기층에서 보고된 유스테놉테론(*Eusthenopteron*)이다. 이들은 주로 바다에 살았지만 강어귀 환경의 퇴적물에서도 발견되었다. 이보다 좀 더 사지동물에 가까운 형태적 특징을 가지는 어류로 판데리크티스(*Panderichthys*)와 틱타알릭(*Tiktaalik*)이 있다. 판데리크티스는 라트비아의 3억 8500만 년 전 지층, 그리고 틱타알릭은 캐나다 북극 엘리스미어 섬의 3억 8000만 년 전 퇴적층에서 보고되었다.

특히 2006년 학계에 보고된 틱타알릭은 형태적으로 양서류의 여러 가지 특징(자유로운 손목뼈와 어깨뼈가 두개골로부터 분리 등)을 가졌기 때문

**그림 7-4.** 사지동물 화석 중 가장 오래된 아칸토스테가

에 어류에서 양서류로 진화하는 과정을 알려주는 '잃어버린 고리(missing link)'를 찾았다는 관점에서 언론의 관심을 끌었다. 틱타알릭은 하천퇴적층에서 발견되었는데, 땅 위에서 걷는 것은 불가능했겠지만 얕은 물속에서는 머리를 들고 설 수 있었던 것으로 보인다.

데본기의 육상 환경을 그려보면, 하천 주변에는 식물들이 제법 많이 자라고 있었고 곳곳의 웅덩이에 물이 고여 있는 모습이다. 틱타알릭과 같은 어류가 물웅덩이에 살고 있다가 웅덩이가 마르면 물을 찾아 헤매었으리라고 추정된다. 앞에서 동물이 육상으로 올라오기 위해서는 물과 산소의 문제를 해결해야 한다고 말했지만, 어쩌면 더 어려웠던 문제는 육지에서 무거운 몸통을 지탱하고 걷는 일이었을지도 모른다. 육지에서 걸을 때 척추가 밑으로 처지지 않도록 해야 하고, 목을 지탱할 수 있는 근육과 내장의 무게 때문에 배가 터지지 않도록 튼튼한 근육도 있어야 하기 때문이다.

현재 사지동물 화석 중 가장 오래된 것으로 아칸토스테가(*Acanthostega*) 와 이크티오스테가(*Ichthyostega*)가 유명하다. 아칸토스테가는 그린란드의 3억 6500만 년 전 하천 퇴적층에서 발견되었다. 아칸토스테가의 머리 는 양서류의 특징을 보여주지만, 어깨와 다리, 꼬리는 어류에 가깝다. 몸의 길이는 60센티미터 정도였고, 앞다리는 8개의 발가락을 가지며, 발가락 사이에 물갈퀴가 있었다. 현생 사지동물들이 일반적으로 5개의 발가락을 가지기 때문에 사지동물의 발가락은 8개에서 5개로 진화했다 고 할 수 있다. 아칸토스테가를 자세히 연구한 케임브리지 대학의 제니 퍼 클락(Jennifer Clack)은 이 동물이 사지동물로 분류되기는 하지만, 형 태적 특징으로 보아 육상을 걷기는 어려웠으며 대부분의 일생을 물속 에서 지냈을 것이라고 추정했다. 이크티오스테가 역시 그린란드의 3억 6500만 년 전 범람원 퇴적층에서 보고되었다. 형태적으로 아칸토스테 가와 비슷하지만, 진화적으로 나중에 출현한 것으로 알려졌고, 육상에 서 걸을 수도 있었을 것이라고 한다.

사지동물(또는 양서류)의 골격화석으로 가장 오래된 아칸토스테가와 이크티오스테가가 3억 6500만 년 전 퇴적층에서 보고되었지만, 사지 동물의 발자국 화석은 이보다 3000만 년 오래된 지층에서 발견되었다. 2010년 1월, 폴란드의 3억 9500만 년 전 지층으로부터 사지동물 발자 국 화석을 발견했다는 논문이 발표되었다(Niedzwiedzki et al., 2010). 이 화 석은 그때까지 가장 오래된 사지동물 발자국 화석으로 알려졌던 아일 랜드의 3억 8500만 년 전 기록을 약 1000만 년 앞당겼다.

위에서 소개한 사지동물 화석기록으로부터 양서류의 출현이 3억 9500

만 년 전이었는지 또는 3억 6500만 년 전이었는지 명확히 말하기는 어렵다. 다만 3억 6500만 년 전 무렵에 양서류에 가까운 여러 종류의 사지동물 화석이 보고된 점으로 보아, 그 무렵에 사지동물이 육상으로 올라왔다고 생각하는 것은 타당해 보인다. 하지만 그 후 3억 4500만 년 전에 이르기까지 소위 '로머의 간격(Romer's gap)'으로 알려진 약 2000만 년 동안 사지동물 화석이 거의 발견되지 않은 점을 볼 때 양서류 또는 파충류가 육지에서 성공적으로 살기 시작한 때는 더 늦었을 수도 있다.

**그림 7-5.** 폴란드의 3억 9500만 년 전 지층에서 보고된 가장 오래된 사지동물 발자국 화석

| 사지동물의 육상 진출이 늦어진 이유는? |

화석 기록에서 살펴보면 식물이 육상으로 올라온 시점은 4억 7000만 년 전인데, 사지동물이 육상으로 진출한 때가 3억 6500만 년 전이므로 식물이 육상으로 올라온 후 1억 년이나 지나서 사지동물이 육상으로 올라왔다. 사지동물이 육상으로 올라오기까지 왜 그토록 오랜 시간이

걸렸을까?

사지동물이 육상으로 진출했던 후기 데본기는 생물의 대량멸종사건이 있었고 환경적으로도 특이한 시기였다. 대기 중 이산화탄소 함량은 지금의 거의 10배로 전기와 중기 데본기에 0.35퍼센트 수준에서 후기 데본기에는 0.3퍼센트로 약간 줄어들었다가 전기 석탄기 끝 무렵에는 0.1퍼센트 이하로 줄어들었다. 이처럼 데본기에 이산화탄소의 함량이 높았던 것은 당시 퇴적물 속에 묻힌 유기물의 양이 적었기 때문이었을 것이다. 이산화탄소가 많았기 때문에 데본기의 기후는 전반적으로 따뜻했지만, 그래도 이산화탄소의 함량이 약간 줄어들면서 평균기온은 전기 데본기의 섭씨 22도에서 후기 데본기에는 섭씨 19.5도로 내려갔다. 한편, 대기 중 산소 함량은 전기 데본기에 25퍼센트에서 후기 데본기에는 13퍼센트까지 하락했다가 그 후 서서히 증가한 양상을 보여준다(Berner, 2006). 그러므로 후기 데본기는 고생대 기간 중에서 대기 중 산소 농도가 가장 낮았던 시기였다. 대기 중 산소 농도가 낮았던 시기에 사지동물이 육상으로 진출했다는 점이 무척 흥미롭다.

데본기에 식물계에서 일어났던 변혁에는 식물의 키가 전반적으로 커지고 다양해졌으며, 육지 곳곳으로 서식지를 넓혀갔다는 점이다. 데본기의 대표적 식물인 아르카이오프테리스는 키가 30미터, 줄기 지름이 1.5미터에 이르렀을 정도로 컸다. 이 밖에도 키 큰 나무들이 번성하여 후기 데본기에 이르러서 오늘날과 비슷한 모습의 울창한 수풀이 등장했다.

식물들이 울창한 수풀을 이루면서 하천과 토양의 환경도 크게 바뀌었다. 하천을 따라 많은 식물질이 유입되면서 얕은 바다(특히 내륙해)에

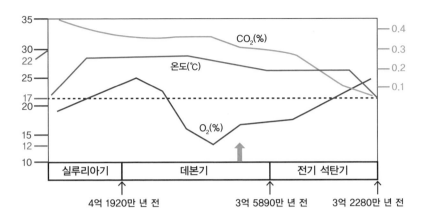

**그림 7-6.** 중기 고생대의 온도와 산소 농도, 이산화탄소 농도의 변화를 보여주는 그래프.
빨간색은 온도, 파란색은 산소, 초록색은 이산화탄소를 나타낸다.
초록색 화살표는 후기 데본기 지구에 수풀이 등장한 시기이다.

서 부영양화(富營養化)가 일어났고, 그 결과 호수 또는 얕은 바다에 조류(藻類)가 번성하여 엄청난 양의 유기물이 퇴적물 속에 묻혔다. 이 시기에 쌓였던 퇴적물 중에는 흑색 셰일이 많은데, 이는 당시 얕은 바다에 저산소 또는 무산소 영역이 넓었음을 의미한다(Algeo et al., 2001). 현생누대에 일어났던 5대 대량멸종의 하나인 후기 데본기(약 3억 7000만 년 전) 멸종 사건은 바로 이 얕은 바다에서 무산소 영역이 확장되었기 때문인 것으로 알려져 있다.

후기 데본기는 수권과 기권의 산소 함량이 무척 낮았던 시기였다. 산소가 물에서 더 녹기 어렵다는 점을 고려할 때, 당시 산소가 적었던 물속에 살고 있던 사지동물의 조상들이 좀 더 산소를 얻기 용이했던 육지를 향해 올라갔던 것은 자연스러운 일이었을지도 모른다. 우리가 보통 육상에 올라온 최초의 사지동물을 이야기할 때, 당시 물속에 살고 있던 동물 중에서 모험심이 강하고 용감한 종류가 올라왔을 것이라고 생각하지만, 열악한 물속 환경으로부터 도망치려는 동물들의 치열한 몸부림이었을 가능성이 커 보인다.

# 4 | 고생대 곤드와나 대륙의 해체와
판게아 초대륙의 형성

## 고생대 곤드와나 대륙

판구조론의 관점에서 보면, 고생대는 로디니아(Rodinia) 초대륙에서 갈라져나온 여러 대륙이 또 다른 초대륙 판게아(Pangea)를 형성해가는 시기다. 앞에서 이미 언급한 것처럼, 고생대 초엽에는 커다란 대륙인 곤드와나(Gondwana)와 3개의 작은 대륙인 로렌시아(Laurentia), 시베리아(Siberia), 발티카(Baltica)가 남반구에 몰려 있었다. 고생대 곤드와나 대륙이 완성된 시점은 학자들에 따라 의견이 다르지만, 신원생대 말에서 캄브리아기 초라는 의견이 지배적이다.

보통 곤드와나 대륙이라고 하면 남아메리카, 아프리카, 마다가스카르, 인도, 오스트레일리아, 남극 대륙을 합친 대륙을 의미한다. 하지만 이는 좁은 의미의 곤드와나 대륙(또는 중생대 곤드와나 대륙)이며, 넓은 의미에서의 곤드와나 대륙(또는 고생대 곤드와나 대륙)은 여기에다가 현재의 남부 유럽, 중동지방, 티베트, 동남아시아, 그리고 우리나라와 중국을 포함한 동아시아의 중한랜드와 남중랜드를 합친 것이다. 그러므로 고생대 곤드와나 대륙은 그 규모가 무척 컸기 때문에 초대륙으로 분류될 수 있다.

고생대 곤드와나 대륙이 형성되기 위해서는 로디니아 초대륙이 분리된 후 두 가지 중요한 변화가 일어나야 한다. 하나는 당시 로렌시아와 한 덩어리를 이루고 있었던 남아메리카와 아프리카 대륙(이를 묶어 서곤드와나 대륙이라고 함)이 로렌시아 대륙으로부터 떨어져나와야 하며, 다른 하나는 이렇게 떨어져나온 서곤드와나 대륙이 동곤드와나 대륙(인도, 오스트레일리아, 남극 대륙으로 이루어짐)과 합쳐져 하나의 대륙을 이루어야 한다는 점이다. 서곤드와나 대륙이 로렌시아로부터 떨어져나온 때는 약 6억 년 전이었으며, 이 무렵 로렌시아와 발티카도 분리되면서 두 대륙 사이에 해양이 탄생했는데 이 바다를 이아페투스 해양이라고 부른다. 이아페투스 바다가 넓었을 때는 적어도 폭이 5,000킬로미터였던 것으로 알려졌다. 그 후 로렌시아/발티카와 곤드와나 대륙 사이에 새롭게 탄생한 바다를 라익(Rheic) 해양이라고 부른다.

## 고생대에 독립적으로 존재했던 대륙들

고생대 기간 중, 어느 한 때 독립된 땅덩어리로 존재했던 대륙은 로렌시아, 발티카, 시베리아, 곤드와나(좁은 의미의), 킴메리아, 아발로니아, 아르모리카, 중한랜드, 남중랜드 등이 있다. 앞에서 설명한 것처럼, 고생대의 곤드와나 대륙은 좁은 의미의 곤드와나 대륙에 더하여 중한랜드, 남중랜드, 아발로니아, 중남부 유럽, 킴메리아를 합친 것으로 매우 큰 대륙이었다.

중한랜드(Sino-Korean)는 현재의 북중국과 한반도의 일부(북부지괴와 남부지괴)를 아우르는 작은 대륙이었고, 남중랜드(South China)는 남중국과 한반도의 중부지괴를 포함한다. 시베리아(Siberia)는 우랄 산맥 동쪽에 있는 시베리아와 카자흐스탄 지역을 포함하고, 킴메리아(Cimmeria) 대륙은 터키, 중동지방, 티베트, 동남아시아 지역을 아우른다. 아발로니아(Avalonia)는 영국 남부(잉글랜드와 웨일스), 아일랜드 남부, 프랑스 북부, 캐나다 뉴펀드랜드 섬의 동부, 미국의 뉴잉글랜드를 포함한 대륙이었다. 발티카(Baltica) 대륙은 스칸디나비아 반도와 현재의 북유럽 대부분을 포함한다. 로렌시아(Laurentia) 대륙은 현재의 북아메리카 대륙의 대부분과 아일랜드 북부, 스코틀랜드, 그리고 노르웨이의 일부로 이루어졌다.

전기 고생대에 대륙의 분포를 보면, 곤드와나, 로렌시아, 발티카, 시베리아 등 크게 4개로 나뉘어져 대부분 남반구에 몰려 있었다(그림 6-6 참조). 신원생대 눈덩이지구 빙하시대가 끝나고, 로디니아 초대륙이 갈라지면서 전 지구적으로 해수면이 상승하여 대륙의 가장자리에는 얕은 대륙붕 환경이 넓게 펼쳐졌다. 캄브리아기에 접어들면서 석회질 골격을 가지는 생물들이 번성하면서 캄브리아기와 오르도비스기에 걸쳐서 저위도의 대륙붕 지역에 엄청난 두께의 석회암층이 형성되었다.

오르도비스기 초, 곤드와나 대륙으로부터 떨어져나온 아발로니아 대륙이 북쪽으로 이동하면서 그사이에 새로운 바다 라익 해양이 탄생했다. 한편, 남반구 고위도 지방에 있던 발티카 대륙이 북쪽으로의 긴 여행을 시작하여 실루리아기에 이르러 적도 부근에 도달했다. 이 무렵 북쪽으로 이동하던 아발로니아 대륙과 발티카 대륙이 합쳐졌고, 이아페투스 해양의 양쪽, 즉, 로렌시아 대륙의 동쪽과 발티카/아발로니아 대륙의 서쪽에 각각 해구가 형성되면서 이아페투스 바다는 점점 좁아졌다. 실루리아기 말엽에 로렌시아 대륙과 발티카/아발로니아 대륙의 충돌로 이아페투스해가 사라지고, 이 바다에 쌓였던 퇴적층은 충돌에 의한 조산운동으로 오늘날 히말라야 산맥에 버금가는 높은 산맥을 형성했다. 이 조산운동을 유럽에서는 칼레도니아(Caledonian) 조산운동, 북아메리카에서는 아카디아(Acadian) 조산운동이라고 부른다. 이 조산운동으로 높은 산맥이 형성되면서 산맥의 양쪽으로 엄청난 양의 퇴적물이 쓸려 내려가 다양한 하천환경에 쌓였다. 이 시기에 로렌시아, 발티카, 아발로니아 대륙이 충돌하면서 합쳐진 대륙을 유라메리카(Euramerica)라고 부른다.

아발로니아를 뒤따라 곤드와나 대륙으로부터 떨어져나온 작고 기다란 대륙으로 아르모리카(Armorica)가 있다. 아르모리카 대륙은 프랑스 중부, 독일의 검은 숲, 체코의 보헤미아 육괴 등으로 이루어진 길쭉한 대륙이었다. 아발로니아 대륙과 아르모리카 대륙 사이에 있던 바다는 라익 해양 그리고 아르모리카와 곤드와나 대륙 사이에 새롭게 생겨

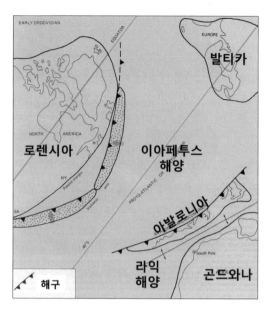

**그림 7-7.** 전기 오르도비스기의 고지리도

난 바다를 몰다누비안(Moldanubian) 해양이라고 부른다. 라익 해양이 닫힌 시기는 데본기에서 석탄기에 걸치며, 이는 결국 아르모리카와 유라메리카 대륙이 충돌한 시기이기도 하다.

　요약하면, 오르도비스기에서 데본기에 걸친 기간에 서곤드와나에서는 아발로니아와 아르모리카 대륙들이 떨어져나가고 있었던 반면, 동곤드와나에서는 중한랜드와 남중랜드가 분리되고 있었다. 중한랜드와 남중랜드는 우리 한반도가 속했던 대륙이기 때문에 중기 고생대에 중한랜드와 남중랜드에서 일어났던 사건을 다음에 자세히 서술했다.

문경지역의 옥녀봉층에 기록된 화성활동 자료로부터 중한랜드가 곤드 와나 대륙으로부터 떨어져나간 시점을 대략 4억 4000만 년 전으로 추 정했고(Cho et al., 2014), 중국에서의 연구에 따르면 남중랜드가 곤드와나 대륙을 떠난 때는 약 3억 8000만 년 전으로 알려져 있다.

이 무렵 중한랜드에서 가장 눈에 띄는 지질학적 특징의 하나는 하부 고생대층과 상부 고생대층을 나누는 '중기 고생대 대결층'이다. 중기 고생대 대결층의 기간은 4억 6000만 년 전에서 3억 2000만 년 전 사이 에 해당하는 약 1억 4000만 년인데, 이는 이 기간에 중한랜드에 침식· 퇴적작용이 거의 일어나지 않았음을 의미한다. 그러한 일이 어떻게 일 어날 수 있었을까?

이 무렵 곤드와나 대륙으로부터 떨어져나온 중한랜드는 두께 약 1.5 킬로미터의 탄산염암으로 덮여 있는 작은 대륙으로 마치 바다 위를 뗏 목처럼 떠돌고 있는 모습이다. 이때 중한랜드가 어느 곳에 위치했었는 지 정확히 알 수는 없지만, 지형의 기복이 거의 없었던 중한랜드가 건 조한 아열대 지역에 있었다면 풍화작용이나 침식작용은 무척 느렸을 것이고, 그러면 풍화산물의 양이 적어 퇴적작용이 거의 일어나지 않았 을 것이다. 중기 고생대 대결층은 무척 느린 풍화·침식·퇴적과정의 결 과로 형성된 것처럼 보인다.

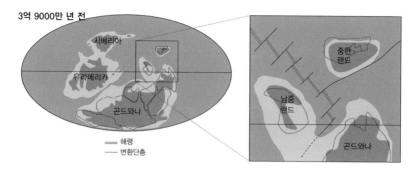

**그림 7-8.** 중한랜드와 남중랜드를 중심으로 그린 중기 고생대 고지리도

## | 판게아 초대륙의 형성 |

석탄기에 접어들었을 때, 곤드와나 대륙이 시계방향으로 회전하면서 북쪽으로 이동했고, 유라메리카 대륙괴의 충돌로 인해 두 대륙 사이에 높은 산맥이 형성되었다. 유럽에서는 이 시기의 조산운동을 바리스칸(Variscan) 또는 허시니안(Hercynian) 조산운동이라고 부르며, 북아메리카에서는 애팔래치아(Appalachian) 조산운동이라고 부른다. 현재 미국 동부를 따라 길게 늘어선 애팔래치아 산맥은 이 조산운동이 일어났을 때 만들어졌는데, 지금의 애팔래치아 산맥은 해발 1,500미터 내외의 비교적 낮은 산맥이지만 후기 고생대 때는 오늘날 히말라야 산맥에 견줄 정도로 높은 산맥이었다. 이 충돌로 판게아 초대륙이 완성되었다. 북반구에는 로라시아(Laurasia) 대륙이, 남반구에는 곤드와나 대륙이 남북방향으로 길게 배열되었으며, 그 영향으로 위도에 따른 기후 차이가 뚜렷했다.

따뜻하고 습한 적도지방에는 울창한 수풀이 우거져 현재의 북아메리

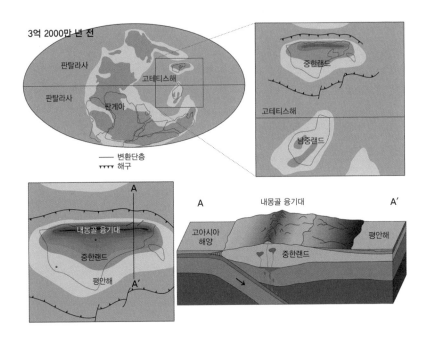

**그림 7-9.** 석탄기(3억 2000만 년 전)의 고지리도

카, 유럽 일대에 두꺼운 석탄층을 남겼으며, 당시 남반구 고위도 지방에 위치한 곤드와나 대륙에는 후기 석탄기-전기 페름기의 빙하퇴적층이 쌓였다. 석탄-페름기에는 중한랜드와 남중랜드를 제외한 지구상의 거의 모든 대륙이 모여 판게아 초대륙을 이루었다. 북반구의 로라시아 대륙과 남반구의 곤드와나 대륙으로 감싸인 저위도 지방에는 고테티스 (Paleo-Tethys)해가 자리하고 있었고, 그 주위를 판탈라사(Panthalassa) 대양이 감싸는 모습을 보여주고 있다. 남북으로 길게 배열된 판게아 대륙의 중위도 지역은 건조한 사막환경이 넓게 펼쳐져 있었다.

중한랜드와 남중랜드는 판게아 대륙으로부터 멀리 떨어져 있던 작은

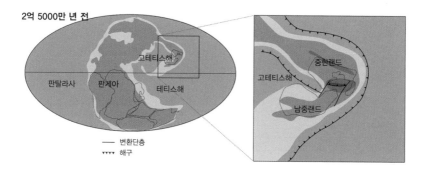

**그림 7-10.** 2억 5000만 년 전의 고지리도.
이 무렵 중한랜드와 남중랜드가 충돌하여 동아시아의 모태를 이루었다.

대륙이었다. 중한랜드에 퇴적작용이 다시 시작된 때는 약 3억 2000만 년 전인 석탄기 중엽이다. 중한랜드의 상부 고생대층은 얕은 바다와 충적평야에서 쌓인 두꺼운 쇄설성 퇴적층이다. 암석은 무척 다양하여 역암, 사암, 셰일, 석탄, 석회암 등 거의 모든 종류의 퇴적암으로 이루어진다.

석탄기 중엽, 북쪽에 있던 고아시아 해양판이 중한랜드 밑으로 섭입하기 시작하면서 중한랜드 북부(중국의 내몽골과 지린성 일대)에 안데스-형 화산호가 탄생했고, 중국에서는 이 화산호를 내몽골 융기대라고 부른다. 내몽골 융기대가 높아지면서 그 무게 때문에 중한랜드는 전체적으로 가라앉았고, 그 결과 중한랜드 남부에 넓은 퇴적분지가 만들어졌다. 내몽골 화산호는 오늘날 안데스 산맥과 비슷한 높은 산악지대로 그곳에서 생겨난 침식퇴적물이 남쪽으로 쏟아져 내려 낮은 지역에 쌓였는데, 이 퇴적층을 한반도에서는 평안누층군이라고 부른다. 이 퇴적분지에 붙어 있던 얕은 바다는 평안해(平安海)로 명명되었으며(최덕근, 2014),

평안해는 후기 고생대 고테티스 해양의 한 부분이었다. 평안누층군의 퇴적작용은 트라이아스기 초(약 2억 5000만 년 전)에 끝났는데, 그 원인은 중한랜드와 남중랜드의 충돌 때문이었으며, 이 충돌로 한반도의 임진강대와 옥천대를 따라 일어난 조산운동을 송림(松林)조산운동이라고 부른다.

## 5 제3차 산소혁명사건

### | 석탄기의 지구 |

1980년대 중반 개봉되었던 영화 〈백투더퓨쳐〉에서처럼 과거로의 여행이 가능하여 우리가 만약 석탄기의 지구로 돌아갈 수 있다면, 그곳에 살고 있던 엄청나게 큰 잠자리와 전갈의 모습에 깜짝 놀랄 것이다. 잠자리 화석 중에서 큰 것(메가네우라*Meganeura*)은 날개의 길이가 75센티미터, 몸통의 길이가 30센티미터에 달했다고 알려져 있다. 전갈 화석 중에는 몸통의 길이가 1.8미터, 노래기 중에 큰 것은 2.4미터에 달했다고 하니 마치 공상과학 영화 속의 괴물을 연상시킨다. 석탄기의 잠자리와 전갈은 어떻게 몸통을 그처럼 커다랗게 키웠을까?

곤충을 포함한 절지동물의 경우 산소를 몸속 곳곳으로 보내는 호흡기관의 특성과 효율에 따라 그 크기가 정해지는 것으로 알려졌다. 실험연구에서는 산소 농도가 높으면 곤충들의 대사율이 높아진다고 한다.

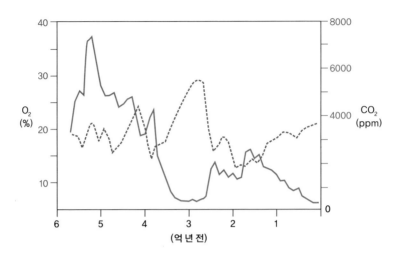

**그림 7-11.** 현생누대 기간 중 산소와 이산화탄소 농도 변화.
파란 점선은 산소 농도를, 빨간 실선은 이산화탄소 농도를 나타낸다.

사실 산소 농도와 절지동물 몸집의 크기의 연관성에 관한 문제는 그동안 논란거리였지만, 최근 연구에서는 곤충의 경우 산소 농도가 높아지면 몸의 크기가 커진다는 결론을 지지한다(Harrison et al., 2010). 실제로 대기 중 산소 농도의 변동에 관한 수치모델 연구에서 후기 석탄기와 전기 페름기는 현생누대 기간 중에서 산소 농도가 가장 높았던 시기로 알려졌다(Berner, 2006). 이처럼 산소 농도가 높았던 기간을 제3차 산소혁명사건이라고도 부르는데, 석탄-페름기에 산소 농도가 가장 높았던 때는 27~35퍼센트로 현재의 21퍼센트와 비교하면 무척 높았다. 그러면 석탄-페름기에 산소 농도가 높았던 배경은 무엇일까?

대기의 산소 농도는 퇴적물 속에 얼마나 많은 유기물이 매몰되느냐에 따라 변동한다. 실제로 석탄기라는 지질시대 이름에서 알 수 있는 것처럼 석탄기 퇴적층에는 엄청난 양의 석탄이 매장되어 있다. 전 세계 석탄 매장량의 90퍼센트는 석탄-페름기에 생성된 것으로 알려져 있다. 석탄을 학술적으로 정의하면 주로 식물의 유해로 이루어진 퇴적암의 한 종류로, 암석에서 식물체가 차지하는 비중이 무게 50퍼센트 이상, 부피 70퍼센트 이상인 암석이다. 그래서 석탄을 학술적으로 번역하면 '옛날의 울창한 수풀'이다. 먼 옛날 울창한 수풀을 이루고 있던 나무들이 쌓이고 쌓여 두꺼운 퇴적층을 이루었다가 이들이 높은 압력과 열의 영향으로 단단히 굳어 '석탄'이라고 하는 암석을 이룬 것이다. 그렇다면 왜 석탄기에만 유독 식물들이 많이 파묻혔을까?

오르도비스기에 육상으로 진출한 식물이 울창한 수풀을 이루기까지 거의 1억 년이라는 시간이 걸렸다. 식물이 수풀을 이루기 시작한 때는 데본기 말로 대략 3억 7500만 년 전이다. 하지만 석탄기의 유기물 매몰에는 육상식물뿐만 아니라 바다에 살던 식물성·동물성 플랑크톤도 크게 기여했다.

석탄기 시작할 무렵은 로라시아와 곤드와나 대륙이 충돌하면서 합쳐져 초대륙 판게아가 만들어진 시기였고, 두 대륙의 충돌로 인해 오늘날 히말라야에 버금가는 거대한 산맥이 솟아올랐다. 그러자 산맥의 양쪽으로 광활한 충적평야가 펼쳐졌고, 충적평야를 흐르는 강을 따라 덩치가 큰 나무들이 자라면서 수풀이 곳곳에 우거졌다. 석탄기의 특징적인 식물로 아르카이오프테리스, 인목(Lepidodendron), 고사리 등은 키가 30~50미터에 이르렀던 것으로 알려졌다. 그런데 이 시기 식물들의 특성 중 하나는 뿌리가 매우 얕았다는 점이다. 나무의 키는 컸는데 뿌리가 얕으니까 어느 정도 자란 나무는 쉽게 쓰러졌다. 나무를 이루는 주성분은 리그닌(lignin)과 셀룰로오스(cellulose)로 식물이 죽으면 이 물질들은 세균을 통해 분해되며, 이때 산소가 쓰이게 된다.

오늘날 지구환경에서는 나무가 죽으면 세균의 활동으로 모두 분해되어버리기 때문에 이들이 퇴적물 속에 파묻히는 일이 흔하지 않다. 그런데 석탄기에는 리그닌이나 셀룰로오스를 분해하는 세균이 등장하지 않았다. 따라서 나무가 죽어 쓰러져도 분해되지 않았고, 그 결과 엄청나게 많은 식물체가 퇴적물 속에 매몰되었다. 울창한 수풀에서의 광합성 활동으로 산소 생산량은 늘어났는데도 불구하고, 산소가 소비되지 않았기 때문에 대기 중 산소 농도는 늘어날 수밖에 없었다. 한편, 퇴적물 속에 식물(또는 유기질 탄소)이 많이 매몰되면 될수록 분해되어 대기 속으로 돌아가는 탄소의 양이 적어지므로 대기 중 이산화탄소의 농도는 크게 줄어들었다.

## 후기 고생대 빙하시대

고생대에는 두 번의 빙하시대가 있었다. 한 번은 전기 고생대인 오르도비스기 말엽이었고, 다른 한 번은 후기 고생대 석탄-페름기였다. 후기 고생대 빙하시대의 기록은 당시 남반구의 고위도 지방에 있었던 곤드와나 대륙에 남겨졌다. 후기 석탄기의 빙하퇴적층은 주로 아프리카와 남아메리카 대륙에 분포하며, 전기 페름기에는 그 영역이 넓어져 아프리카와 남아메리카 외에도 남극 대륙, 인도, 오스트레일리아 지방에서도 빙하퇴적층이 보고되었다.

후기 고생대 빙하시대는 3억 2600만 년 전에서 2억 6700만 년 전까지 지속되었던 것으로 알려져 그 기간이 6000만 년에 이른다. 하지만 그 기간 내내 계속 추웠던 것은 아니다. 후기 고생대 빙하시대는 후기 석탄기의 3억 2600만 년 전에서 3억 1200만 년 전까지 지속되었다. 그 후 3억 1200만 년 전에서 3억 년 전 사이의 기간에는 빙하의 흔적이 거의 알려져 있지 않은데, 이 기간은 이산화탄소 함량(1500ppm)이 비교적 높아 따뜻했던 것으로 보인다. 그러다가 3억 년 전에서 2억 9000만 년 전 사이에 다시 혹독한 빙하시대를 맞이했고, 그 후에는 빙하활동이 다시 약화된 양상을 보여준다(Fielding et al., 2008).

석탄기에는 바리스칸 조산운동과 애팔래치아 조산운동으로 높은 산맥이 솟아올랐고, 그 결과 활발해진 풍화작용으로 인해 이산화탄소의 농도가 감소했을 것이다. 그러므로 이산화탄소의 감소 때문에 약해진 온실효과는 후기 고생대 빙하시대의 중요한 원인이라고 생각된다. 당시 이산화탄소 함량은 500피피엠 미만이었던 것으로 알려졌는데, 그 이전과 이후에 이산화탄소의 농도가 무척 높았던 점을 고려할 때, 이산화탄소 농도 변화가 빙하시대의 시작과 끝을 이끈 결정적 요소라고 생각된다(Royer, 2006).

후기 고생대 빙하시대는 우거진 수풀로 인한 식물의 대량 매몰과 높은 산맥의 형성에 따라 활발해진 풍화작용의 결과 이산화탄소가 줄어들면서 시작되었다. 그리고 페름기 후반 지구의 기후가 전반적으로 건조해지면서 수풀이 사라지고 풍화작용이 약화된 결과 이산화탄소가 늘어나면서 끝났다.

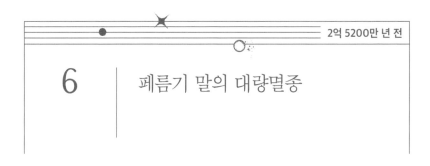

# 6 페름기 말의 대량멸종

## 5대 생물 대량멸종 시기

생물의 역사를 살펴보면, 모든 생물은 태어나서 한동안 번성하다가 결국 지구상에서 사라지게 된다. 현생누대 기간 중에는 많은 생물이 한꺼번에 사라진 시기가 여러 차례 있었는데, 그중에서도 특히 대규모의 생물 멸종이 있었던 다섯 번의 시기를 5대 생물 대량멸종시기라고 부른다. 그 시기는 오르도비스기 말(4억 4400만 년 전), 데본기 후기(3억 7200만 년 전), 페름기 말(2억 5220년 전), 트라이아스기 말(약 2억 년 전), 백악기 말(6600만 년 전)이다. 5대 생물 대량멸종 시기 중에서도 특히 페름기 말의 멸종이 규모면에서 가장 컸다.

페름기 말의 멸종시기에 과(科) 수준에서 51퍼센트, 속(屬) 수준에서 76퍼센트, 그리고 종(種) 수준에서는 무려 96퍼센트의 생물이 사라졌다. 당시 생물의 멸종은 두 번의 시기에 걸쳐서 일어났던 것으로 보이는데,

첫 번째 멸종은 중기 페름기 끝날 무렵(2억 6000만 년 전), 두 번째 멸종은 페름기 말(2억 5220만 년 전)에 일어났다.

페름기 말 두 번에 걸친 멸종사건으로 지구에서 완전히 사라진 생물이 많았는데, 대표적인 예로 삼엽충, 고생대 산호, 그리고 방추충(紡錘蟲)을 들 수 있다. 멸종 위기를 가까스로 넘긴 종류로는 완족동물, 바다나리, 암모나이트 등이 있다. 암모나이트는 단지 2속이 살아남았지만 이들은 중생대에 들어가서 암모나이트 번성의 기틀이 되었다. 이 멸종 시기를 경계로 해양생물의 내용이 크게 바뀌었다. 즉, 고생대에는 삼엽충, 완족동물, 바다나리, 산호 등이 바다를 지배했지만, 중생대에 들어서면서 어류, 이매패류와 복족류(굴, 전복, 소라 등이 속한 연체동물), 가재와 새우, 성게 등이 번성하면서 해양생태계의 모습을 완전히 바꾸어놓았다.

생물의 멸종은 비단 해양생물에만 국한되지 않았다. 육지에 살던 많은 곤충과 사지동물도 멸종했다. 사지동물에 속하는 양서류, 파충류, 그리고 포유류형 파충류 중에서 70퍼센트가량이 사라졌다. 육상식물들도 심한 타격을 받아 키 큰 겉씨식물이나 종자고사리(대표적 종류로 글로소프테리스Glossopteris) 등이 멸종하면서 석탄기와 페름기에 울창했던 수풀들이 사라졌다. 수풀이 우거졌던 자리는 키 작은 석송(石松)들로 채워졌다.

페름기 말에 현생누대 기간 중 가장 큰 멸종사건이 일어났지만, 멸종 원인을 명쾌하게 설명하는 이론은 없다. 예전에 페름기 말 멸종사건의 원인으로 석탄-페름기의 빙하기에 의한 지구의 한랭화를 지목한 적이 있는데, 문제는 후기 고생대 빙하시대가 멸종이 일어나기 거의 8000만 년 전에 시작되었고 그 지속기간도 거의 6000만 년에 달했다는 점에서 추운 기후 탓에 생물이 멸종했다고 말하기는 어렵다. 또 다른 해석에서는 고생대 끝날 무렵에 초대륙 판게아가 있었다는 데 주목했다. 대륙이 모두 모여 있으면 대륙붕의 면적이 줄어들기 때문에 얕은 바다에 살던 생물들 사이의 경쟁이 치열해져 생물이 멸종했다는 설명이다. 최근에는 페름기 끝날 무렵에 충돌했던 운석 때문에 생물이 멸종했다는 주장이 등장하면서 페름기 말 멸종 원인에 대한 문제는 더욱 혼란스러워졌다.

## 페름기 말 멸종의 원인

현재 페름기 말 멸종 원인으로 가장 강력한 지지를 받고 있는 가설은 페름기 말엽에 중국과 시베리아 지방을 중심으로 일어났던 대규모 화산분출 때문이라는 주장이다. 약 2억 6000만 년 전 중국에서 일어난 화산분출은 아미산(峨嵋山) 현무암대지로 알려져 있다. 특히 2억 5200만 년 전 시베리아에서 일어났던 화산분출은 그 면적이 200만 제곱킬로미터(한반도의 거의 10배)에 이르러 현생누대 기간 중에 일어났던 화산분출 중에서 가장 규모가 컸던 것으로 알려져 있다. 페름기 끝날 무렵에 일어났던 2번의 대규모 화산분출 시기는 페름기 말의 생물 멸종 양상과도 일치하는 것처럼 보인다.

시베리아 현무암대지에서의 화산분출은 석탄기 탄전(炭田)지대를 뚫고 올라왔기 때문에 화산분출로 뿜어져나온 이산화탄소와 석탄층이 타면서 발생한 이산화탄소와 메탄의 양이 더해져 엄청난 양의 온실기체가 대기 중으로 방출되었다. 잘 알려져 있는 것처럼 메탄은 이산화탄소보다 20배 더 강력한 온실기체다. 온실기체의 증가에 따른 지구온난화

북극해

러시아

페름기 말 현무암
분출 지역

러시아

중국

**그림 7-12.** 페름기 말엽에 시베리아 지방에서 분출한 화산암 분포지역

는 지구환경을 크게 바꾸어 놓있다.

특히 극지방에서 빙하가 사라지고 수온이 올라감에 따라 바다 깊은 곳으로 산소를 공급하던 해류의 흐름이 없어졌다(현재는 극지방의 차가운 물이 무겁기 때문에 가라앉아 저위도 지방의 깊은 바다에 많은 산소를 공급하고 있다.). 그 결과 얕은 바다와 깊은 바다의 바닷물이 섞이지 않기 때문에 깊은 바다에는 산소가 없는 환경이 되었다. 지구온난화에 따른 해양에서의 무산소 현상은 지구환경에 여러 가지 폐해를 가져왔는데, 이 내용을 바탕으로 페름기 멸종사건을 설명하려는 다양한 시도가 이루어졌다.

첫 번째 시도는 해양에서 무산소 영역의 확장이었다. 깊은 바다를 채우고 있던 무산소 영역이 얕은 바다로 확장되면서 그곳에 살던 동물들을 멸종시켰다는 해석이다. 실제로 페름기와 트라이아스기 경계의 약 2000만 년에 걸친 퇴적층 구간에서 저산소 또는 무산소 환경이 지속되었다는 증거가 알려졌다(Isozaki, 1997). 하지만 해양에서 아무리 무산소 영역이 확장된다고 해도 얕은 부분은 일반적으로 파도의 영향으로 산소가 잘 섞이기 때문에 얕은 곳에 살던 생물까지 모두 멸종시키지는 못했을 것이다. 또 해양에서의 무산소 영역 확장으로 육상에서 살던 동식물의 멸종을 설명하기는 어렵다.

두 번째 해석은 깊은 바다에서 세균의 활동으로 생겨난 이산화탄소 함량이 늘어나면서 이들이 얕은 바다로 올라와 그곳에 살던 생물을 멸종시켰다는 설명이다(Knoll et al., 1996). 실제로 이산화탄소 농도가 높으면 동물이 죽을 가능성은 무척 크다. 이 가설의 문제점은 첫 번째 해석과 마찬가지로 육상에 살던 생물, 특히 식물의 멸종을 설명하기 어렵다. 이산화탄소가 증가하면 식물이 광합성 활동하기에 오히려 더 유리하지 않았을까!

세 번째 해석은 해양에서 늘어난 황화수소($H_2S$)에서 그 원인을 찾는다. 해양에서 무산소 영역이 지속되었던 기간에 황산염환원균(sulfate-reducing bacteria)의 활동이 활발해지면서 깊은 바다에서 황화수소의 양이 크게 늘어났으리라 예상된다. 그곳에서 황화수소의 농도가 어느 수준을 넘어서면 황화수소가 부글부글 끓어오르면서 얕은 바다와 대기로 솟아오를 수 있다는 연구가 발표되었다(Kump et al., 2005; Meyer and Kump, 2008). 이 연구에 따르면, 페름기 말에 기권으로 방출된 황화수소의 양은 현재 화산에서 방출되는 양의 2000배 이상이었다는 계산이다. 황화수소는 유독성 물질로 해양과 육상 생물을 멸종시키기에 충분했을 것으로 추정된다. 이울러 황화수소가 성층권까지 올라가면 그곳에서 오존과 반응하여 오존층이 크게 얇아진다는 결론도 예측되었다. 생물들에게는 오존층이 얇아짐에 따른 피해도 있었을 것이다.

네 번째 원인으로는 이산화탄소와 메탄에 의한 온실 효과로 지구의 기온이 생명에 치명적일 정도로 올라갔다는 해석이다. 실제로 폐름기 말에 대기 중 이산화탄소와 메탄의 함량이 급증한 양상을 보여준다. 대부분의 동물은 섭씨 40도에 이르면 죽으며, 45도를 넘으면 거의 모든 동물이 죽는다고 알려져 있다. 그러므로 고온의 열 때문에 동물이 멸종할 가능성은 커 보인다. 그런데 저위도 지방에 살던 동물은 고위도 지방으로 이주하면 살아남을 수 있지 않았을까!

폐름기 말에 일어났던 생물의 대량멸종은 중국과 시베리아에서 일어났던 두 번의 대규모 화산활동에 따른 기후 온난화와 해양에서 무산소 영역의 확장이 중요한 역할을 했을 것이다. 하지만 많은 생물을 멸종시킨 구체적인 원인을 밝히기 위한 연구가 이루어져야 한다.

# 8장

# 어른이 된 지구 2

중생대

중생대(中生代)는 2억 5220만 년 전에서 6600만 년 전까지의 기간으로, 트라이아스기, 쥐라기, 백악기로 나뉜다. 판구조적으로는 판게아 조대륙이 분리되는 시기다. 이 기긴 중 대기의 산소 함량은 현재보다 낮고, 기후는 현생누대 기간 중 가장 따뜻해 빙하시대가 존재하지 않았다.

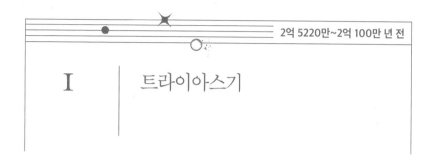

# I | 트라이아스기

## | 황폐해진 지구 |

페름기 말의 대량멸종사건을 겪고 난 후, 지구 생태계는 완전히 황폐해졌다. 당시 초대륙 판게아는 남북으로 길게 늘어선 엄청나게 큰 대륙이었기 때문에 바다에서 멀리 떨어진 대륙 가운데는 대부분 사막이었다. 이산화탄소와 메탄에 의한 온실효과로 지구는 초고온 상태였으며, 산소 농도는 캄브리아기 이후 가장 낮은 상태였다. 높은 온도와 낮은 산소 농도는 생물이 살아가기에 무척 불리한 조건이었다. 당시 해수면 가까운 곳의 산소 농도는 오늘날 해발 4,000~5,000미터에 이르는 산악지역의 산소 농도와 비슷했다. 대부분의 동물은 고도가 낮은 지역에 밀집되어 생물 사이의 먹이 경쟁이 치열했을 것으로 추정된다. 시간이 흐름에 따라 환경에 적응하자 생물권은 다시 다양해지기 시작했다.

트라이아스기 초의 퇴적층에서 눈에 띄는 특징 중 하나는 조간대 환

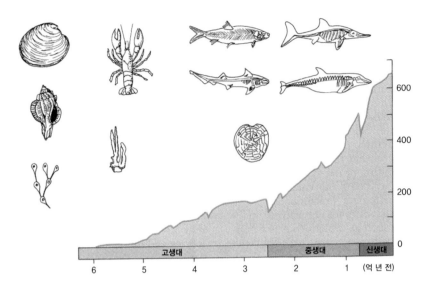

**그림 8-1.** 현대 동물군은 주로 연체동물(조개와 소라 등), 성게, 새우와 가재, 어류 등으로 이루어진다. 이들은 중생대 이후 번성하였다.

경에서 형성되는 스트로마톨라이트가 많아졌다는 점이다. 스트로마톨라이트는 남세균을 통해 만들어지는데, 페름기 말 남세균을 먹이로 하는 동물이 대부분 멸종했기 때문으로 추정된다. 전기 트라이아스기 들어서서 빠르게 번성한 생물은 연체동물에 속하는 암모나이트였다. 페름기 말 멸종에서 살아남았던 암모나이트는 2속에 불과했지만, 빠르게 번성하여 100속 이상으로 다양해졌다. 그리고 조개(이매패류), 소라(복족류), 성게, 어류가 많아져 트라이아스기 해양의 모습을 바꾸어놓았다. 이러한 트라이아스기 해양생물계는 오늘날의 모습과 비슷하다. 그래서 중생대 이후의 해양생물계를 '현대 동물군'이라고 한다.

위에서 언급한 무척추동물 외에도 바다에 잘 적응했던 파충류인 어룡(ichthyosaur)과 수장룡(plesiosaur)이 있다. 이들은 몸 길이가 10~20미터에 달하여 중생대의 바다를 지배했다. 특히 세계 곳곳의 자연사박물관을 장식하고 있는 어룡은 오늘날의 돌고래와 비슷한 몸집을 가지며, 파충류에 속하지만 새끼를 낳았던 것으로 보인다. 육상에서는 공룡과 포유류가 다가올 시대의 주인공으로서의 역할을 준비하고 있었다.

| 트라이아스기 말의 대량멸종 |

페름기 말의 대량멸종으로부터 살아남았던 종류들이 트라이아스기에 다시 번성하면서 생물권은 다양화해졌지만, 트라이아스기 말에 또 다른 대량멸종 사건을 겪게 된다. 멸종 규모는 과(科)에서 22퍼센트, 속(屬)에서 40퍼센트, 그리고 종(種)에서 약 80퍼센트가 멸종한 것으로 알려져 있다. 해양생물 중에서 특히 심한 타격을 입은 종류는 이매패류(90% 멸종), 완족동물(80% 멸종), 암모나이트 등이다. 트라이아스기 말 대량멸종에서는 해양생물계뿐만 아니라 육상 척추동물도 심한 타격을 받았다. 특히 '포유류형 파충류'가 많이 멸종하였다. 한편 공룡들은 트라이아스기 말 멸종 시기 이후에 크게 번성하였다.

트라이아스기 말의 멸종 원인도 페름기 말에서와 마찬가지로 운석 충돌과 화산분출 때문이라는 주장이 대립하고 있지만, 화산분출에 좀 더 무게가 실리는 듯하다. 생물의 대량멸종은 트라이아스기 말(약 2억 년 전)에 일어났는데, 알려진 운석 충돌 시기가 그보다 수백만 년에서 1000만 년 이상 앞서기 때문이다.

트라이아스기 말에 있었던 대규모 화산분출은 초대륙 판게아가 갈라지는 움직임과 관련이 있다. 판게아 초대륙에서 지금의 아프리카와 북아메리카 대륙 사이에서 일어났던 화산활동은 그 규모에 있어서 페름기 말의 시베리아 화산분출과 견줄만 했다. 당시 화산활동의 흔적이 현재 북아메리카 동부, 아프리카 북서부, 그리고 남아메리카의 북동부에 남겨져 있어 이 지역을 중앙대서양 마그마지대(Central Atlantic Magmatic Province)라고 부른다(Marzoli et al., 1999). 약 2억 년 전 무렵, 중앙대서양 마그마지대에서의 화산활동은 페름기 말의 시베리아 화산활동의 영향과 (규모에서는 작았지만) 거의 비슷했을 것으로 예상된다. 즉, 화산활동으로 방출된 온실기체 때문에 발생한 온난화와 해양에서의 무산소 영역의 확장이 생물의 멸종을 이끌었다는 생각이다.


## 초대륙 판게아의 붕괴


판구조론의 관점에서 보면, 중생대는 판게아 초대륙이 분리되어 여러 개의 작은 대륙들로 나뉘는 시기다. 하지만 트라이아스기에는 기본적으로 페름기 말의 판게아 초대륙 모습을 유지하였다. 지리적으로 중요한 변화는 곤드와나 대륙의 가장자리에서 일어나기 시작하였다. 오랫동안 곤드와나 대륙에 속했던 킴메리아(Cimmeria: 터키, 이란, 티베트, 인도차이나를 포함한 땅덩어리) 대륙이 트라이아스기 초엽에 곤드와나 대륙을 떠나 북쪽으로의 여행을 시작하였다. 이때, 곤드와나 대륙과 킴메리아 대륙 사이에 탄생한 바다가 테티스해(Tethys Sea)다. 테티스해의 열림이 서

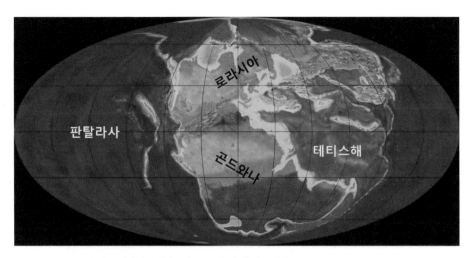

**그림 8-2.** 중기 트라이아스기(약 2억 2000만 년 전)의 고지리도.
판게아 초대륙은 북반구의 로라시아 대륙과 남반구의 곤드와나 대륙으로 이루어진다.

쪽으로 확장되면서 현재의 남부 유럽에 해당하는 땅덩어리들도 곤드와나 대륙을 떠나기 시작하였다.

트라이아스기에 접어들어 일어났던 동아시아 지역에서의 중요한 변화로는 시베리아 대륙과 중한랜드, 중한랜드와 남중랜드의 충돌(이때 일어난 조산운동을 우리나라에서는 송림조산운동이라고 한다.)로 동아시아 대륙(한반도 포함)의 모태가 형성된 점이다. 이 충돌에서 새롭게 형성된 동아시아 대륙판과 대륙 가장자리에서 일어난 고태평양판의 섭입으로 한반도 주변에는 쥐라기 화강암(대보 화강암)의 관입과 주향이동 단층작용에 의한 지각 변동이 일어났다. 이 과정에서 한반도 곳곳에 소규모의 퇴적분지들이 형성되었고, 이 퇴적분지에 충적선상지와 호수 퇴적물이 쌓였다. 이때 쌓인 퇴적층을 우리나라에서는 대동누층군(大同累層群)이라고 부른다.

**그림 8-3.** 후기 쥐라기(약 1억 5000만 년 전)의 고지리도

판게아 초대륙이 본격적으로 분리되기 시작한 때는 쥐라기 중반이지만, 초대륙의 갈라짐이 모든 곳에서 동시에 일어난 것은 아니다. 판게아 초대륙이 갈라지기 이전인 후기 트라이아스기에 판게아 초대륙 아래에서 뜨거운 상승류가 올라와 현재의 북대서양 자리에 깊은 골짜기들이 형성되었다. 이 골짜기가 넓어지면서 커다란 퇴적분지들이 형성되었는데, 이따금 해수면 상승으로 넘친 바닷물이 골짜기를 채운 다음 증발하여 두꺼운 소금층을 쌓았다. 그 뒤를 이어서 약 2억 년 전 북아메리카와 아프리카 대륙 사이에서 대규모 화산활동이 일어났다(중앙대서양 마그마지대). 이후 쥐라기 중반에 이르러 중앙대서양 마그마지대가 넓어지면서 오늘날의 북대서양이 탄생하였다.

트라이아스기에 태어났던 테티스해는 킴메리아 대륙이 북쪽으로 이동하면서 계속 넓어져 쥐라기와 백악기 동안 저위도 지역에 넓고 따뜻

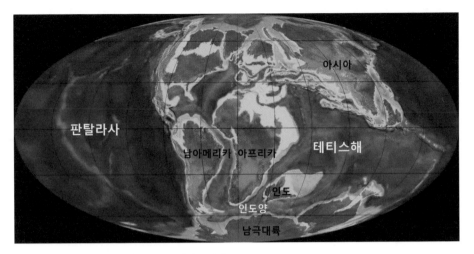

**그림 8-4.** 중기 백악기(약 1억 년 전)의 고지리도

한 바다를 이루고 있었다. 이 따뜻한 바다에는 산호초와 플랑크톤을 비롯한 다양한 생물이 번성했다. 이들의 유해가 퇴적물 속에 매몰되어 오늘날 산유국이 몰려 있는 중동지방의 석유 근원물질이 되었다. 현재 우리가 쓰고 있는 대부분의 석유 관련 공산품은 중생대 테티스해에 살았던 생물로부터 나왔다는 이야기다. 쥐라기 후반에 킴메리아 대륙은 중한랜드/남중랜드/시베리아 대륙과 충돌해 아시아 대륙의 모태를 만들어나가기 시작한다.

판게아 초대륙, 그중에서도 곤드와나 대륙이 여러 개의 작은 대륙으로 갈라지기 시작한 것은 백악기 중반에 이르렀을 때였다. 1억 3000만 년 전에 남아메리카/아프리카 대륙과 인도/오스트레일리아/남극 대륙의 사이가 갈라지면서 인도양이 탄생했다. 약 1억 년 전에는 남아메리카와 아프리카 대륙이 분리되면서 만들어진 남대서양이 북대서양과 연결되었고, 인도 대륙과 오스트레일리아/남극 대륙의 사이가 열리면서 인도양도 확장되기 시작하였다. 이후 대서양과 인도양의 확장은 신생대로 이어져 지금까지도 계속되고 있다.

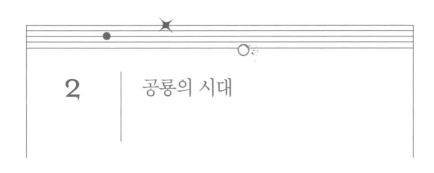

# 2 | 공룡의 시대

공룡이라는 단어는 우리에게―특히 어린이에게―무척 친숙하다. 영화와 만화에서 공룡을 많이 다루었기 때문이리라. 그런데 공룡(恐龍, dinosaurs)이라는 용어는 생물분류학에서 쓰는 공식적인 명칭이 아니다. 생물분류체계에서는 공룡이라는 용어가 존재하지 않는다. 그렇다면 공룡이란 무엇일까? 공룡을 쉽게 정의하면, '중생대 육상에서 살았던 곧추선 다리를 가진 파충류'이다. 이 정의에서 네 단어가 중요하다. 중생대, 육상, 곧추선 다리, 그리고 파충류가 그것이다. 이 네 가지 요건을 충족시키지 않으면 공룡이 아니다. 예를 들면, 익룡이나 새는 공중을 날기 때문에 공룡이 아니며, 어룡과 수장룡은 물속에서 살기 때문에 공룡이 아니다.

공룡은 종류는 분류학적으로 용반목(龍盤目)과 조반목(鳥盤目)으로 나넌다. 조반목 공룡은 새와 같은 골반을 가지며, 모두 초식동물이다. 반면에 용반목 공룡은 도마뱀같은 골반을 가지며, 초식동물도 있고 육식동물도 있다. 공룡은 두 발 또는 네 발로 걷는다. 공룡 중에 덩치가 큰것은 몸 길이가 45미터에 이르는데, 이들은 모두 용반목에 속하며 네발로 걷는다.

화석기록으로 가장 오래된 공룡은 후기 트라이아스기(약 2억 3000만 년 전) 지층에서 발견되었으며, 거의 같은 시기에 하늘을 나는 파충류인 익룡(翼龍)과 바다에 사는 어룡과 수장룡이 등장하였다. 따라서 중생대의 육지와 하늘, 바다를 모두 파충류가 지배하게 되었고, 그래서 중생대를 '파충류의 시대'라고 말하기도 한다.

| 공룡의 번성과 진화 |

공룡은 트라이아스기에 등장했지만, 다른 파충류에 밀려 번성하지 못했다. 공룡이 번성하기 시작한 것은 트라이아스기 말 대량멸종 사건이 일어난 이후였다. 쥐라기에 들어서면서부터 다양해진 공룡은 백악기에 크게 번성하다가 백악기 끝날 무렵 지구상에서 완전히 사라졌다. 최근 중국에서 다양한 모습의 털 달린 공룡이 발견되면서 새가 용반목 공룡으로부터 진화했다는 이론이 확립되었다. 다른 측면에서 보면 공룡은 멸종된 것이 아니라 새의 모습으로 탈바꿈하여 더욱 번성하고 있다고 이야기할 수도 있다. 새 화석으로 가장 오래된 것은 시조새(*Archaeopteryx*)로 독일의 후기 쥐라기 석회암층에서 발견되었다. 백악기에는 더욱 많

은 새 화석의 발견이 보고되었다.

우리의 조상 포유류(哺乳類, mammals)도 공룡과 거의 같은 시기인 후기 트라이아스기에 출현한 것으로 알려져 있다. 하지만 포유류는 공룡과 달리 중생대 생물계에서 그 모습이 돋보이지는 않았다. 당시 포유류는 오늘날 쥐 정도의 크기로 매우 작았고, 주로 밤에 활동하는 야행성 동물이었다. 포유류는 공룡이 멸종한 후 신생대에 들어와서 중생대 당시 공룡의 생태적 자리를 차지하면서 지구 생물계의 주인공으로 등장하게 된다.

트라이아스기 후반에 처음 등장한 공룡은 쥐라기 이후 다양화해지고 번성하여 중생대 육상생물계를 지배하게 되었다. 공룡이 중생대 육상 생물계를 지배할 수 있었던 이유는 무엇일까? 최근에 제안된 흥미로운 가설 중 하나는 공룡이 정교하고 효율적인 호흡계를 가졌기 때문이라는 해석이다(Ward and Kirschvink, 2015).

공룡이 처음 등장했던 후기 트라이아스기와 쥐라기는 대기 중 산소의 농도가 12~15퍼센트로 캄브리아기 이후 최저 수준이었다. 현재 해발 3,000~4,000미터의 고산지대에 해당하는 산소 농도로는, 생물들이 호흡하기에 산소량이 충분치 않았을 것이다. 그런데 초기의 공룡은 두 발로 보행을 했고, 새로운 유형의 허파를 가졌기 때문에 산소 농도가 낮은 환경에 잘 적응했다. 현생 파충류, 조류, 포유류의 허파는 기본적으로 두 가지 형태—허파꽈리로 이루어진 허파와 격막으로 이루어진 허파—로 나뉜다고 한다. 현생 포유류는 모두 허파꽈리로 이루어진 허파를 가지지만, 거북, 도마뱀, 새, 악어는 격막으로 이루어진 허파를 갖고 있다.

허파꽈리 허파는 허파꽈리라는 혈관이 잘 분포되어 있는 작고 둥근 주머니 수백만 개로 이루어져 있으며, 공기는 이 주머니 속을 들락날락 한다. 그러므로 동일한 통로를 통해 산소를 들이마셨다가 내보내기 때문에 비효율적이며, 사용하는 에너지에 비하여 흡수하는 산소량이 적다. 반면에 파충류와 조류의 격막 허파는 격막으로 허파 내부가 작은 방으로 나뉘어져 있다. 특히 새(조류)의 허파는 기낭(氣囊, air-sac)이라는 부속기관이 달려 있는데, 숨을 쉴 때 공기가 기낭들을 차례로 지나간다. 새가 숨을 들이마시고 내쉴 때 공기가 한 방향으로 이동하기 때문에 허파꽈리 허파에서처럼 들숨과 날숨이 섞이지 않는다. 따라서 산소 흡수량이 많아진다. 그런데 공룡 중에서 용반목에 속하는 공룡은 기낭을 가진 허파를 가졌지만, 조반목 공룡에서는 아직 기낭을 가졌다는 증서가 발견되지 않았다.

결론적으로 산소 농도가 낮은 환경에서는 기낭을 가진 격막 허파가 허파꽈리 허파보다 훨씬 더 효율적인 체계였다. 공룡은 다른 파충류나 포유류에 비해서 효율적인 기낭을 가진 호흡계였기 때문에 트라이아스기 말의 멸종으로부터 살아남았고, 산소 농도가 전반적으로 낮았던 쥐라기에 성공적으로 번성할 수 있었던 것으로 보인다.

## 겉씨식물의 진화와 속씨식물의 등장

페름기 말의 대량멸종사건이 지구 역사상 가장 컸던 멸종사건이기는 하지만, 고생대의 주요 식물군은 이 멸종으로부터 대부분 살아남았다.

전기 트라이아스기에는 석송류가 우세했지만, 중기 트라이아스기 이후부터 겉씨식물이 다양화되었다. 겉씨식물 중에서 가장 번성했던 종류는 소철류(蘇鐵類)인데 특히 쥐라기에 크게 번성하여 쥐라기를 '소철의 시대'라고 부르기도 한다. 소철류 다음으로 번성했던 겉씨식물은 구과류(毬果類)다. 구과류는 솔방울 모양의 열매를 가지는 식물로 현생 겉씨식물 중에서 가장 많은 양을 차지한다. 대표적인 구과류로는 소나무, 측백나무, 주목 등이 있다. 세 번째로 많았던 겉씨식물은 은행(銀杏)이다. 은행은 페름기에 처음 출현했으며, 중생대에 번성한 이후 현재는 전 세계적으로 오직 한 종만이 살고 있다. 중생대의 수풀은 대부분 소철류, 구과류, 은행으로 이루어졌기 때문에 지금의 수풀과 비교하면 그 모습이 훨씬 단조로웠다. 현재의 수풀에서 다양한 모습을 보여주는 속씨식물은 백악기 중반에 이르렀을 때 출현했기 때문이다.

백악기에 육상생태계에서 일어났던 큰 변화는 속씨식물의 등장이다. 속씨식물은 현재 지구상에서 가장 풍부하고 다양한 육상식물로 학계에 보고된 종류만 해도 25만 종이 넘는다. 속씨식물이 출현한 것은 전기 백악기(약 1억 2000만 년 전)이지만, 수와 형태적으로 빠르게 발전하여 신생대에 들어가서 육상식물계를 지배하게 된다. 그래서 신생대를 '속씨식물의 시대'라고 한다. 지금 우리 주변에서 볼 수 있는 식물의 대부분은 속씨식물에 속한다.

속씨식물의 중요한 특징은 꽃을 갖고 있으며, 생식과정에서 중복수정한다는 점이다. 중복수정은 속씨식물의 꽃가루가 암술머리에 떨어져 수분이 일어날 때, 화분관이 자라나서 그 속에 들어 있는 두 개의 정핵(精核)이 각각 수정된다. 정핵 하나는 난세포와 만나 수정란이 되고, 이

것은 나중에 식물로 성장하는 배(胚)를 형성한다. 다른 하나는 극핵을 지닌 중심세포와 수정하여 배가 성장할 때 영양분을 공급하는 배젖이 된다. 겉씨식물은 중복수정을 하지 않기 때문에 씨앗이 발아하는데 많은 시간이 걸린다. 식물의 번식주기를 보면, 겉씨식물의 경우는 적어도 18개월이 걸리는 데 반하여 속씨식물의 경우는 몇 주 밖에 걸리지 않는다. 속씨식물은 번식하는 데 시간도 적게 들고 훨씬 효율적이다.

　속씨식물의 또 다른 특징은 번식할 때 곤충의 도움을 받는다는 점이다. 속씨식물의 꽃은 곤충에게 꿀을 제공하면서 곤충으로 하여금 꽃가루를 이 꽃에서 저 꽃으로 옮기도록 한다. 특정한 식물은 특정한 곤충을 끌어들이고, 또 특정한 곤충은 특정한 꽃을 좋아하는 경향이 있기 때문에 꽃과 곤충의 협력관계를 통하여 종분화(種分化)가 일어나 백악기 이후 속씨식물과 곤충이 다양해지고 번성하였다.

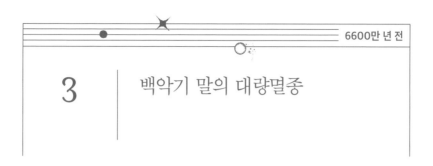

# 3 | 백악기 말의 대량멸종

## | 소행성의 충돌 |

백악기 말의 대량멸종은 K-T 대량멸종이라고도 부른다. 여기서 K는 백악기(K는 독일어 Kreide에서 따왔다)를, T는 제3기(Tertiary)의 약자이다. 백악기 말에 일어났던 동물의 멸종 비율을 보면 과(科) 수준에서 16퍼센트, 속(屬) 수준에서 47퍼센트, 종(種) 수준에서 75퍼센트에 이른다. 좀더 자세히 살펴보면, 공룡과 암모나이트, 그리고 중생대의 특징적인 조개(이매패류)가 모두 멸종했고, 대부분의 해양 플랑크톤도 이 K-T 경계를 넘어서지 못했다. 반면에, 포유류, 새, 거북, 악어, 도마뱀 등은 살아남았다.

백악기 말 대량멸종사건은 공룡이 멸종했기 때문에 유명하지만, 더욱 유명해진 것은 1980년 미국 UC 버클리 대학교의 월터 알바레즈 (Walter Alvarez) 교수 연구팀이 지름 10킬로미터의 소행성이 지구에 충돌하면서 공룡이 멸종했다는 가설을 발표했기 때문이다(Alvarez et al., 1980). 연구팀은 이탈리아 구비오(Gubbio) 지역의 K-T 경계에 있는 두께 2센티미터 점토층의 퇴적 속도를 측정하기 위해 화학분석을 하다가 놀랍게도 점토층에 들어 있는 이리디움(Iridium) 원소의 양이 위아래의 지층보다 30~40배 많다는 사실을 알게 되었다. 이리디움은 원자번호 77로 무거운 원소이다. 그들은 이리디움이 운석에 많이 들어 있다는 사실에 착안하여 소행성 충돌설(asteroid impact theory)을 발표하였다. 지름 10킬로미터의 소행성 또는 혜성이 지구와 충돌하면, 그 충격으로 발생한 먼지가 대기 중에 떠올랐다가 가라앉으면서 이리디움이 많은 점토층을 쌓았다고 추정하였다. 그 후 10여 년 동안 소행성 충돌설은 지구과학 분야에서 가장 뜨거운 학술적 논쟁거리였다.

| 충돌 이후 |

1991년 멕시코의 유카탄 반도 일대에 대한 지구물리 탐사과정에서 소행성 충돌의 가능성이 큰 지점으로 칙술루브(Chicxulub)가 알려지면서 소행성 충돌설은 K-T 대량멸종의 직접적인 원인으로 자리잡게 되었다. 이밖에도 충돌과 관련된 증거가 많이 알려졌는데, 충돌할 때 순간적으로 녹았던 암석 방울이 식어 만들어진 마이크로텍타이트(microtektite)가 세계 곳곳의 K-T 경계 지층에서 발견된 것도 그중 하나이다. 마이크로텍타이트를 포함하는 지층의 두께가 멕시코에서는 1미터, 텍사스에서는 10센티미터, 그리고 뉴저지에서는 2센티미터로 알려

져 충돌 예상 지점인 칙술루브로부터 멀어짐에 따라 층 두께가 점점 얇아지는 점도 충돌의 중요한 증거가 되었다. 충돌할 때 암석에 가해진 높은 압력으로 석영 결정에 평행한 선이 생기는데, 이러한 구조가 있는 석영 광물을 충격 석영(shocked quartz)이라고 한다. 충격 석영은 K-T 경계의 지층에서 많이 관찰되었다. 또 당시 충돌한 소행성이 얕은 바다인 대륙붕 지역에 떨어졌기 때문에 충돌 직후 생겨난 해일이 멕시코만 일대로 퍼져나가면서 해일 퇴적층이 멕시코와 미국 남부 해안을 따라 쌓였다. 이러한 여러 증거가 알려짐에 따라 소행성 충돌은 K-T 생물 대량멸종의 직접적인 원인으로 지지를 받고 있다.

약 6600만 년 전에 있었던 지름 10킬로미터의 소행성 충돌은 지난 5억 동안에 일어났던 가장 커다란 소행성 충돌로 보인다. 그처럼 커다란 소행성이 충돌했을 때 일어났을 것으로 예상되는 현상은 다음과 같다. 1) 소행성 충돌로 발생한 먼지 또는 물방울이 에어로졸 형태로 기권으로 퍼져나가 지구를 완전히 감싸면서 햇빛을 차단했을 것이다. 햇빛 차단은 강수에도 영향을 미쳐 지구 평균 강수량이 90퍼센트 이상 감소했으리라고 한다. 그러한 상태가 수 개월 동안 지속되었다면 식물들이 광합성활동을 하지 못함으로써 생태계의 먹이사슬이 파괴되었을 것이다. 2) 햇빛 차단은 단지 생태계 파괴에 그치지 않고, 지구를 한동안 극심하게 추운 겨울 상태로 몰고 갔을 것이다. 3) 하지만 시간이 흐르면서 기권을 떠돌던 먼지가 가라앉으면, 기권에 들어 있던 많은 에어로졸들이 온실효과를 일으켜 극단적으로 추웠던 기후에서 극단적으로 뜨거운 기후로 바뀌게 되었을 것이다. 4) 소행성이 충돌한 당시 대륙붕 지역에는 주로 석회질 퇴적물이 쌓이고 있었는데, 그 충돌로 엄청나게 많은 이산화탄소가 대기 중으로 방출되었을 것이다. 갑자기 늘어난 이산화탄소는 지구온난화에 기여했으리라 생각된다. 그 결과 나타난 극단적으로 뜨거운 대기 상태는 에어로졸과 이산화탄소가 없어질 때까지 오랫동안(50만~100만 년) 지속되었을 것이다.

K-T 경계에서의 생물 대량멸종을 설명하는 이론으로 소행성 충돌설은 강력한 지지를 받고 있다. 하지만 모든 과학의 가설에 대한 논쟁에서 항상 그랬던 것처럼, 백악기 말의 생물 대량멸종 사건에 대해서도 소행성 충돌에 도전하는 가설이 있다. 그것은 6600만 년 전 인도에서 일어났던 엄청난 규모의 현무암 분출이다. 그것은 데칸 현무암대지(Deccan Trap)로 그곳의 현무암층 두께가 2킬로미터에 이른다고 알려져 있다. 앞에서도 언급했지만, 대규모 화산분출로 인한 해양의 무산소 영역 확장과 지구온난화도 K-T 생물 멸종에 어느 정도는 기여했다는 주장이 있다. 화산분출로 이미 약화된 지구 생태계가 소행성 충돌로 결정적인 타격을 입었다는 설명이다.

# 9장

# 지구의 황금기

신생대(新生代)는 새로운 생물들이 등장한 시대로 6600만 년
전에서 현재까지의 기간이다. 우리가 속한 포유류가 번성한
시대이자 인류가 등장한 시대이다. 소행성 충돌로부터 살아
남은 포유류는 지구 곳곳으로 빠르게 퍼져나가면서 자신의
황금기를 누리고 있다.

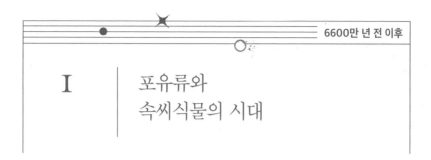

# I | 포유류와 속씨식물의 시대

## | 신생대의 대륙 재편성 |

신생대의 판구조적 특징을 요약하면, 첫째, 아프리카와 인도 대륙이 유라시아 대륙과 충돌하면서 테티스해가 소멸되고(테티스해의 흔적으로 남은 것이 지중해, 흑해, 카스피해, 아랄해 등이다.), 둘째, 알프스-히말라야 조산대가 형성되었으며, 셋째, 대서양과 인도양은 확장되는 반면, 태평양은 축소된다는 것이다.

백악기에 곤드와나 대륙으로부터 떨어져나온 인도 대륙은 북쪽으로 여행을 계속한 끝에 약 5000만 년 전에 이르러 아시아 대륙과 충돌했다. 이 충돌로 두 대륙 사이의 테티스해에 쌓였던 퇴적물이 솟아올라 히말라야 산맥을 탄생시켰고, 움직임은 지금까지도 계속되고 있다. 이 무렵 그린란드와 스칸디나비아 반도가 분리되면서 북아메리카와 유럽 대륙을 완벽하게 갈라놓았고, 대서양과 북극해가 연결되었다. 태평양

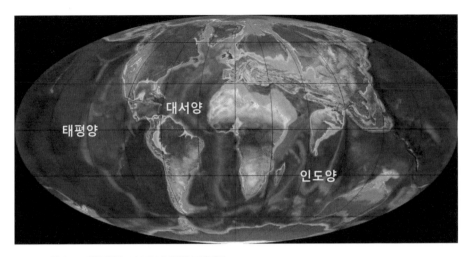

**그림 9-1.** 에오세(약 5000만 년 전)의 고지리도

의 동쪽 가장자리에서는 곳곳에서 섭입이 일어나면서 대륙 가장자리에 로키 산맥과 안데스 산맥처럼 높은 산맥들이 솟아올랐다.

약 4000만 년 전에는 남극 대륙과 오스트레일리아 대륙이 분리되면서 환남극해류가 형성되어 지구의 기후 시스템에 큰 변화를 가져왔다. 환남극해류가 저위도에서 올라오는 따뜻한 해류를 차단해 남극 대륙에 빙하가 형성될 수 있는 환경이 조성되었다.

약 3000만 년 전, 동아시아에서 일어났던 중요한 사건은 동해의 탄생이다. 아시아 대륙에서 떨어져나간 땅덩어리의 일부는 일본열도의 모태를 이루면서 동남쪽으로 이동하기 시작했다. 이 과정에서 아시아 대륙과 일본열도 사이에 생긴 분지는 태평양과 단절되어 있었기 때문에 처음에는 호수를 이루었지만, 분지가 확장되면서 2400만 년 전에 바닷물이 들어와 동해를 탄생시켰다. 이후 동해의 확장은 1000만 년 남짓

지구의 일생

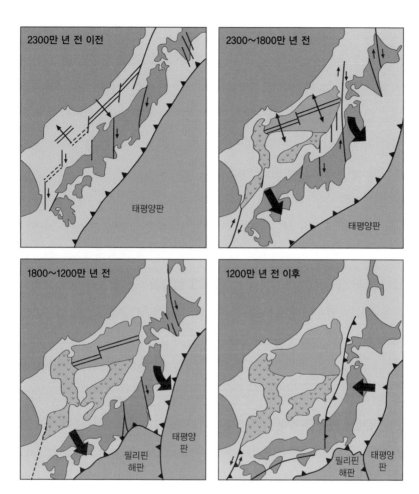

**그림 9-2.** 동해의 탄생과 진화

지속되다가 지금으로부터 1200만 년 전부터 필리핀해판과 태평양판의 미는 힘으로 인해 확장이 중단되고, 오히려 수축의 단계로 접어든 것으로 알려져 있다.

　동해의 형성과 함께 신생대에 일어났던 중요한 사건 중 하나는 아프리카 대륙의 동북쪽에 대규모 화산활동이 일어나면서 아라비아 반도가 아프리카 대륙으로부터 떨어져나간 일이다. 두 대륙이 분리된 자리에 홍해(Red Sea)와 아덴만(Gulf of Aden)이 생겨났으며, 아프리카 대륙에는 길고 넓은 골짜기인 동아프리카 열곡대(East African Rift Valley)가 형성되었다. 동아프리카 열곡대는 앞으로도 계속 확장되어 그 자리에 새로운 바다가 형성되거나, 확장이 더 이상 진행되지 않는다면 큰 하천이 만들어질 것이다.

또 지구의 환경과 생물에 큰 영향을 준 판구조 움직임은 약 300만 년 전에 일어났던 북아메리카와 남아메리카 대륙의 연결이다. 이 연결로 태평양과 대서양은 단절되었고, 해류의 흐름에 큰 변화(대표적인 예로 멕시코 난류)가 일어났으며, 북아메리카의 생물이 남아메리카로 이주하면서 남아메리카 토착종이 많이 멸종했다.


| 포유류의 번성과 진화 |


백악기 말 대량멸종 시기에 공룡은 멸종했지만, 포유류 중 일부는 그 멸종 사건에서 살아남았다. 당시 포유류가 작고 야행성이었던 점이 생존에 유리하게 작용했을 것이다. 공룡이 사라진 지구의 생태계에는 빈 곳이 많았다. 누구든지 먼저 차지하면 주인이 될 수 있었는데, 그중 가장 많은 자리를 차지한 생물이 포유류였다. 현재 포유류는 학계에 보고된 수가 5,400종에 이를 정도로 많으며, 다양한 환경에서 다양한 모습으로 살아가고 있다.

포유류가 지구에 처음 출현한 시기는 후기 트라이아스기(약 2억 2000만 년 전)지만, 거의 같은 시기에 등장한 공룡의 위세에 눌려 중생대의 생물계에서는 포유류가 돋보이지 않았다는 것이 정설로 받아들여져왔다. 하지만 최근 공룡이 멸종하기 훨씬 이전인 백악기 중반에 주요한 포유류 집단들이 번성하기 시작했다는 주장이 등장하여 많은 관심을 끌었다(Meredith et al., 2011).

오늘날의 포유류는 크게 단공류, 유대류, 태반류로 나뉜다. 단공류(單孔類)는 알을 낳는 포유류로 오스트레일리아 일대에서 살고 있는 오리너구리와 바늘두더쥐가 대표적이다. 유대류(有袋類)는 새끼를 낳아 주머니 속에서 키우는 포유류로 역시 오스트레일리아에서 살고 있는 캥거루와 코알라 등이 좋은 예다. 태반류(胎盤類)는 새끼가 태반에서 성장히여 태어나는 포유류로 우리 인류를 포함하여 수변에서 볼 수 있는 많은 동물이 여기에 속한다. 원시 태반류의 화석으로 가장 오래된 것이 최근 중국의 쥐라기 지층에서 보고되었는데, 그 나이는 1억 6000만 살로 알려졌다(Luo et al., 2011). 한편 분자생물학적 분석에 따르면, 태반류와 유대류가 갈라진 시점은 1억 9000만 년 전이라는 결론인데, 화석 자료와 큰 차이를 보여주지 않는다.

포유류가 백악기 말의 멸종 이전부터 번성했다고 해도, 포유류가 본격적으로 커지고 다양화해진 것은 신생대에 들어선 이후의 일이다. 그래서 신생대를 '포유류의 시대'라고 부른다. 팔레오세(Paleocene: 6600만 년~5600만 년 전) 초만 해도 포유류는 대부분 오늘날 쥐 정도의 크기로 작았고, 땅에 구멍을 파서 살아가는 종류가 많았다. 하지만 팔레오세 말에 종류가 다양해지면서 대부분의 현생 포유류가 출현했다. 이 무렵,

우리 인류가 속한 영장류도 등장하여 팔다리를 이용해 나무를 타면서 살았고, 말의 조상도 출현했는데 오늘날 개의 크기 정도로 작았다.

에오세(Eocene: 5600만 년~3390만 년 전)에 들어서면서 포유류의 생활양식은 더욱 다양화해졌고, 덩치도 커졌다. 예를 들면, 밤하늘을 날아다니는 박쥐가 등장했고, 물속을 헤엄치며 다니는 고래도 이 무렵 출현했다. 고래의 조상은 원래 땅 위에서 살던 육식동물이었는데 물속 환경에 적응하면서 바다에서 살기 시작했다. 현생 포유류의 중요한 집단 중 하나인 발굽을 가지는 동물(소와 말 등)도 이 시기에 출현했다. 발굽을 가지는 동물은 크게 기제류와 우제류로 나뉜다. 기제류(奇蹄類)는 뒷발의 발가락 수가 홀수인 동물로 말, 당나귀, 코뿔소 등이 대표적이다. 우제류(偶蹄類)는 뒷발의 발가락 수가 짝수인 동물로 소, 돼지, 양, 염소, 사슴, 낙타 등이 여기에 속한다. 진화석으로 보았을 때 기제류가 먼저 출현하였으며, 우제류는 에오세 말부터 번성했다. 코끼리의 조상도 에오세 초에 등장하였는데, 크기는 오늘날 돼지 정도였고, 상아와 코는 짧았다.

올리고세(Oligocene: 3390만 년~2300만 년 전)에 이르면, 포유류는 그 구성에 있어서 오늘날의 모습에 더 가까워진다. 기제류 중에서 특히 돋보이는 종류는 코뿔소의 조상으로 키가 큰 것은 오늘날의 기린에 버금갈 정도로 컸다. 시간이 흐르면서 기제류보다 우제류가 더 번성했는데, 특히 사슴에 속하는 종류가 말이나 코뿔소 종류보다 훨씬 다양해졌다. 올리고세에 이르러 코끼리는 덩치가 무척 커졌고, 상아와 코도 길어졌다. 이 기간에 주요 육식동물인 개, 고양이, 족제비의 조상들이 출현했다. 원숭이와 유인원도 이때 등장했는데, 이들의 크기는 고양이 정도였고 주로 나무 위에서 살았다.

마이오세(Miocene: 2300만 년~533만 년 전)에는 고래의 종류가 다양해졌는데, 육식을 하는 향유고래, 플랑크톤을 주로 먹는 수염고래, 돌고래 등이 대표적이다. 올리고세에 이어 말과 코뿔소 등 기제류는 더욱 줄어들었다. 반면에 우제류에 속하는 동물들이 크게 번성했는데, 우리에게 친숙한 소, 양, 염소, 사슴, 기린, 돼지 등이 있다. 코끼리도 상아와 코가 길어지면서 크게 번성했지만 최근에 들어와서 줄어드는 추세다. 지금은 세 종의 코끼리가 아프리카와 인도에 서식하고 있을 뿐이다. 마이오세에 들어서면서 포유류가 번성한 배경에는 기후가 차가워지면서 나무가 듬성듬성 나 있는 초원의 등장이 있다.

## 마이오세의 기후 한랭화와 초원의 확장

마이오세 중반(약 1500만 년 전)에 전 지구적으로 기후가 추워지고 건조해지면서 수풀의 면적이 줄어들었다. 이와 같은 식생의 변화는 육상동물에게도 영향을 미쳤다. 중기 마이오세 이후 지구의 기후는 계속 차가워졌지만, 신생대 지구 한랭화는 이미 올리고세에 시작되었다.

신생대가 시작되었을 때 지구는 전반적으로 따뜻했다. 특히 팔레오세와 에오세는 무척 따뜻했던 시기로 북극권에서도 악어가 살았을 정도였다. 그러다 에오세가 끝날 무렵, 지구의 기후는 갑자기 한랭해지기 시작하는데 먼저 깊은 바다부터 온도가 낮아지기 시작했다. 깊은 바다의 바닥에 사는 유공충 골격의 산소동위원소 분석에 따르면, 에오세 말에 심해 온도가 섭씨 4~5도 하강했다고 한다. 이처럼 온도가 하강하는

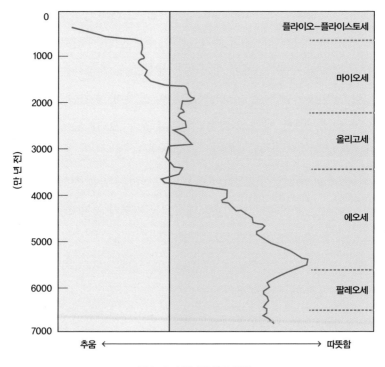

| | | 플라이오-플라이스토세 |
| 1000 | | |
| | | 마이오세 |
| 2000 | | |
| | | 올리고세 |
| 3000 | | |
| | | 에오세 |
| 4000 | | |
| 5000 | | |
| | | 팔레오세 |
| 6000 | | |
| 7000 | | |

추움 ← → 따뜻함

**그림 9-3.** 신생대의 온도 변화

현상은 약 3500만 년 전 남극 대륙과 오스트레일리아 대륙이 완전히 분리되면서 남극 대륙 주위를 도는 환남극해류가 발생했기 때문인 것으로 알려졌다. 환남극해류가 저위도 지방에서 올라오는 따뜻한 해류를 차단함으로써 남극 대륙은 거대한 얼음저장고가 되었고, 그 결과 남극 대륙 부근의 바닷물이 무거워져(물이 가장 무거울 때의 온도는 4℃) 바다를 따라 심해저로 내려감에 따라 깊은 바다의 온도는 빠르게 하강하였다. 남극 대륙에 빙하가 형성된 때는 올리고세 초엽이었고, 그 후 한동안 남극 대륙의 빙하는 확장과 수축을 반복했던 것으로 보인다.

마이오세 초에 지구가 약간 따뜻해지면서 이전에 형성되었던 남극 대륙의 빙하는 모두 녹아 없어져 버렸지만, 마이오세 중반에 다시 추워지면서 남극 대륙에 빙하가 성장하기 시작하여 현재에 이르렀다. 이러한 마이오세 중엽의 기온 하강은 북대서양이 넓어지고 깊어지면서 북극해에 갇혀있던 차가운 물이 대서양으로 쏟아져 들어왔기 때문인 것으로 추정된다. 전 지구적으로 기온이 하강하자 수분의 증발이 줄어들면서 육지는 더 춥고 건조한 환경이 되었고, 이에 따라 식생에도 변화가 일어났다.

육상식물 중 속씨식물이 특히 기후 변화에 민감하게 반응했다. 오늘날 지구에는 사바나, 스텝, 툰드라 같은 초원 환경이 곳곳에 펼쳐져 있지만 마이오세 이전에는 초원 환경이 거의 없었다. 초원을 이루는 식물은 우리가 보통 풀, 또는 잡초라고 부르는 종류다. 풀이나 잡초는 숲속보다는 나무가 없는 넓은 지역에서 잘 자란다. 그래서 산불이 나거나 홍수로 나무들이 없어진 곳에 풀과 잡초가 자라는 경우가 많다. 풀과 잡초는 또 계절에 따라 건기가 뚜렷한 환경에서 잘 자라는데, 그 이유는 건기 때 물 부족으로 다른 식물이 죽으면 그 자리를 쉽게 차지하기 때문이다. 결론적으로 마이오세 이후 초원 환경이 넓어진 것은 전 지구적으로 기후가 추워졌기 때문이다.

초원이 넓어지면서 일어났던 동물계에서의 흥미로운 변화는 설치류(齧齒類, 쥐를 포함하는 그룹)와 명금류(鳴禽類, 참새를 포함하는 그룹), 뱀이 크게 번성한 점이다. 설치류와 명금류는 초원에 흩어져 있는 풀과 잡초의 씨앗을 먹으면서 크게 번성하였고, 뱀은 초원에 살고 있던 쥐와 새를 잡아먹으면서 번성하였다. 현재 설치류에 속하는 종류는 2,000여 종,

명금류에 속하는 종류는 4,000종, 뱀은 1,400종이 넘는 것으로 알려져 있다.

마이오세 끝날 무렵인 600만~700만 년 전, 상당히 많은 종류의 포유동물이 멸종하였다. 여기서 흥미로운 사실은 포유류 중에서 어금니가 긴 종류가 선택적으로 많이 살아남았다는 점이다. 그 원인은 무엇일까? 원인은 초원에서 자라는 식생의 변화에 있었고, 그 변화는 탄소동위원소의 비율에 기록되어 있었다. 식물이 죽으면, 식물이 가지고 있던 탄소동위원소의 특성이 토양이나 식물을 먹은 초식동물의 이빨에 남겨졌다. 마이오세 이후의 토양과 초식동물 화석의 이빨에 남겨진 탄소동위원소의 비율을 추적한 결과(Cerling et al., 1993), 약 700만 년 전에 이르렀을 때 탄소동위원소의 비율에서 $^{13}C$의 양이 급증하는 양상을 보여주었나. 이러한 $^{13}C$의 상내적 함량이 늘어난 이유는 초원에서 사라던 풀이 대부분 C3식물에서 C4식물로 교체되었기 때문이라는 해석이다.

C3식물과 C4식물이란 식물이 광합성할 때 만들어진 유기물의 종류에 따라 구분한 명칭이다. 대부분의 식물은 C3식물에 속한다. 대표적 C3식물은 밀과 벼이고, 대표적 C4식물은 옥수수다. 일반적으로 C4식물은 C3식물보다 온도가 높고 건조한 환경에서 더 잘 서식하는 것으로 알려져 있다. 또 풀에는 식물석(植物石, phytolith)이라고 하는 작은 규소 알갱이가 들어 있는데, C4식물에는 C3식물보다 식물석이 다섯 배 이상 더 들어 있다고 한다. 마이오세가 끝날 무렵, C4식물이 크게 늘어나면서 풀을 먹고 사는 포유동물에게 큰 영향을 미쳤다. 특히 어금니가 짧은 동물에게 C4식물의 확장은 치명적이었다. 식물석이 많은 C4식물을 먹음에 따라 이빨이 빨리 닳았고, 나이가 들어 풀을 씹을 수 없는 동

물은 영양 부족에 시달렸다. 그 결과 동물이 충분히 성장하기 전에 죽는 경우가 많아지면서 새끼를 낳지 못해 멸종에 이르렀다는 시나리오다.

그렇다면 C4식물은 왜 마이오세 말부터 크게 퍼져나갔을까? 그 원인은 아마도 기후변화에 있는 듯하다. 일반적으로 C3식물은 성장기의 기후가 서늘하고 습해야 해서 고위도 지방에서 잘 자란다. 반면에 C4식물은 열대지방의 사바나처럼 건조하고 따뜻한 환경을 좋아한다. 마이오세 중기에서 후기로 이어지는 시기에 이산화탄소의 농도가 꾸준히 증가한 것은 서늘했던 기후에서 따뜻한 기후로의 전환을 의미하며, 이러한 기후변화가 전 지구적으로 C4식물이 퍼져나가는 데 도움을 준 것으로 보인다.

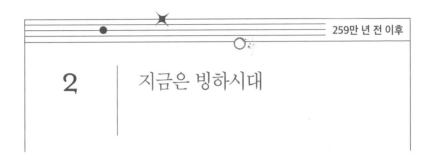

## 2 | 지금은 빙하시대

| 우리는 빙하시대에 살고 있다 |

우리는 현재 빙하시대에 살고 있다. 좀 더 정확히 말하면, 빙하시대 중
에서 비교적 따뜻한 시기인 간빙기(間氷期)에 살고 있다. 일반적으로 플
라이스토세와 빙하시대는 동의어처럼 쓰인다. 플라이스토세(Pleistocene)
는 약 259만 년 전에 시작되어 1만 1700년 전에 끝났다. 그 이후 현재
까지를 현세(現世)라고 부르는데, 현세는 비교적 따뜻한 기간이기는 하
지만 머지않아 또 다른 빙기로 갈 가능성이 크기 때문에 우리는 빙하시
대에 살고 있다고 말해도 틀린 말은 아니다. 사실 우리 인류의 조상은
빙하시대가 시작되기 훨씬 전인 약 500만 년 전 지구상에 등장해 여러
차례 혹독한 빙기를 겪어왔다. 그렇다면 이 플라이스토세 빙하시대는
어떻게 시작되었을까?

　우리 한반도는 플라이스토세 기간 중에 빙하의 직접적 영향을 받

은 적이 없어 빙하와 관련된 흔적을 찾는 일이 쉽지 않다. 반면에 유럽과 북아메리카 대륙에는 곳곳에 빙하의 흔적이 남아 있다. 빙하의 흔적은 왜 유럽과 북아메리카 대륙에만 남아 있는 걸까? 빙하시대를 맨 처음 알아낸 사람은 누구였을까? 18세기 후반 영국의 제임스 허턴(James Hutton)은 알프스 산맥의 빙하가 과거에는 훨씬 넓게 분포했을 것이라는 논문을 발표했다. 그 뒤에도 몇 사람이 빙하에 관련된 논문을 발표했지만 사람들의 주목을 끌지는 못했다.

스위스의 광산기술자였던 이그나츠 베네츠지텐(Ignaz Venetz-Sitten)은 스위스 일대가 한때 모두 빙하로 덮여 있었다는 놀라운 주장을 펼쳤다. 절친한 친구였던 동물학자 루이스 아가시(Louis Agassiz)는 베네츠지텐의 잘못된 인식을 일깨워주겠다는 생각으로 함께 그 지역을 조사하였는데, 오히려 빙하에 대한 확신을 가지게 되었고, 연구를 계속해 1840년 《빙하에 관한 연구》라는 명저를 출판하게 되었다.

19세기 중반에는 아가시의 영향을 받은 학자들이 빙하에 관한 연구에 몰두하여 빙하의 다양한 특성을 알아냈다. 빙하퇴적물의 흔적을 북유럽 지역뿐만 아니라 스코틀랜드와 미국의 중부지역에서도 찾아냈고, 지역에 따라 빙하퇴적층의 시대가 다르다는 사실도 알아냈다. 빙하가 대륙을 덮은 것이 한 차례로 끝난 것이 아니라 여러 차례에 걸쳐 빙하가 확장되기도 하고 물러나기도 했다는 것이다.

1860년대에는 인도의 고생대층에서 빙하퇴적층을 찾음으로써 빙하가 최근에 국한된 현상이 아니라는 사실도 알게 되었다. 이어서 아프리카와 오스트레일리아에서도 석탄기의 빙하퇴적층이 발견되어 곤드와나 대륙의 실체를 파악하는 데 중요한 단서를 제공했다.

플라이스토세 빙하퇴적층과 그에 근거한 빙하의 분포를 추적해 보면, 빙기에는 대륙의 30퍼센트가 빙하로 덮였다. 빙하의 분포와 관련해 흥미로운 사실은 북아메리카(캐나다, 그린란드, 미국의 북부), 북유럽, 그리고 남극 대륙은 모두 두꺼운 빙하로 덮인 데 반해서 같은 위도의 아시아 지역에는 빙하가 없었다는 점이다. 빙기에 유럽과 북아메리카 대륙을 덮은 빙하는 그 두께가 3킬로미터 이상에 달했고, 곳곳에 빙하의 흔적을 남겼다.

빙하가 흘렀던 지역에는 가끔 엄청나게 큰 암석 덩어리가 홀로 놓여 있는 경우가 있다. 그 암석 덩어리는 바닥의 암석과 달랐는데, 사람들은 그러한 암석 덩어리를 미아석(迷兒石)이라고 불렀다. 미아석은 덩치가 너무 커서 보통 하천을 통해 이동되기는 불가능해 보였다. 학자들은 그 암석 덩어리가 아주 먼 곳에서 빙하에 실려 왔다고 생각했고, 예전에 그 지역은 빙하로 덮였을 것으로 추정했다.

북아메리카와 유럽 대륙에는 곳곳에 빙하퇴적물이 남겨져 있다. 빙하는 흘러내려가면서 많은 암석 부스러기를 함께 싣고 가는데, 이 암석 부스러기는 빙하의 끝자락에서 빙하가 녹으면 그 자리에 쌓이게 된다. 이러한 빙하퇴적물은 자갈, 모래, 점토 등이 제멋대로 섞여 있는 특징을 보여준다. 이러한 퇴적물을 빙퇴석(氷堆石)이라고 부른다. 빙하가 물러나면서 빙퇴석을 쌓다보면 마치 둑처럼 높은 언덕이 만들어져 오목한 분지를 이루기도 하는데, 이 오목한 부분에 빙하 녹은 물이 차게 되면 호수를 형성하기도 한다. 유럽과 북아메리카 대륙의 고위도 지역에

**그림 9-4.** 미국 요세미티 국립공원에 있는 미아석

는 이러한 빙하호수가 많다. 또한 빙하가 이동할 때 자갈이나 암석 부스러기가 바닥을 긁으면 긁힌 자국이 암석 표면에 남기도 하며, 또 원래 V자형의 골짜기를 채우고 있던 빙하가 오랫동안 바닥을 깎으면서 이동하다 보면 골짜기의 단면이 U자형으로 바뀌게 된다. 그러므로 U자형 골짜기는 비교적 최근에 빙하가 물러난 지역의 지형적 특징이라고 말할 수 있다.

　빙하가 확장될 때에는 많은 양의 바닷물이 빙하의 형태로 대륙에 저장되기 때문에 해수면은 내려가게 된다. 연구에 따르면, 빙하가 최대로 확장되었던 마지막 빙기 때 해수면이 100~150미터 내려갔으며, 그 결과 현재 대륙붕 지역의 대부분은 뭍으로 드러나 있었다고 한다. 또 지구상의 빙하가 모두 녹는다는 가정 아래 계산해보면, 해수면이 지금보다 약 65미터 올라가면서 육지의 15퍼센트가 바닷물에 잠길 것이라고 예측한다.

빙기(氷期)는 빙하가 북반구의 중위도 지방까지 확장된 추운 시기이고, 간빙기(間氷期)는 빙기와 빙기 사이의 비교적 따뜻한 시기이다. 유럽 지역에서는 19세기 말엽부터 빙하퇴적물의 특성을 바탕으로 플라이스토세 기간에 여러 차례의 빙기와 간빙기를 구분했다. 유럽과 북아메리카에서는 모두 네 번의 빙기와 그 사이에 세 번의 간빙기가 있었던 것으로 알려져 있었다. 하지만 빙하의 침식력이 무척 강하기 때문에 마지막 빙기를 제외하면 그 이전의 빙기 기록은 잘 남겨져 있지 않다. 간빙기의 기록은 더 희미하다. 원론적으로 플라이스토세의 시대를 세분하는 일은 결국 빙하의 확장과 수축에 의존할 수밖에 없는데, 앞서 언급한 것처럼 오래된 플라이스토세 퇴적물은 그 기록이 잘 남지 않아 빙하시대의 역사를 밝히는 일이 쉽지 않다.

그런데 다행스럽게도 이 문제를 풀 수 있는 실마리를 해양생물화석인 유공충이 가지고 있다는 사실이 밝혀졌다. 유공충의 골격은 석회질($CaCO_3$)로 이루어졌는데, 유공충의 골격에 들어 있는 산소동위원소 비($^{18}O/^{16}O$)를 측정하면 당시 해수의 온도를 알아낼 수 있다. 플라이스토세 기간 중 유공충의 산소동위원소 비의 변화 양상을 추적한 결과, 이

기간에 빙하의 확장과 수축이 매우 빈번했음을 보여주었다. 이와 같은 빙하의 확장과 축소는 생물의 분포와 진화에 큰 영향을 주었다. 해수면 이 내려가면서 예전에 떨어져 있던 대륙이 연결되면서(예를 들면, 베링 해협, 북해, 순다해협 등) 생물의 이주가 가능해졌고, 그 영향으로 지역에 따라 많은 종류의 생물이 멸종하기도 했다.

## 플라이스토세 빙하시대의 원인

신생대의 기후적 특성을 살펴보면(그림 9-3 참조), 신생대에 들어서면서 따뜻해지기 시작한 지구는 에오세 초를 정점으로 기온이 급격히 떨어지기 시작해 올리고세에 접어들자 남극 대륙에 빙하가 생성되었다. 남극 대륙에 빙하가 만들어진 것은 환남극해류가 형성되었기 때문이다. 마이오세에 약간 따뜻해진 지구는 이전에 만들어졌던 남극 대륙의 빙하를 녹였지만, 다시 추워지면서 남극 대륙에 빙하가 성장하기 시작하였다. 그다음 큰 온도 하강은 마이오세와 플라이오세 경계부인 약 500만 년 전에 일어났다. 남극 대륙 빙하의 확장으로 기온이 급격히 떨어지고 해수면은 내려갔으며, 그 결과 지중해가 대서양으로부터 격리되었다. 고립된 지중해에서는 여러 차례의 증발로 엄청난 양의 소금을 지중해 바닥에 쌓았고, 그 결과 전 지구 해양의 평균 염도가 1퍼밀 정도 낮아졌다.

이때까지만 해도 북극해에는 빙하가 형성되지 않았다. 그러다가 약 300만 년 전에 이르러 북극해에 얼음이 얼기 시작하였고, 남·북 아메리카 대륙이 연결되면서 지구는 본격적인 빙하시대로 돌입할 준비를 갖추었다. 남·북 아메리카 대륙의 연결로 대서양과 태평양의 교류는 끊어졌고, 멕시코만을 출발하여 북쪽으로 흐르는 따뜻한 걸프 해류가 생겼다. 걸프 해류가 운반한 엄청난 양의 수분은 북유럽과 그린란드 지방에 눈으로 쌓여 북반구에 빙하가 성장하기 시작했다.

플라이스토세 빙하시대에 빙하의 확산과 축소는 북반구에서의 대륙 분포에 더 영향을 받았다는 점에 주목할 필요가 있다. 남극 대륙은 해양으로 둘러싸여 빙하의 확산이 제한된 반면, 북반구의 넓은 대륙은 빙하의 확산과 축소에 민감하게 반응하기 때문이다. 대륙으로 둘러싸여 거의 고립되어 있는 북극해의 경우, 시베리아와 북아메리카 대륙의 큰 하천들이 모두 북극해로 흐르기 때문에 표층수의 염도가 낮아졌다. 그 결과 약 300만 년 전 북극해에 유빙이 형성되기 시작했고, 북극해가 얼음으로 덮인 후 인접한 대륙으로 빙하가 확장되면서 플라이스토세 빙하시대를 여는 기틀이 마련되었다.

거의 비슷한 시기에 남·북 아메리카 대륙이 연결되면서 따뜻한 멕시코 난류가 공급하는 엄청난 양의 수분이 고위도 지방으로 공급되면서 유럽과 북아메리카 지역에 엄청난 양의 눈을 쌓아 두꺼운 대륙빙하가 형성되었다. 반면에 아시아 지역에서는 멕시코 난류처럼 수분을 공급해주는 해류가 없었기 때문에 빙하가 성장할 수 없었다.

플라이스토세에 빙하의 확산과 축소는 대륙이 넓은 북반구에서 더 민감하게 반응하였다. 빙하가 많이 형성되어 대륙빙하가 북반구 중위도 지역까지 확장되면 빙기가 되고, 대륙빙하가 고위도 지방으로 물러간 때는 간빙기가 된다. 일단 빙하가 형성된 후에 빙기와 간빙기를 조절하는 메커니즘은 지구의 주기적 움직임과 관련이 있어 보인다. 이러한 지구의 주기적 움직임은 밀란코비치 주기로 알려진 지구 자전축의 기울기, 이심률(공전궤도의 변화), 세차운동 등 세 가지가 알려져 있다.

지구 자전축의 기울기는 현재 21.5~24.5도 범위 내에서 변하는데, 그 주기는 4만 1000년으로 알려져 있다. 자전축의 기울기가 작으면 극지방에 태양에너지가 적게 공급되므로 빙하가 덜 녹아 빙하가 확산되기에 좋은 조건이 된다. 이심률은 원형에 가까운 공전궤도에서 좀 더 타원형을 이루는 궤도까지 약 10만 년의 주기를 가지고 변한다. 일반적으로 타원형일 때 빙하가 더 잘 형성되는 것으로 알려져 있다. 세차운동이란 지구의 회전축이 어떤 부동축의 둘레를 따라 회전하기 때문에 일어나는 현상으로 북반구가 겨울철일 때 지구가 태양에 더 가까운 때가 있는가 하면, 또 어떤 때는 여름철일 때 태양에 더 가까워지기도 하는데, 이러한 변화는 약 2만 1000년의 주기를 가지고 일어난다.

북반구가 여름일 때 지구가 태양으로부터 멀리 떨어져 있으면 빙하가 형성되기에 좋은 조건이 된다. 겨울은 춥고 더움에 큰 상관없이 눈이 내리지만, 여름이 서늘하면 빙하가 잘 녹지 않기 때문이다. 밀란코비치 주기가 매우 중요한 현상임에는 틀림없지만, 밀란코비치 주기 자체가 빙하시대의 직접적인 원인이 아님을 기억해야 한다. 여하튼 세 가지 밀란코비치 주기가 복합적으로 작용하여 플라이스토세 빙하의 확장과 후퇴, 즉 빙기와 간빙기의 주기에 중요한 영향을 주는 것은 분명해 보인다.

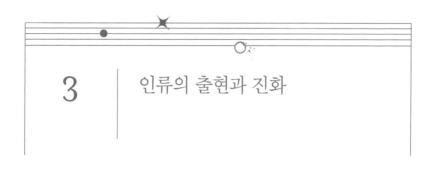

# 3 | 인류의 출현과 진화

현재 지구 곳곳에 흩어져 살고 있는 우리 인류의 생물학적 학명은 호모 사피엔스(*Homo sapiens*)다. 호모 사피엔스는 영장목-직원아목-유인원상과-사람과-사람속에 속하는 유일한 종이다. 사람을 포함하여 사람과 관련이 큰 생물들을 유인원(類人猿)이라고 부른다. 유인원에는 사람, 침팬지, 고릴라, 오랑우탄, 긴팔원숭이와 이들의 화석이 포함되며, 우리가 원숭이(monkey)라고 부르는 종류와 계통적으로 다르다. 유인원과 원숭이를 구분하는 중요한 형태적 차이로 유인원은 크고 복잡한 뇌를 가지며 꼬리가 없는 점을 들 수 있다.

최근의 화석 연구와 DNA에 의한 진화계통 연구에 따르면, 우리 인류는 한때 사람들이 생각했던 것처럼 원숭이로부터 진화한 것이 아니라 아주 오래전 유인원과 원숭이를 아우르는 공통 조상으로부터 갈라져나와 각각 독자적 진화의 길을 걸어온 것으로 알려져 있다. DNA 연구에서 유인원이 원숭이로부터 갈라진 것은 3300만 년 전이며, 긴팔

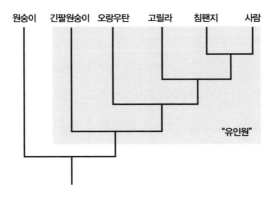

**그림 9-5.** 유인원의 진화 계통

원숭이가 갈라져나간 것은 2200만 년 전, 오랑우탄이 갈라져나간 것은 1600만 년 전, 그리고 인류와 침팬지류가 갈린 것은 1000만 년 전에서 600만 년 전 사이로 알려져 있다.

| 인류 이전의 유인원 화석 |

그동안 여러 학자의 노력으로 인류의 진화에 관한 많은 새로운 사실이 밝혀졌지만, 인류 이외의 유인원 화석은 드물다. 특히 인류가 침팬지류로부터 갈라져나왔으리라고 생각되는 기간인 800만 년 전에서 500만 년 전 사이의 화석 기록은 극히 드물다. 이는 초기 인류 화석이 모두 아프리카 지역에 국한되어 산출되고 있는데, 이 시기에 해당하는 퇴적층이 적게 노출되어 있기 때문이기도 하다.

좀 더 옛날로 거슬러 올라가면, 유인원 화석이 많이 발견되는데, 아마도 이 중에 오늘날의 유인원과 인류의 공통 조상이 있을 것이다. 현재 유인원 화석으로 가장 오래된 것은 아프리카의 약 2000만 년 전 지층에서 보고된 프로콘술(Proconsul)이 있다. 이들의 후예는 1600~1500만 년 전 아프리카와 유라시아 대륙의 여러 지역으로 퍼져나갔다. 이 무렵은 아프리카 대륙이 유라시아 대륙과 충돌하고 있던 시기였기 때문에 유인원들이 유라시아 대륙으로 이주하는 것이 가능했다. 이때 아프리카를 떠난 동물에는 유인원뿐만 아니라 코끼리와 기린 등 다양한 포유류가 있었다.

아프리카와 유라시아 대륙 사이의 생물 교류는 약 1100만 년 전 무렵에 단절된 듯하다. 그 결과 유인원들은 각 지역에서 독자적인 진화의 길을 걸어 아프리카 지역에서는 주로 사람과(Hominidae), 아시아 지역에서는 시바피테쿠스류(sivapithecids)가 살았다. 미이오세 말엽 전 지구적 기후변화로 많은 지역이 초원으로 바뀌면서 아시아 지역의 시바피테쿠스류는 대부분 멸종하였고, 단지 오랑우탄만이 살아남았다. 반면에 아프리카 대륙의 유인원들은 다양하게 발전하면서 인류의 출현을 준비하고 있었다.


오늘날 사람(Homo sapiens)은 사람과의 유일한 구성원이다. 이는 현재의 생물분류체계를 사람이 만들었기 때문이며, 만일 지구에 처음 도착한 외계인이 객관적인 입장에서 지구의 생물을 분류한다면 우리 인류를 침팬지나 고릴라와 함께 묶을 수도 있다고 한다. 화석 기록에 의하면, 사람과에 속하는 종류로 10여 종이 보고되어 있다.

500만 년 전 이전의 지층에서도 인류 화석이라고 발표된 것들이 있

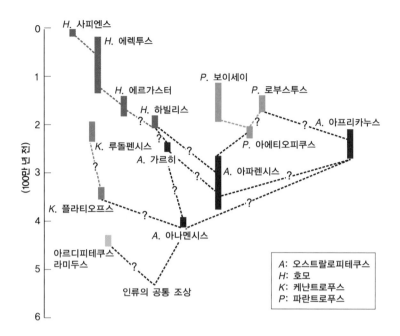

그림 9-6. 화석 인류의 생존 시기와 추정된 진화계통

기는 하지만, 인류 화석 중 가장 오래된 것으로 인정할 수 있는 것은 에 티오피아의 약 440만 년 전 지층에서 발굴된 아르디피테쿠스 라미두 스(*Ardipithecus ramidus*)이다. 이들은 형태적으로 원시적이며, 아마도 나무 가 듬성듬성 있는 숲 속에서 살았던 것으로 보인다. 그다음 오래된(420 만 년 전에서 390만 년 전) 화석은 케냐에서 보고된 오스트랄로피테쿠스 아 나멘시스(*Australopithecus anamensis*)로 이후 등장한 인류의 직접적 조상으로 알려져 있다.

인류의 화석으로 발견되는 것은 뼈 화석뿐만 아니라 발자국 화석도 있다. 발자국 화석의 유명한 예는 탄자니아 라에톨리(Laetoli)의 약 360

**그림 9-7.** 아프리카 라에톨리의 사람 발자국화석으로
엄마와 어린아이가 걸어간 것으로 추정된다.

만 년 전 지층에서 발견되었는데, 두 명이 나란히 걸어간 발자국의 주
인은 오스트랄로피테쿠스로 추정하고 있다. 분출한 지 얼마 지나지 않
은 화산 퇴적층 위에 뚜렷이 남은 발자국은 이들이 2족 보행을 했음을
알려준다.

　사람이 다른 유인원과 구분되는 중요한 특징은 2족 보행을 했다는
점이다. 사람은 왜 두 발로 걷게 되었을까? 손을 이용해 무언가(유아, 무
기, 도구, 음식물 등)를 옮기기 위해서였을까? 먹이나 땔감을 모으거나 사
자나 표범으로부터 피하기 위해서였을까? (그러기 위해서는 나무 위로 올라
가거나 똑바로 서서 먼 곳을 살펴야 했을 것이다.) 아니면 뜨거운 태양열을 최대

한 적게 받기 위해서였을까? 다양한 원인을 생각해 볼 수는 있겠지만, 이러한 형태의 가설을 증명하기는 어려워 보인다.

원시 인류 화석인 오스트랄로피테쿠스류(australopithecines)를 간략히 정의하면, 몸은 사람의 모습에 가깝지만 두뇌는 원숭이 수준의 동물이라고 말할 수 있다. 체격은 그다지 크지 않았고(키 1m 내외, 몸무게 30~50kg), 뇌의 크기는 400cc 정도로 현대인의 절반에도 미치지 못했다. 하지만 팔과 손가락이 길어서 물건을 옮기거나 던지는 일은 잘 했을 것으로 생각된다.

오스트랄로피테쿠스는 대략 400만 년 전에 출현하여 200만 년 전까지 살았다. 오스트랄로피테쿠스 화석 중에서 표본 수가 가장 많은 종은 오스트랄로피테쿠스 아파렌시스(*Australopithecus afarensis*)다. 이 종은 오스트랄로피테쿠스 아나멘시스로부터 진화하였고, 현생 인류(*Homo*)의 조상으로 추정되고 있다. 에티오피아 하다르(Hadar) 지역의 320만 년 전 지층에서 발견된 루시(Lucy)라는 별칭으로 불리는 화석이 이 종을 대표하는 화석이다. 루시는 주로 나무 위에서 살았는데, 2016년 그녀의 사망 원인이 나무 위에서 떨어져 골절상을 입었기 때문이라는 분석이 발표되어 사람들의 관심을 끌었다(Kappelman et al., 2016).

오스트랄로피테쿠스 아파렌시스보다 나중에 출현한 인류 화석은 남아프리카의 석회암 동굴에서 발견된 오스트랄로피테쿠스 아프리카누스(*Australopithecus africanus*)로 약 300만 년 전에 살았다. 몸의 크기는 오스트랄로피테쿠스 아파렌시스와 비슷하였지만, 뇌가 450cc로 약간 컸고 두개골이 가벼운 편이었다. 팔도 약간 더 길어 나무타기에 능했으리라고 추정된다. 1999년 보고된 250만 년 전 인류 화석 오스트랄로피테쿠스 가르히(*Australopithecus garhi*)는 동물을 죽이는 데 썼던 도구와 함께 발견되어 학계를 놀라게 했다. 그때까지 오스트랄로피테쿠스와 현생 인류를 구분하는 중요한 기준으로 도구의 사용을 생각했기 때문이다. 이 화석의 두개골은 부피가 450cc에 불과하여 현생 인류에 비하면 원시적이었다. 그렇지만 도구를 사용했다는 점에서 현생 인류의 조상일 가능성이 커 보인다.

또 다른 인류 화석인 파란트로푸스(*Paranthropus*)는 투박한 두개골이 특징이다. 가장 오래된 것은 케냐의 250만 년 전 지층에서 발견된 파란트로푸스 에티오피쿠스(*Paranthropus aethiopicus*)다. 이 화석은 보통 검은 두개골(Black skull)이란 별칭으로 불리는데, 그 이유는 골격이 검고 강인한 모습을 보여주기 때문이다. 하지만 그 밖의 형태적 특징에서는 오스트랄로피테쿠스와 큰 차이가 없다. 이보다 젊은 파란트로푸스로 동아프리카에서 산출된 파란트로푸스 보이세이(*Paranthropus boisei*)와 남아프리카에서 보고된 파란트로푸스 로부스투스(*Paranthropus robustus*)가 있다.

2001년 새로운 인류 화석이 케냐의 350~320만 년 전 지층에서 보고되었다. 이 화석은 케냔트로푸스 플라티옵스(*Kenyanthropus platyops*)로 명명되었는데, 두뇌가 작은 점에서 원시적인 오스트랄로피테쿠스와 비슷하지만, 그 밖의 특징에서 차이를 보여주기 때문에 오스트랄로피테쿠스와는 다른 진화경로를 걸었을 것으로 추정하고 있다. 이 종의 후예로 지목되고 있는 종류는 동아프리카의 약 200만 년 전 지층에서 보고되었던 케냔트로푸스 루돌펜시스(*Kenyanthropus rudolfensis*)가 있다.

흥미로운 사실은 이들 원시 인류 화석이 모두 아프리카에서만 발견되었다는 점이다.

## │ 현생 인류(*Homo*)의 등장 │

현생 인류가 지구에 등장한 때는 플라이스토세 빙하시대가 시작한 직후인 240만 년 전의 일이다. 최초의 현생 인류로 알려진 호모 하빌리스(*Homo habilis*)는 뇌가 비교적 컸고(650~800cc), 턱과 치아가 작아지면서 현대인의 모습에 가까워진다. 하지만 이들은 키가 작았고(120cm 내외), 몸무게도 30~50킬로그램에 불과하여 외형적인 면에서 오스트랄로피테쿠스와 큰 차이를 보여주지 않는다. 호모 하빌리스는 나무도 잘 탔고, 도구도 잘 사용했으리라 추정된다(*habilis*는 손을 잘 사용했다는 뜻). 이 화석과 함께 출토된 도구를 산출지역인 탄자니아의 올두바이(Olduvai) 협곡의 이름을 따서 올두바이 유물이라고 부른다. 대부분의 도구는 돌을 깨만든 것으로 보통 찍개, 긁개 또는 망치의 형태를 보여준다. 날카로운 돌조각을 이용하여 고기를 저미거나 썰었을 것으로 생각된다.

호모 하빌리스 다음에 등장한 대표적 인류는 호모 에렉투스(*Homo erectus*)다. 앞서 소개한 인류의 조상들은 모두 아프리카에서 생활하였지만, 약 180만 년 전에 출현한 호모 에렉투스는 아프리카를 벗어난 최초의 인류로 알려졌다. 호모 에렉투스의 대표적 표본은 1984년 케냐에서 발견된 골격 화석으로 투르카나 소년(Turkana boy)으로 불린다. 키는 약 160센티미터, 그리고 뇌의 크기가 1,000cc로 현대인의 모습에 가깝다. 특히 코가 커지고 튀어나온 점에서 오스트랄로피테쿠스와 큰 차이를 보여주는데, 이는 당시 건조해진 기후에 적응한 결과로 해석되었다. 150만 년 전의 지층에서 호모 에렉투스 화석과 함께 새로운 형태의 도구가 출토되었는데, 이를 아슐리안(Acheulian) 유물이라고 부른다.

아슐리안 유물은 앞서 호모 하빌리스가 만들었던 올두바이 유물보다 더 정교하고 효율적이었다. 이와 더불어 생활방식에 등장한 중요한 변화는 불을 사용했다는 점이다. 불을 사용하지 않았던 오스트랄로피테쿠스의 경우는 주로 초식을 했기 때문에 음식물을 소화하는데 시간이 많이 걸려 식사하는데 하루 여섯 시간이 걸렸고, 따라서 내장이 길고 배도 불룩했다고 한다. 하지만 불을 이용한 요리법을 터득했던 호모 에렉투스의 경우, 육류를 함께 섭취하면서 식사시간과 소화시간이 짧아져 남은 시간과 에너지를 다른 활동에 쓸 수 있었다. 그 결과, 호모 에렉투스는 뇌가 커지고 내장이 짧아졌으며 턱과 이가 작아져 겉보기에 현대인과 비슷해졌다. 호모 에렉투스는 다른 동물과 비교했을 때 지적으로나 도구를 사용하는 측면에서 무척 뛰어났기 때문에 이 무렵부터 지구 생물권은 인류 중심으로 바뀌어 나가기 시작하였다. 그러므로 진정한 의미에서 인류 역사는 호모 에렉투스로부터 시작했다고 말할 수 있다.

아프리카를 떠났던 호모 에렉투스는 중동지방과 유럽, 아시아의 여러 지역에 그들의 흔적(화석)을 남겼다. 그중 가장 오래된 것은 약 150만 년 전 인도네시아 자바 섬에서 발견된 화석으로 자바인(Java man)이라고 불린다. 한편 중동지방과 중국에서는 약 100만 년 전의 호모 에렉투스 화석이 보고되었고, 인도네시아에서도 약 75만 년 전의 유물이 발견되어 당시에 인류가 상당히 넓은 지역에 퍼져 살았음을 알려준다. 자바인은 뇌의 크기가 1,000cc에도 미치지 못하였지만, 50만~30만 년 전 북경 부근의 동굴에서 살았던 북경인(Peking man)은 뇌의 부피가 1,100cc로 상당히 발전된 모습을 보여준다.

여기에서 생각해 보아야 할 내용의 하나는 아시아의 호모 에렉투스와 아프리카의 호모 에렉투스가 같은 종에 속할까하는 문제이다. 이 질문에 대한 명확한 답을 하기는 쉽지 않지만, 당시의 문화적·지리적 차이를 고려할 때 다른 종에 속할 가능성이 크다는 주장이 제기되었고, 그래서 어떤 학자들은 아프리카의 종을 아시아 종과 구별하여 호모 에르가스터(*Homo ergaster*)라고 부를 것을 제안하였다.

유럽에서 보고된 인류 화석 중에서 가장 오래된 종은 스페인의 80만 년 전 지층에서 발견된 호모 안티세서(*Homo antecessor*)이고, 이어서 나타난 종은 독일의 60만~40만 년 전 지층에서 산출된 호모 하이델베르겐시스(*Homo heidelbergensis*)이며, 이로부터 유래되었을 것으로 추정되는 네안데르탈인(*Homo neanderthalensis*)은 25만~3만 년 전에 살았다.

한편, 약 30만 년 전 아프리카에 남았던 호모 중 새로운 도구를 사용하는 기술을 터득한 집단에서 현대인(*Homo sapiens*)이 출현하였다. 마지막 빙기가 시작된 후(약 12만 년 전), 이들 중 일부가 아프리카를 떠나 서남아시아의 해안을 거쳐 동남아시아로 이주하였던 듯하다. 하지만 이무렵 유럽에서는 네안데르탈인들이 활동하고 있었고, 아시아 지역에는 호모 에렉투스가 살고 있었다. 그러다가 약 3만 년 전, 네안데르탈인과 호모 에렉투스가 멸종한 후, 현대인은 사람속의 유일한 종으로 남게 되었다.

여기에서 우리가 생각해야 할 문제의 하나는 앞서 소개한 사람(Homo) 속을 다섯 종(erectus, antecessor, heidelbergensis, neanderthalensis, sapiens)으로 구분하는 것이 옳은가 하는 점이다. 화석기록에 따르면, 호모 에렉투스와 현대인 모두 넓은 지역에 걸쳐서 발견된다. 이들이 그처럼 넓은 지역에 퍼져 살았다는 사실은 이들 사이에 교배가 이루어졌기 때문은 아닐까? 지금 다르게 분류된 종들이 사실은 같은 종이고, 지역에 따라 약간 차이를 보여주는 변종 수준에 불과한 것은 아닐까? 현재 살아 있는 인류의 DNA 분석자료에는 크게 아프리카형과 비아프리카형으로 구분되기는 하지만, 변이의 정도는 매우 작은 것으로 알려져 있다.

현생 인류 전체의 유전자 변이 정도는 아프리카에 살고 있는 한 침팬지 집단에서 관찰되는 유전자 변이보다 작다고 한다. 이 사실은 현재 지구상의 모든 인류가 매우 작은 하나의 집단(약 1만 명 정도의 크기)에서 유래했음을 의미한다. 바꾸어 말하면, 현생 인류는 아프리카의 한 작은 집단에서 출발하여 전 세계로 퍼져나갔다는 이야기다. DNA 분석에서 아프리카형과 비아프리카형이 존재하는 이유로 아프리카형은 원래 살던 자리에 남았던 집단의 유전자형이며, 비아프리카형은 각 지역에 나가 살면서 새롭게 형성된 유전자형이기 때문이라는 해석이다. 이 가설을 학자들은 미토콘드리아 이브(mitochondria Eve)설 또는 탈아프리카(out-of-Africa)설이라고 부른다.

현생 인류가 언제 아프리카를 떠났는지 정확히 알기는 어렵지만, 늦어도 7만~8만 년 전에는 아프리카를 떠났을 것으로 추정된다. 이들 중 한 그룹은 비교적 따뜻한 인도양의 해안을 따라 중동지역을 거쳐서 아시아와 오세아니아 지역으로 퍼져나갔고, 북쪽으로 향한 그룹은 유럽으로 진출했으리라고 생각된다.

북쪽으로 향한 인류가 유럽에 도달한 것은 5만 년 전에서 3만 년 전 사이였다. 이들이 도착한 직후 네안데르탈인이 멸종한 것으로 보이는데, 그 멸종이 사람 때문인지 우연의 일치인지는 확실하지 않다. 어쨌든 크로마뇽(Cro-Magnon) 문화로 알려진 유럽 현대인의 기술은 네안데르탈인과는 비교할 수 없을 정도로 우수하였다.

한편, 현생 인류가 중국에 도달한 때는 대략 6만~7만 년 전으로 알려져 있는데, 이는 아프리카를 떠난 사람들이 매우 빠르게 동쪽으로 이동했음을 의미한다. 그 무렵은 마지막 빙기로 해수면이 100미터 이상 내려가 있었기 때문에 중국과 한반도가 육지로 연결되어 있었고 따라서 중국에 도착한 사람들이 한반도와 일본열도에 도착하기까지 그다지 오랜 기간이 걸리지는 않았을 것이다. 이들 중 일부는 베링 해협을 건너 아메리카 대륙에 정착했는데 그 시기는 약 2만 년 전이었고, 1만 년 전에는 남아메리카 대륙의 끝자락에 도착하였다. 그러므로 남극 대륙을 제외한 모든 대륙에 사람들이 살게 된 때는 지금으로부터 1만 년 전의 일이다.

# 4 | 지난 1만 년 동안 일어난 일

| 현세의 환경 변화 |

현세 또는 홀로세(Holocene)는 지질시대의 마지막 시기로 현재 우리가 살고 있는 시대이다. 플라이스토세와 현세의 경계는 1만 1700년 전(서기 2000년을 기준)으로 그린란드 빙하코어에서 드러난 급격한 기온변화로 정해졌다.

플라이스토세 마지막 빙기의 빙하가 최대로 확장된 때는 약 1만 8000년 전의 일이다. 이때를 시점으로 지구는 서서히 따뜻해지면서 빙하가 후퇴하기 시작하였다. 그러다가 1만 5000년 전 따뜻해지던 기후가 다시 서서히 추워지기 시작하여 1만 2900년 전에 이르렀을 때 무척 추워졌다. 이 추운 기간은 1,000년 남짓 지속되었는데, 이 기간을 후기 드리아스(Younger Dryas) 한랭기라고 부른다. (Dryas는 현재 극지방이나 고산지대에 살고 있는 속씨식물인데, 이 시기의 퇴적층에 Dryas의 꽃가루 화석이 많이 산출되었기 때문에 드리아스라는 이름이 붙여졌다.) 후기 드리아스 한랭기는 1만 1700년 전 갑자기 끝났고, 이 시점이 플라이스토세와 현세를 나누는 기준이 되었다.

그러면 후기 드리아스 한랭기는 어떻게 일어났을까? 그동안 이 한랭기의 원인을 설명했던 시나리오는 다음과 같다. 마지막 빙기가 끝날 무렵, 기후가 따뜻해짐에 따라 대륙빙하가 서서히 후퇴하기 시작하였는데 이때 북아메리카 대륙에서 빙하 주변이 녹으면서 큰 빙하호수가 형성되었다. 약 1만 3000년 전에 이르렀을 때, 빙하가 후퇴하면서 만들어진 수로를 따라 엄청난 양의 차가운 빙하호수 물이 대서양으로 흘러들어가 북대서양 표층수의 온도와 염도를 낮추었다. 이에 따라 대양의 컨베이어벨트 순환이 약화되었고, 그 결과 북쪽으로 흐르던 따뜻한 해류가 차단되어 북아메리카와 유럽의 고위도 지역이 한랭해졌다는 설명이다.

21세기에 들어와서 후기 드리아스 한랭기가 혜성 충돌로 일어났다는 새로운 가설이 제안되었다(Firestone et al., 2007). 이 가설의 중심에는 북아메리카 곳곳에서 발견된 숯을 포함하는 검은 지층이 있다. 이 지층에서 얻어진 탄소동위원소 연령은 약 1만 2900년 전으로 후기 드리아스 한랭기의 시작과 일치한다. 이 지층에서는 숯 이외에도 작은 다이아몬드, 유리질 탄소 알갱이, 자성을 띠는 미구형체 등이 들어 있어 이들이 혜성과 같은 외계물체의 충돌의 증거로 제시되었다. 혜성의 충돌로 후기 드리아스 한랭기가 시작되었을 뿐만 아니라 북아메리카에서의 대형 포유류 멸종과 북아메리카 원주민의 클로비스(Clovis) 문명도 사라졌다는 가설이다. 하지만 최근에 들어와서 이 가설에서 제시한 혜성 충돌의 증거에 대한 의문이 제기되면서 후기 드리아스 혜성 충돌 가설은 심각한 도전을 받고 있다.

1만 1700년 전, 후기 드리아스 한랭기가 끝나면서 마지막 지질시대인 현세가 시작된다. 현세에 접어들면서 인류 활동에 나타난 중요한 변화는 사람들이 정착하여 농사를 짓고 가축을 기르는 농경생활을 시작했다는 점이다. 유럽과 북아메리카 대륙에서 대륙빙하가 사라진 것은 9,000년 전에서 6,000년 전 사이로 무척 따뜻했기(현재보다 2℃ 정도 높았음) 때문에 이때를 '최적기후(climatic optimum) 시기'라고 한다. 이 따뜻한 시기에 인류는 이집트, 메소포타미아, 인도, 황하 지역에 문명의 꽃을 피웠다.

최적기후 시기 이후 지난 5,000년 동안의 기후변화를 추적해보면 세 번(3300~2400년 전, 700~900AD, 1500~1850AD)의 추웠던 기간이 있었다. 서기 1000년부터 1300년까지를 보통 중세 온난기(Medieval Warm Period)라고 부르며, 이 시기에 바이킹이 그린란드에 진출하여 농사를 짓기도 했다. 하지만 다시 추워지면서 서기 1500년경 그린란드에서 사람들이 사라졌다. 이 추워진 기간에 유럽 지역은 큰 홍수와 함께 흉년이 지속되어 중동으로부터 곡물을 수입했는데, 이때 곡물과 함께 들어간 쥐가 페스트를 옮겨 엄청난 피해를 입혔다. 서기 1500년에서 1850년까지 추웠던 기간을 '소빙하기(Little Ice Age)'라고 하며, 현재보다도 평균 기온이 섭씨 1도 정도 낮았다. 1850년 이후 기온이 꾸준히 상승하여 오늘날 우리 인류는 중세 온난기에 버금가는 따뜻한 기후에서 현대 문명을 누리며 살고 있다.

# 미래의 지구

지구의 모든 생물은 언젠가는 멸종한다. 아마 우리 인류도 수십만 년 후에는 멸종할 것이다. 지구는 언젠가 새로운 빙기에 들어가게 된다. 먼 훗날에는 판 구조운동에 따라 새로운 초대륙도 형성될 것이다. 태양이 계속 밝아져 지구는 뜨거워지고, 바다는 사라진다. 더 이상 지구는 생물이 살 수 없는 곳이 된다. 더 먼 훗날, 태양이 별로서의 일생을 끝낼 때 지구도 함께 그 일생을 마감하게 될 것이다.

앞으로 10년 또는 100년 후에 우리 주변의 지형이나 땅덩어리가 크게 변하지는 않을 것이다. 현재 판구조운동에 따른 유라시아판의 이동은 1년에 1센티미터에 불과해 10년이면 10센티미터, 100년이면 겨우 1미터 이동했을 것이기 때문이다. 느린 땅덩어리의 움직임에서 변화를 알아챌 사람은 없을 것이다. 그러나 지구온난화, 사막화, 해수면 상승 등은 우리의 생활에 직접적인 영향을 미치고, 이와 관련한 자료를 통해 앞으로 일어날 변화를 어느 정도 예측할 수 있다.

19세기 이후 산업화가 빠르게 진행되면서 인류가 방출하는 이산화탄소의 양이 급격히 증가하여 기권에 쌓이고 있다. 사람들이 화석연료를 태우고 숲을 파괴한 결과는 대기 중 이산화탄소 농도의 증가로 나타나고 있다. 이산화탄소 중에서 2분의 1은 대기에 저장되고, 4분의 1은 바다로 녹아들어가며, 나머지 4분의 1은 식물의 활동에 쓰인다. 대기 중에 저장된 이산화탄소는 온실기체이기 때문에 기권의 온도를 높이는 데 기여한다.

대기 중 이산화탄소의 농도는 1960년 320피피엠에서 2015년 400피피엠으로 크게 치솟았다. 그동안 관측 자료에 따르면, 20세기에 지구의 평균 기온이 섭씨 0.5도 높아진 것으로 나타났다. 이산화탄소 농도를 규제하지 않는다는 전제 아래, 2100년의 지구 평균 온도는 지금보다 작게는 섭씨 2도에서 크게는 4도까지 상승하리라고 예측한다. 21세기의 기온 상승이 20세기 기온 상승의 4~8배에 이른다는 이야기다. 최근의 비관적인 예측에 따르면(Foster et al., 2017), 서기 2250년에 이산화탄소 농도는 2,000피피엠에 이르러 지난 2억 년 동안 가장 높은 수준에 도달할 것이라고 한다. 그 결과 지구는 엄청나게 뜨거워져서 그동안 겪어보지 못한 기상이변을 맞이할지도 모른다.

지구온난화에 따른 지구환경 변화를 정확히 예측하기는 어렵지만, 생물의 분포와 구성에 영향을 주리라는 점은 명백하다. 따뜻해진 기후는 강수량에 영향을 주어 바다와 가까운 지역에는 더욱 많은 비가 내리지만, 반면에 바다로부터 멀리 떨어진 지역은 점점 건조해질 것이다. 현재 사하라 사막의 남부 사헬(Sahel) 지방과 남아메리카, 그리고 중국의 북부 지역에서 사막화가 빠르게 진행되어 그곳에 살고 있는 사람들의 생존을 위협하고 있다. 사헬 지방에서는 매년 수 킬로미터의 속도로 사막지역이 남쪽으로 확장되고 있으며, 최근 중국에서 사막 환경이 점점 넓어지면서 황사현상이 빈번하게 발생하여 우리나라의 대기 환경을 크게 위협하고 있다.

앞에서 예측한 기온 상승에 따라 일어나리라고 예상되는 현상 중 하나는 해수면 상승이다. 사실 기온 상승에 따라 해수면이 어느 정도 상승할지 추정하기는 쉽지 않다. 실제로 현재 해수면 상승에 기여한 비율을 보면, 기온이 올라감에 따라 빙하가 녹아 해수면이 올라가는 것보다 바닷물의 부피 팽창에 의한 효과가 더 커 보이기 때문이다. 또 다른 측면에서 보면, 기후가 따뜻해지면 상대적으로 많은 눈이 극지방에 내려 빙하가 늘어나는가 하면, 빙하가 빨리 흘러내리는 효과도 있다.

한반도에서도 해수면이 매년 2~3밀리미터 상승한 것으로 보고되어 있다. 지난 40년 동안 해수면이 평균 10센티미터 높아졌고, 2100년 무렵에는 해수면이 지금보다 1.3미터 이상 높아져 한반도 육지의 4퍼센트가 물에 잠길 것이라고 예측했다. 미국 서부 해안 지역에서는 2100년에 해수면이 지금보다 3미터 이상 상승할 것이라는 보고서가 최근에 발표되었다. 현재 전 지구적으로도 많은 사람이 해안 가까이 살고 있기 때문에 단지 1미터의 해수면 상승으로도 인류의 생활 터전은 크게 위협받을 것이다.

### ▶▶▷ 1만 년 후

1만 년이라고 하면 무척 긴 시간으로 느껴지지만, 지질학적 관점에서 보면 역시 1만 년 후라고 해도 땅덩어리의 모습이 크게 바뀌지는 않을 것이다. 그렇지만 지구의 수권, 기권, 생물권에는 많은 변화가 일어날 수 있다.

현재 우리는 플라이스토세 빙하시대 중에서 마지막 간빙기에 살고 있다. 긴 지구의 역사에서 보면 빙하시대는 특이한 시기였다. 지구의 역사 45억 년 동안에 빙하가 있던 기간을 모두 합해도 5억 년이 채 되지 않기 때문이다. 현재의 빙하시대 외에 석탄-페름기와 오르도비스기 말에 빙하기가 있었고, 원생누대에는 지구 전체를 덮을 정도로 큰 규모(눈덩이 지구)의 빙하시대가 몇 차례 있었던 것으로 알려져 있다. 빙하시대의 지속기간은 짧게는 100만 년에서 길게는 1억 년 이상에 이르기까지 다양하며, 빙하시대와 빙하시대의 간격에 어떤 주기성을 보여주지도 않는다. 그러므로 각 빙하시대마다 빙하가 형성되는 어떤 특이한 환경이 조성되었을 것으로 추정된다.

지난 250만 년에 걸친 빙하시대 동안에 우리 지구는 수십 번의 빙기와 간빙기를 겪었다. 일반적으로 빙기는 10만 년 이상, 간빙기는 약 1만 년 남짓 지속되는 것으로 알려져 있다. 따라서 마지막 간빙기인 현세가 시작된 지 1만 년이 넘었으므로 우리는 마지막 간빙기에서도 마지막 시기에 살고 있는지도 모른다. 그런데 18세기 산업혁명 이후 인류의 화석연료 사용으로 오늘날 지구의 기온이 지속적으로 상승하는 추세로 보아, 가까운 장래에 새로운 빙기가 시작되기는 어려워 보인다. 그래서 일부 사람들은 지금을 초간빙기(超間氷期)라고 부른다. 하지만 화석연료는 가까운 장래(서기 2200년 무렵)에 고갈될 것이고, 다른 한편으로는 과거 빙하시대에 일어났던 전반적인 기온변화 주기로 판단해보았을 때, 지구는 결국 머지않은 장래(수천 년 이내)에 새로운 빙기로 접어들 거라고 예상된다.

현재 지구상에 얼마나 많은 생물들이 살고 있는지 정확히 알 수는 없지만, 적게는 1000만 종에서 많게는 1억 종이 넘는다는 주장이다. 그런데 지금 멸종 위험에 처해 있는 생물들이 엄청나게 많다고 한다. 어떤 학자들은 하루에 30~40종이 멸종한다고 말하고, 또 다른 학자들은 70종 이상이 멸종한다고 주장한다. 이는 1년에 1만 종 또는 2만 종의 생물이 멸종함을 뜻한다. 1년에 1만 종이 멸종하면, 100년에 100만 종 그리고 1만 년에 1억 종이 멸종한다는 계산이다. 현재 지구상에 살고 있는 생물종의 수를 최대 1억 종이라고 가정하면, 산술적으로는 1만 년 후에는 현존하고 있는 모든 생물이 사라진다는 이야기다. 물론 1만 후에 그런 엄청난 일이 벌어지지는 않겠지만, 현재의 생물 멸종 속도는 현생누대에 있었던 5번의 대량멸종사건보다 훨씬 빠르게 진행되고 있다. 이 멸종의 소용돌이에 우리 인류가 포함되지 않는다는 보장이 없다. 그래서 학자들은 지금을 현생누대 여섯 번째 대량멸종 시기라고 부르며, 지구 생태계의 파괴를 경고하고 있다.


### ▶▶▷ 100만 년 후

보통 지구의 역사를 이야기할 때 쓰이는 시간의 기본 단위로 Ma(Mega-anum)가 있는데, 이는 100만 년이라는 뜻이다. 예를 들면, 캄브리아기의 시작은 541Ma, 그리고 공룡은 66Ma에 멸종했다고 말하는데, 541Ma와 66Ma는 각각 5억 4100만 년 전과 6600만 년 전을 의미한다. 우리 인간의 관점에서 보면 100만 년은 엄청나게 긴 시간이지만, 지질학에서 100만 년은 긴 시간이 아니다. 따라서 앞으로 100만 년 후라고 해도 지구의 겉모습은 크게 달라지지 않을 것이다.

느리게 움직이는 유라시아판은 100만 년 후에는 10킬로미터 정도 이동했을 것이다. 우리 한반도가 서쪽으로 10킬로미터가량 이동했겠지만, 주변의 다른 땅덩어리도 함께 움직이기 때문에 우리가 100만 년 후에 살아 있다고 해도 눈에 띌 정도로 큰 지형적 변화를 읽지는 못할 것이다. 한편, 빠르게 이동하는 태평양판의 경우 1년에 약 10센티미터 이동하므로 하와이제도의 섬들은 지금보다 서쪽으로 100킬로미터 이동했을 것이다. 지금의 하와이 섬 자리에는 열점에서 올라오는 용암 때문에 새로운 섬이 솟아올랐을 것이다.

만일 지구가 지난 250만 년 동안 그래왔던 것처럼 빙기와 간빙기가 주기적으로 교차했다면, 기후변화와 함께 해수면의 상승과 하강이 여러 차례 반복되었을 것이다. 빙기의 정점에서 해수면은 지금보다 약 150미터 내려갔을 것이고, 간빙기에 대륙빙하가 모두 녹을 정도로 따뜻했다면 해수면은 지금보다 60미터 이상 올라갔을 것이다. 따라서 해수면의 상승과 하강에 의한 대륙 가장자리의 지형 변화는 판구조운동에 의한 변화보다 더 뚜렷하게 나타날 것이다.

앞서 지금이 여섯 번째 대량멸종 시기라고 언급했지만, 그래도 지구의 생물이 모두 멸종하는 재앙은 일어나지 않을 것이다. 지난 5억 년 동안에 여러 차례 대량멸종 사건을 겪은 후에도 생물들은 살아남았고, 살아남은 생물들은 또 다른 생태계에서 새로운 번영을 이끌어오지 않았던가. 100만 년 후에 우리 인류의 운명이 어찌 되었을지 궁금하다. 우리 인류의 조상이 약 800만 년 전 침팬지와의 공동 조상으로부터 갈라져나온 후 그동안 존재했던 인류의 조상종으로 10여 종이 있었다. 화석 기록에 따르면 인류 조상종들의 지속기간은 대부분 수 십만 년에 불과했으며 길어도 200만 년을 넘기지 못했다. 이 이야기는 지금으로부터 30만 년 전에 출현한 현생 인류가 100만 년 후에는 존재하지 않을 가능성이 큼을 암시한다.

지구상에서 인류가 완전히 멸종할 수도 있고, 어쩌면 현생 인류의 새로운 후손종으로 이어져 지구를 계속 지배하고 있을지도 모른다. 설령 우리 인류가 모두 멸종했다고 해도 100만 년 후의 지구에는 마치 아무런 일도 일어나지 않은 것처럼 육지와 바다에 다양한 생물이 살고 있을 것이다.

1억 년 후의 지구가 어떤 모습일지 예측하기는 사실 불가능하다. 하지만 판구조적 지식을 바탕으로 먼 훗날의 대륙과 해양의 분포를 그려보는 일은 가능하다. 5000만 년 후 미래의 지구에는 대서양은 넓어지고 태평양은 좁아질 것이다. 현재 대서양에는 대규모 해구가 없으므로 앞으로도 한동안은 계속 넓어지며, 태평양 가장자리에는 해구가 잘 발달되어 있고, 판의 이동속도가 빠르기 때문에 좁아질 수밖에 없다. 그 밖에 눈에 띄는 큰 지리적 변화를 보면, 아프리카판과 유라시아판이 합쳐지면서 지중해가 사라지고 그 자리에 오늘날의 히말라야 산맥에 견줄 만한 높은 산맥이 형성될 것이다. 북아메리카의 서쪽 가장자리에 있던 캘리포니아 반도는 북쪽으로 이동하여 알래스카에 붙어 있고, 하와이 섬도 5,000킬로미터 이상 서쪽으로 이동한 후 유라시아 대륙 밑으로 사라졌다. 약 1200만 년 전부터 수축 단계에 들어섰던 우리의 동해도 없어지고, 일본열도는 아시아 대륙과 합쳐졌다.

1억 년 후, 해양과 대기가 어떤 모습일지 알기는 더욱 어렵다. 지난 5억 년 동안의 해수면 변동의 역사를 보면, 수백 미터의 폭으로 오르고 내렸음을 알 수 있다. 이처럼 해수면이 오르고 내리는 원인은 무엇일까? 두 가지 측면에서 생각해볼 수 있는데, 하나는 실제로 바닷물의 양이 늘어나거나 줄어들기 때문이며, 다른 하나는 바닷물을 담는 그릇, 다시 말하면 해양의 크기가 달라지기 때문이다. 지금은 섭입대에서 들어가는 물의 양이 상대적으로 많기 때문에 장기적으로 바닷물의 양은 줄어드는 추세이다. 또한 현재는 또 다른 초대륙을 만들어가는 과정에

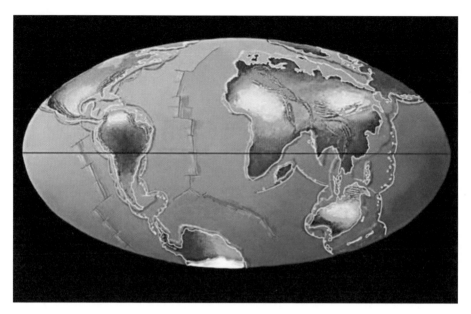

**그림 10-1.** 5000만 년 후의 대륙과 해양의 분포

서 대서양과 인도양이 넓어지고 태평양은 좁아지면서 깊은 바다의 영역이 넓어지는 추세를 보여주고 있기 때문에 1억 년 후의 해수면은 지금보다 더 내려갈 가능성이 있다.

대기의 구성 성분도 크게 달라졌으리라 예상된다. 질소는 안정적인 원소이므로 계속 증가할 것이고, 아르곤도 지구 내부에서의 방출과 칼륨의 방사능 붕괴로 생성되어 늘어날 것이다. 산소의 경우는 퇴적물 속에 얼마나 많은 양의 유기물이 묻히느냐에 따라 정해지기 때문에 그 변동 양상을 예측하기는 어렵다. 하지만 이산화탄소의 농도는 장기적으로 보면 감소하리라고 예측된다. 지난 5억 년 동안의 이산화탄소 변동 양상을 보면, 이산화탄소의 농도가 오르고 내리기는 하지만 전반적으로 감소하는 추세를 보여주기 때문이다. 지금의 이산화탄소 농도는 5억 년 전의 10분의 1에서 20분의 1에 불과하다. 이처럼 시간이 흐름에 따라 이산화탄소 농도가 감소하는 이유는 생물의 활동과 판구조운동 때문이다.

지금 바다에는 산호와 조개처럼 골격을 만드는 생물이 많이 있는데, 이들이 골격을 만들 때 이산화탄소를 사용한다. 그런데 이 생물이 죽으면 남겨진 골격들이 쌓여 퇴적물을 이루고, 이들은 석회암이 되어 대륙 속에 갇히게 된다. 이는 이산화탄소가 대륙 속에 암석의 형태로 갇힘을 의미하며, 이들이 풍화되어 다시 대기로 돌아가기까지는 무척 긴 시간이 걸린다. 지금 우리는 대기 중에 이산화탄소가 늘어나는 것을 크게 걱정하고 있지만, 1억 년 후의 지구 대기에서는 이산화탄소가 크게 줄어들 것이다.

앞으로 1억 년 동안에 반드시 일어났을 것으로 예상되는 사건 중 하나는 소행성 또는 혜성의 충돌이다. 6600만 년 전, 공룡을 멸망시킨 소행성은 지름이 약 10킬로미터였던 것으로 추정되었다. 지금도 우리 지구에 충돌할 가능성이 있는 소행성 또는 혜성은 그 수를 헤아릴 수 없을 정도로 많다. 과거 지질시대를 통해서 충돌한 천체와 현재 충돌 가능성이 있는 천체를 관측한 자료에 따르면, 지름 1킬로미터 크기의 소행성 또는 혜성이 충돌할 가능성은 50만 년에 한 번이고, 지름 5킬로미터 크기의 천체와 충돌할 가능성은 2000만 년에 한 번이라고 한다. 이는 앞으로 1억 년 동안 제법 큰 천체와의 충돌을 여러 차례 겪는다는 뜻이다. 그렇다고 해도 천체의 충돌이 지구의 생물을 모두 멸종시킬 수 있는 정도의 위력은 아닐 것이다. 1억 년 후에도 육지와 바다에는 마치 아무런 일도 일어나지 않은 것처럼 많은 생물이 살고 있을 것이다.

그림 10-2. 약 5만 년 전 충돌한 미국 애리조나 주의 운석 충돌구(Meteor Crater)

### ▶▶▷ 10억 년 후

지난 30억 년의 지구 역사를 들여다보면 초대륙(超大陸)이 만들어졌다가 갈라지는 사건이 여러 번 존재했다. 이처럼 대륙이 갈라진 후 새로운 해양이 형성되고, 또 해양이 사라지면서 새로운 초대륙이 형성된 후 다시 갈라지는 일련의 과정을 '윌슨 주기'라고 부른다. 윌슨 주기에 바탕을 둔 연구를 통해 약 10억 년 전의 초대륙 로디니아가 알려졌고, 이 로디니아가 갈라져 여러 개의 작은 대륙으로 나뉘었다가 3억 년 전 무렵 초대륙 판게아를 이루었다. 판게아 초대륙은 2억 년 전부터 갈라지기 시작하여 현재 여러 개의 대륙으로 나뉘어 있는 단계이므로 먼 훗날 또 다른 초대륙이 만들어지리라고 예상할 수 있다.

실제로 2012년 예일대학 연구팀은 2억 년 후에 만들어질 초대륙 아마시아(Amasia)의 모습을 그려냈다(Mitchell et al., 2012). 아마시아라는 이름은 아메리카 대륙과 아시아 대륙이 합쳐져 새로운 초대륙을 이룬다는 생각을 반영한 이름이다. 윌슨 주기가 대략 6억~8억 년의 주기를 보여주기 때문에 10억 년 후에는 아마시아 이후의 또 다른 초대륙이 형성되었으리라 예측할 수 있다.

태양은 탄생 이후 지난 46억 년 동안 밝기가 꾸준히 증가해왔다. 태양이 탄생했던 46억 년 전 태양의 밝기는 현재의 70퍼센트였다. 태양의 밝기가 증가하면 행성에 도달하는 태양에너지의 세기도 증가한다. 우리 태양계에는 생명체 거주 가능 영역(habitable zone) 또는 '골디락스 영역(Goldilocks zone)'이 있다. 이는 태양으로부터 적당한 거리에 있어서 너무 뜨겁거나 춥지 않기 때문에 물($H_2O$)이 액체 상태로 존재하여 생명이 존재할 수 있는 영역을 의미한다.

현재 태양계의 생명체 거주 가능 영역은 금성 궤도를 지난 부근에서 화성 궤도를 바깥쪽으로 조금 벗어난 영역으로 무척 좁다. 현재 우리 지구는 태양계의 생명체 거주 가능 영역의 안전지대에 자리하고 있다. 그런데 이 영역은 태양이 밝아짐에 따라 점점 바깥쪽으로 이동한다. 앞으로 10억 년 후 태양은 현재보다 10퍼센트, 20억 년 후에는 20퍼센트 더 밝아질 것이다. 태양이 밝아짐에 따라 지구는 점점 데워질 것이고, 더욱 많은 수증기가 기권으로 올라가 광분해를 통해 물은 산소와 수소로 분해될 것이다. 그런데 수소는 가볍기 때문에 우주 공간으로 계속 빠져나가게 되고, 그러면 언젠가는 물을 만들 수 있는 재료(즉, 수소)가 없기 때문에 지구에서 물이 존재할 수 없는 시기(쉽게 이야기하면 바다가

**그림 10-3.** 2억 년 후에 형성될 초대륙 아마시아

없어진다는 말이다.)에 도달할 것이다. 바다가 없어지는 그 시점을 정확히 알 수는 없지만 언젠가는(10억 년 또는 20억 년 후) 지구는 더 이상 생명체가 살 수 없는 행성이 될 것이 분명하다.

태양의 밝기가 증가함에 따라 바다가 없어지는 것 외에도 미래의 지구는 생명체에게 나쁜 소식이 많다. 앞에서 기권의 이산화탄소 농도는 앞으로 계속 감소할 것이라고 말했다. 이산화탄소가 감소하면 지구환경이 좋아질 것이라고 생각하기 쉽지만, 사실은 식물이 광합성 활동을 수행하기 위해서는 이산화탄소 농도가 최소 150피피엠은 되어야 한다.

앞으로 5억 년, 늦어도 10억 년 후에는 대기의 이산화탄소 농도가 그러한 수준에 도달할 것으로 예상되는데, 광합성 활동이 일어나지 않는다면 현재 어디에서나 쉽게 볼 수 있는 식물이 지구에서 사라지게 될 것이다. 식물이 사라지면 식물을 먹고사는 동물이 사라질 것이고, 결국 현재와 같은 지구 생태계는 사라진다. 동식물은 사라지고, 세균과 같은 원핵생물들만 남겨진 생태계다.

식물이 사라지면 지권, 수권, 기권의 모습도 크게 바뀌게 된다. 지권은 식물이 육상에 진출하기 이전인 5억 년 전 이전의 모습으로 되돌아갈 것이다. 뿌리를 내리는 식물이 없어지면 토양이 형성되지 않을 것이고, 토양이 사라지면 지표면은 암석과 모래로만 이루어진 황폐한 모습으로 바뀔 것이다. 숲과 토양이 사라지면 지금처럼 굽이굽이 흐르는 강의 모습은 없어지고, 사막에서 볼 수 있는 일시적으로 흐르는 메마른 강만 보일 것이다. 기권에서는 이산화탄소의 감소뿐만 아니라 식물의 광합성 활동이 사라짐에 따라 산소 농도도 급감할 것이다. 식물이 사라지고 난 후 약 1500만 년이 지나면, 산소 농도는 1퍼센트 미만으로 떨어질 것이라고 한다.

10억 년 또는 20억 년 후의 지구에는 바다도 없고, 벌거벗은 육지에는 눈에 띄는 동식물이 전혀 없는 황량한 행성의 모습일 것이다. 이 무렵부터를 지구의 노년기라고 부를 수 있지 않을까.

태양계에서 지구라는 행성이 지닌 가장 독특한 점은 액체상태의 물이 있고, 산소가 있으며, 무엇보다도 다양한 생물이 살고 있다는 사실이다. 그런데 20억 년 후에는 태양계의 생명체 거주 가능 영역이 이미 지구 궤도를 벗어나 지구에는 물도 없고, 산소도 거의 없으며, 어쩌면 아주 간단한 생명체도 없을 가능성이 크다. 또한 더욱 강력해진 태양에너지의 온실효과로 기권의 온도는 높이 치솟을 것이다. 아마도 그 무렵의 지구는 오늘날의 금성처럼 될 가능성이 있다. 만약 금성처럼 대기가 질소와 이산화탄소로 채워지고 기권의 온도가 섭씨 500도에 도달한다면, 지구는 어떤 생물도 살 수 없는 행성이 될 것이다.

약 50억 년 후의 지구는 더 커다란 재앙이 기다리고 있다. 태양은 별이다. 현재 우주 공간에서는 별이 끊임없이 태어나고 사라진다. 밤하늘에 반짝이는 모든 별에는 수명이 정해져 있다는 뜻이다. 약 46억 년 전 태어난 태양도 언젠가 그 생을 마감한다. 별의 수명과 관련하여 흥미로운 점은 작은 별은 수명이 길고 큰 별은 수명이 짧다는 것이다. 별의 에너지 생성량은 질량에 비례하기 때문에 별이 크면 클수록 그만큼 빠르게 타고, 작은 별일수록 오랫동안 탄다. 별의 수명에 관한 간단한 공식을 소개하면, $T=10^{10}/M^{2.5}$년인데, 여기서 T는 별의 수명이고, M은 태양을 기준으로 계산한 별의 질량비다. 예를 들면, 태양은 M=1이므로 수명이 100억 년이다. 태양보다 두 배 큰 별이면 그 별의 수명은 약 18억 년이고, 태양보다 열 배 큰 별은 수명이 겨우 3000만 년에 불과하다. 우리와 같은 생명체가 지금 지구에 살 수 있었던 것은 지구가 태양처럼 수명이 긴 별의 행성으로 태어났기 때문이다.

　지금 태양은 거의 50억 년을 살아왔고, 별의 수명에 관한 공식을 대입하면 앞으로 50억 년을 더 살 것이다. 50억 년 후 태양은 어떤 모습이고, 또 우리 지구의 미래는 어떻게 될까? 새롭게 별이 탄생했다는 말은 성운이 수축하면서 중심핵의 밀도와 온도가 올라가 수소원자가 핵융합반응을 시작했다는 뜻이다. 수소원자의 핵융합반응이 시작되면, 별은 수축을 중지하고 내부의 압력과 온도가 일정해지는 안정된 상태에 이르게 된다. 천문학에서 별이 주계열성(主系列星) 단계에 들어갔다고 말하는 시점이다. 주계열성 단계에 있는 별의 내부에서는 수소의 핵융합반응으로 헬륨이 생성되는데, 태양의 경우 그러한 활동을 50억 년 가까이 해왔고, 앞으로도 50억 년 이상 더 지속될 것이다.

　50억 년 후에 중심핵이 헬륨으로 채워지면 중력 수축이 일어나면서 온도가 크게 상승하게 된다. 중심핵이 수축하면 태양 가장자리의 온도가 상승하므로 태양의 바깥 부분이 크게 부풀어오르게 된다. 이때 태양은 주계열성 단계를 벗어나 붉은색을 띠는 적색 거성 단계로 들어가게 된다. 적색 거성이 된 태양은 그 크기가 점점 커져 수성과 금성 궤도를 넘어 우리 지구 궤도까지 부풀어 오를 것이라고 한다. 이 무렵 태양은 중심핵에 헬륨이 많아지면서 온도가 상승하여 헬륨의 핵융합반응이 일어나 탄소를 만드는 단계에 접어든다. 이러한 헬륨의 핵융합반응은 약 1억 년 정도 지속될 것이라고 한다. 그러나 이 과정이 끝나면 태양처럼 작은 별은 더 이상 핵융합반응을 일으키지 못하고 활동을 멈춘다. 그러면 태양은 우주 공간에서 더 이상 활동하지 않는 백색 왜성이 되어 약 100억 년 동안 활동해왔던 별로서의 일생을 마치게 된다. 태양보다 훨

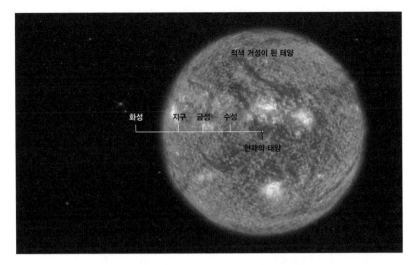

**그림 10-4.** 50억 년 이후 적색 거성이 된 태양의 모습

씬 작은 지구는 우주 공간에서 더 이상 활동하지 않는 암석 덩어리로 남게 될 것이다.

19세기 초 지질학이 자연과학의 한 분야로 자리매김한 이후, 많은 학자의 노력으로 지구가 언제 어떻게 태어났으며 그동안 어떤 일이 일어났는지 상세하게 알게 되었다. 지구의 미래에 대한 예측 또한 어느 정도 가능해졌다. 복잡한 현대를 살아가는 사람들에게 지구의 과거와 미래가 꼭 필요한 지식은 아닐지도 모른다. 하지만 지구를 알아간다는 것은 거대한 우주의 시공간에서 자신의 위상을 파악하고 삶의 가치를 느끼는 데 분명 도움이 될 것이다. "알면 사랑한다."는 말처럼,《지구의 일생》을 통해 우리 지구를 좀 더 사랑할 수 있기를 기대해 본다.

# 참고 문헌

이승렬·조경오, 〈한반도 선캄브리아 지각진화사〉,《암석학회지》v. 21, p. 89 - 112, 2012.

최덕근,《한반도 형성사》, 서울대학교출판문화원, 2014.

Albani, A.E. et al., 2010, Large colonial organisms with coordinated growth in oxygenated environments 2.1 Gyr ago. Nature, 466: 100-104.

Algeo T.J., Scheckler, S.E. and Maynard, J.B., 2001, Effects of the middle to late Devonian spread of vascular land plants on weathering regimes, marine biotas, and global climate. In: Gensel, P.G. and Edwards, D., (eds.), Plants invade the land – evolutionary and environmental perspectives. New York, Columbia University Press, p. 213-236.

Alvarez, L.W., Alvarez, W., Asaro, F., and Michel, H.V., 1980, Extraterrestrial cause for the Cretaceous-Tertiary extinction. Science, 208: 1095-1108.

Babcock, L.E. and Robinson, R.A., 1989, Preferences of Palaeozoic predators. Nature, 337: 695-696.

Barboni, M., Boehnke, P., Keller, B., Kohl, I., Schoene, B., Young, E.D., and McKeegan, K.D., 2017, Early formation of the Moon 4.51 billion years ago. Science Advances, 3:e1602365.

Bekker, A. and Holland, H.D., 2012, Oxygen overshoot and recovery during the early Paleoproterozoic. Earth and Planetary Sciences, 317-318: 295-304.

Bekker, A., Slack, J.F., Planasky, N., Krapez, B., Hofmann, A., Konhauser, K.O., and Rouxel, O.J., 2010, Iron formation: The sedimentary product of a complex interplay among mantle, tectonic, oceanic, and biosphere processes. Economic Geology, 105: 467-508.

Bell, E.A., Boehnke, P., Harrison, T.M., and Mao, W.L., 2015, Potentially biogenic carbon preserved in a 4.1 billion-year-old zircon. Proceedings of National Academy of Sciences, 112: 14518-14521.

Bengtson, S., Sallstedt, T., Belivanova, V., and Whitehouse, M., 2017, Three-dimensional preservation of cellular and subcellular structures suggests 1.6 billion-year-old crown-group red algae. PLOS Biology, 15: e2000735.

Berner, R.A., 2006, GEOCARBSULF: A combined model fro Phanerozoic atmospheric O2 and CO2. Geochimica et Cosmochimica Acta, 70: 5653-5664.

Berner, R.A., Beerling, D.J., Dudley, R., Robinson, J.M., and Wildman, R.A., 2003, Phanerozoic atmospheric oxygen. Annual Review of Earth and Planetary Sciences, 31: 105-134.

Biggin, A.J., Piispa, E.J., Pesonen, L.J., Holme, R., Paterson, G.A., Veikkolainen, T., and Tauxe, L., 2015, Palaeomagnetic field intensity variations suggest Mesoproterozoic inner-core nucleation. Nature, 526: 245-248.

Bleeker, W., 2003, The late Archean record: a puzzle in ca. 35 pieces. Lithos, 71: 99-134.

Bosak, T., Knoll, A,H., and Petroff, A.P., 2013. The meaning of stromatolites. Annual Review of Earth and Planetary Sciences, 41: 21-44.

Bottke, W.F. et al., 2012, An Archean heavy bombardment from a destabilized extension of the asteroid belt. Nature, 485: 78-81.

Bottke, W.F., Vokrouhlicky, D., Marchi, S., Swindlke, T., Scott, E.R.D., Weirich, J.R., and Levison, H., 2015, Dating the Moon-forming impact event with asteroidal meteorites. Science, 348: 321-323.

Bouvier, A. and Wadhwa, M., 2010, The age of the Solar System redefined by the oldest Pb-Pb age of a meteoritic inclusion. Nature Geoscience, 3: 637-641.

Bowring, S.A. and Williams, I.S., 1999, Priscoan (4.00−4,03 Ga) orthogneiss from northwestern Canada. Contribution to Mineralogy and Petrology 134: 3-16.

Bradley, D.C., 2011, Secular trends in the geologi record and the supercontinent cycle. Earth-Science Reviews, 108: 16-33.

Brasier, M.D., Cowie, J. and Taylor, M., 1994, Decision on the Precambrian-Cambrian boundary stratotype. Episodes, 17: 3-8.

Brasier, M.D., Green, O.R., Jephcoat, A.P., Kleppe, A.K., van Kranendonk, M.J., Lindsay, J.F., Streele, A., and Grassineau, N.V., 2002, Questioning the evidence for Earth's oldest fossils. Nature, 416: 76-81.

Brocks, J.J., Logan, G.A., Buick, R., and Summons, R.E., 1999, Archean molecular fossils and the early rise of eukaryotes. Science, 285: 1033-1036.

Cairns-Smith, A.G., 1978, Precambrian solution photochemistry, inverse segregation, and banded iron formation. Nature, 276: 807-808.

Canfield, D.E., 1998, A new model for Proterozoic ocean chemistry. Nature, 396: 450-453.

Canup, R.M., 2004, Dynamics of lunar formation. Annual Review of Astronomy and

Astrophysics, 42: 441-475.

Canup, R. & Asphaug, E., 2001, Origin of the Moon in a giant impact near the end of the Earth's formation. Nature, 412(6848): 708-712.

Cawood, P.A. and Hawkesworth, C.J., 2014, Earth's middle age. Geology, 42: 503-506.

Cerling, T.E., Wang, Y., and Quade, J., 1993, Expansion of C4 ecosystems as an indicator of global ecological change in the late Miocene. Nature, 361: 344-345

Chambers, J.E., 2007, On the stability of a planet between Mars and the asteroid belt: Implications for the Planet V hypothesis. Icarus 189: 386-400.

Cho, D.-L., Lee, S.R., Koh, H.J., Park, J.-B., Armstrong, R., and Choi, D.K., 2014, Late Ordovician volcanism in Korea constrains the timing for breakup of Sino-Korean Craton from Gondwana. Journal of Asian Earth Sciences, v. 96, p. 279-286.

Cho, M., Kim, H., Lee, Y., Horie, K., Hidaka, H., 2008. The oldest (ca. 2.51 Ga) rock in South Korea: U-Pb zircon age of a tonalitic migmatite, Daeijak Island, western Gyeonggi Massif. Geosciences Journal, 12: 1–6.

Choi, D.K., Woo, J., and Park, T.-Y., 2012, The Okcheon Supergroup in the Lake Chungju area: Neoproterozoic volcanic and glaciogenic sedimentary successions in a rift basin. Geosciences Journal, 16: 229-252.

Clack, J.A., 2007, Devonian climatic change, breathing, and the origin of the tetrapod stem group. Integrative and Comparative Biology, v. 47, p. 510-523.

Cloud, P., 1973, Paleoecological significance of banded-iron formation. Economic Geology, 68: 1135-1143.

Compston, W., Williams, I.S., Kirschvink, J.L., Zhang, Z. and Ma, G., 1992, Zircon U-Pb ages for the Early Cambrian time-scale. Journal of the Geological Society, London, v. 149, p. 171-184.

Condie, K.C. and Aster, R.C., 2010, Episodic zircon age spectra of orogenic granitoids: the supercontinent connection and continental growth. Precambrian Research, 180: 227-236.

Condie, K.C. and Kroner, A., 2008, When did plate tectonics begin? Evidence from the geological record. In: Condie, K.C. and Pease, V. (eds.), When Did Plate Tectonics Begin on Planet Earth? GSA Special Paper 440: 1-14.

Condie, K.C., O'Neill, C., and Aster, R.C., 2009, Evidence and implications for a widespread magmatic shutdown for 250 My on Earth. Earth and Planetary Science Letters, 282: 294-298.

Cuk, M., 2012, Chronology and sources of lunar impact bombardment. Icarus, 218: 69-79.

Dalton, R., 2004, Fresh study questions oldest traces of life in Akila rock. Nature, 429: 688.

Dalziel, I.W.D., 1991, Pacific margins of Laurentia and East Antarctica-Australia as a conjugate rift pair: Evidence and implications for an Eocambrian supercontinent. Geology, 19: 598-601.

Dewey, J.F. and Bird, J.M., 1970, Mountain belts and the new global tectonics. Journal of Geophysical Research, v. 75, p. 2625-2647.

Dodd, M.S., Papineau, D., Grenne, T., Slack, J.F., Rittner, M., Pirajno, F., O'Neill, J., and Little, C.T.S., 2017, Evidence for early life in Earth's oldest hydrothermal vent precipitates. Nature, 543: 60-64.

Evans, D.A.D., 2009, The palaeomagnetically viable, long-lived and all-inclusive Rodinia supercontinent reconstruction. In Murphy, J.B., Keppie, J.D., and Hynes, A.J. (Eds.), Ancient Orogens and Modern Analogues. Geological Society of London, Special Publication 327: 371-404.

Evans, D.A.D., 2013, Reconstructing pre-Pangean supercontinents. Geological Society of America, Bulletin, 125: 1735-1751.

Evans, D.A.D., Beukes, N.J., and Kirschvink, J.L., 1997, Low-latitude glaciation in the Palaeoproterozoic era. Nature, 386: 262-266.

Eyles, N., 2008, Glacio-epochs and the supercontinent cycle after~3.0 Ga: Tectonic boundary conditions for glaciation. Palaeogeography, Palaeoclimatology, Palaeoecology, 258: 89-129.

Farquhar, J. and Wing, B.A., 2003, Multiple sulfur isotopes and the evolution of the atmosphere. Earth and Planetary Science Letters, 213: 1-13.

Farquhar, J., Bao, H., and Thiemens, M., 2000, Atmospheric influences of Earth's earliest sulfur cycle. Science, 289: 756-758.

Fielding, C.R., Frank, T.D., and Isbell, J.L., 2008, The Late Paleozoic ice age-A review of current understanding and synthesis of global climate patterns. The Geological Society of America, Special Paper 441, p. 343-354.

Firestone, R.B. et al., 2007, Evidence for an extraterrestrial impact 12,900 years ago that contributed to the megafaunal extinctions and the Younger Dryas cooling. Porceedings of the National Academy of Sciences, 104: 16016-16021.

Foster, G.L., Royer, D.L., and Lunt, D.J., 2017, Future climate forcing potentially without precedent in the last 420 million years. Nature Communications, 14845.

Gehling, J.G., 1999, Microbial mats in terminal Proterozoic siliciclastics: Ediacaran death masks. Palaios, 14: 40-57.

Gehling, J.G. and Droser, M.L., 2013, How well do fossil assemblges of the Ediacara Biota tell time? Geology, 41: 447-450.

Glaessner, M.F., 1959, Precambrian Coelenterata from Australia, Africa and England. Nature, 183: 1472-1473.

Gomes, R., Levison, H.F., Tsiganis, K., and Morbidelli, A., 2005, Origin of the cataclysmic Late Heavy Bombardment period of the terrestrial planets. Nature 435: 466-469.

Gumsley, A.P., Chamberlain, K.R., Bleeker, W., Soderlund, U., de Kock, M.O., Larsson, E.R., and Bekker, A., 2017, Timing and tempo of the Great Oxidation Event. Proceedings of the National Academy of Sciences, 114: 1811-1816.

Halevy, I. and Bachan, A., 2017, The geologic history of seawater pH. Science, 355: 1069-1071.

Han, T.-M. and Runnegar, B., 1992, Megascopic eukaryotic algae the 2.1-billion-year-old Negaunee Iron-Formation, Michigan. Science, 257: 232-235.

Hand, E., 2015, Moon-forming impact left scars in distant asteroids. Science, 348: 271.

Hansma, H.G., 2010, Possible origin of life between mica sheets. Journal of Theoretical Biology, 266: 175-188.

Haqq-Misra, J.D., Domagal-Goldman, S.D., Kasting, P.J., and Kasting, J.F., 2008, A revised, hazy methane greenhouse for the Archean Earth. Astrobiology, 8: 1127-1137.

Harrison, J.F., Kaiser, A., and VandenBrooks, J.M., 2010, Atmospheric oxygen level and the evolution of insect body size. Proceedings of the Royal Society B, 277: 1937-1946.

Hartmann, W.K. and Davis, D.R., 1975, Satellite-sized planetesimals and lunar origin. Icarus, 24: 504-515.

Hawkesworth, C.J., Dhuime, B., Pietranik, A.B., Cawood, P.A., Kemp, A.I.S., and Storey, C.D., 2010, The generation and evolution of the continental crust. Journal of the Geological Society, London, 167: 229-248.

Hoffman, P.F., 1991, Did the breakout of Laurentia turn Gondwana inside-out? Science, 252: 1409-1412.

Hoffman, P.F., Kaufman, A.J., Halverson, G.P., and Schrag, D.P., 1998, A Neoproterozic snowball Earth. Science, 281: 1342-1346.

Holland, H.D., 1984, The Chemical Evolution of the Atmosphere and Oceans. Princeton University Press, Princeton.

Holland, H.D., 2002, Volcanic gases, black smokers, and the great oxidation event. Geochemica Cosmochemica Acta, 66: 3811-3826.

Holland, H.D., 2006, The oxygenation of the atmosphere and oceans. Phil., Trans. R. Soc. B., 361: 903-915.

Hug, L.A. et al., 2016, A new view of the tree of life. Nature Microbiology, Article no. 16048.

Huston, D.L., and Logan, G.A., 2004, Barite, BIFs and bugs: evidence for the evolution of the

Earth's early hydrosphere. Earth and Planetary Science Letters, 220: 41-55.

Isley, A.E. & Abbott, D.H., 1999, Plume-related mafic volcanism and the deposition of banded iron formation. Journal of Geophysica Research, 104: 15461-15477.

Isozaki, Y., 1997, Permo-Triassic superanoxia and stratified superocean: records from lost deep sea. Science, 276: 235-238.

Johnson, J.E., Webb, S.M., Thomas, K., Ono, S., Kirschvink, J.L., and Fischer, W.W., 2013, Manganese-oxidizing photosynthesis before the rise of cyanobacteria. Proceedings of the National Academy of Sciences, 110: 11238-11243.

Johnston, C.M., Beard, B.L., Klein, C., Beukes, N.J., and Roden, E.E., 2008, Iron isotopes constrain biologic and abiologic processes in banded iron formation genesis. Geochimica et Cosmochimica Acta, 72: 151-169.

Jutzi, M. and Asphaug, E., 2011, Forming the lunar farside highlands by accretion of an companion moon. Nature, 476: 69-72.

Kappelman, J., Ketcham, R.A., Pearce, S., Todd, L., Akins, W., Cobert, M.W, Feseha, M., Maisano, J.A., and Witzel, A., 2016, Perimortem fractures in Lucy suggest mortality from fall out of tall tree. Nature, 537: 503-507.

Karhu, J.A. and Holland, H.D., 1996, Carbon isotopes and rise of atmospheric oxygen. Geology, 24: 867-870.

Kasting, J.F., 1988, Runaway and moist greenhouse atmospheres and the evolution of Earth and Venus. Icarus, 74: 472-494.

Kasting, J.F., 1993, Earth's early atmosphere. Science, 259: 920-926.

Kasting, J.F., 2005, Methane and climate change during the Precambrian era. Precambrian Research, 137: 119-129.

Kennedy, M., Droser, M., Mayer, L.M., Pevear, D., and Mrofka, D., 2006, Late Precambrian oxygenation: inception of the clay mineral factory. Science, 311: 1446-1449.

Kenny, G.G., Whitehouse, M.J., and Kamber, B.S., 2016, Differentiated impact melt sheets may be a potnetial source of Hadean detrital zircon. Geology, 44: 435-438.

Kirschvink, J.L., 1992, Late Proterozoic low-latitude global glaciation: The snowball Earth. In: Schopf, J.W. and Klein, C. (Eds.), The Proterozoic Biosphere: A MUltidisciplinary Study. Cambridge University Press, Cambridge, p. 51-52.

Kirschvink, J.L. and Kopp, R.E., 2008, Palaeoproterozoic ice houses and the evolution of oxygen-mediating enzymes: the case for a late origin of photosystem II. Philosophical Transactions of the Royal Society B, 363: 2755-2765.

Kirschvink, J.L., Gaidos, E.J., Bertani, L.E., Beukes, N.J., Gutzmer, J., Maepa, L.N., and

Steinberger, R.E., 2000, Paleoproterozoic snowball Earth: Extreme climatic and geochemical global change and its biological consequences. Proceedings of the National Academy of Sciences, 97, 1400-1405.

Knauth, L.P. 2005, Temperature and salinity history of the Precambrian ocean: implications for the course of microbial evolution. Palaeogeography, Palaeoclimatology, Palaeoecology, 219: 53-69.

Knoll, A.H., Bambach, R.K., Canfield, D.E., and Grotzinger, J.P., 1996, Comparative Earth history and Late Permian mass extinction. Science, 273: 452-457.

Knoll, A.H., Javaux, E.J., Hewitt, D., and Cohen, P., 2006, Eukaryotic organisms in Proterozoic oceans. Philosophical Transactions of the Royal Society, B 361: 1023-1038.

Koeberl, C., 2006, The record of impact processes on the early Earth – A review of the first 2.5 billion years. In: Reimold, W.U. and Gibson, R.L. (eds.), Processes of the Early Earth, Geological Society of America Special Paper, 405: 1-22.

Konhauser, K.O., Hamade, T., Raiswell, R., Morris, R.C., Ferris, F.G., Southam, G., and Canfield, D.E., 2002, Could bacteria have formed the Precambrian banded iron formations? Geology, 30: 1079-1082.

Kopp, R.E., Kirschvink. J.L., Hilburn, I.A., and Nash, C.J., 2005, The Paleoproterozoic snowball Earth: A climate disaster triggered by the evolution of oxygenic photosynthesis. Proceedings of National Academy of Sciences, 102: 11131-11136.

Korenaga, J., 2006, Archean geodynamics and the thermal evolution of Earth. Geophysical Monograph Series, 64: 7-30.

Kump, L.R., Pavlov, A., and Arthur, M.A., 2005, Massive release of hydrogen sulfide to the surface ocean and atmosphere during intervals of oceanic anoxia. Geology, 33: 397-400.

Li, Z.-X., Zhang, L., and Powell, C.McA., 1995, South China in Rodinia: Part of the missing link between Australia-East Antarctica and Laurentia?: Geology, 23: 407-410.

Liang, M.C., Hartman, H., Kopp, R.E., Kirschvink, J.L., and Yung, Y.L., 2006, Production of hydrogen peroxide in the atmosphere of a snowball Earth and the origin of oxygenic photosynthesis. Proceedings of the National Academy of Sciences, 103: 18896-18899.

Love, G.D., Grosjean, E., Stalvies, C., Fike, D.A., Grotzinger, J.P., Bradley, A.S., Kelly, A.E., Bhatia, M., Meredith, W., Snape, C.E., Bowring, S.A., Condon, D.J., and Summons, R.E., 2009, Fossil steroids record the appearance of Demospongiae during the Cryogenian period: Nature, 457: 718–721.

Luo, Z.-X., Yuan, C.-X., Meng, Q.-J., and Ji, Q., 2011, A Jurassic eutherian mammal and divergence of marsupials and placentals. Nature, 476: 442-445.

Marchi, S., Bottke, W.F., Elkins-Tanton, L.T., Bierhaus, M., Wuennemann, K., Morbidelli, A. and Kring, D.A., 2014, Widespread mixing and burial of Earth's Hadean crust by asteroid impacts. Nature, 511: 578-582.

Margulis, L., 1970, Origin of Eukaryotic Cells. Yale University Press, New Haven.

Margulis, L., 1981, Symbiosis in Cell Evolution. W. H. Freeman & Co., San Francisco.

Marzoli, A., Renne, P.R., Piccirillo, E.M., Ernesto, M., Bellieni, G., and de Min, A., 1999, Extensive 200-million-year-old continental flood basalts of the Central Atlantic Magmatic Province. Science, 284: 616-618.

Macdonald, F.A. and Wordsworth, R., 2017, Initiation of Snowball Earth with volcanic sulfur aerosol emissions. Geophysical Research Letters, 44: doi:10.1002/2016GL072335.

McKenzie, N.R., Hughes, N.C., Myrow, P.M., Choi, D.K. and Park, T.-Y., 2011, Trilobites and zircons link north China with the eastern Himalaya during the Cambrian. Geology, v. 39, p. 591-594.

McMenamin, M.A.S. and McMenamin, D.S., 1990, The Emergence of Animals: The Cambrian Breakthrough. New York, Columbia University Press, 217 p.

Meert, J.G., 2012, What's in a name? The Columbia (Paleopangaea/Nuna) supercontinent. Gondwana Research, 21: 987-993.

Meredith, R.W. et al., 2011, Impacts of the Cretaceous terrestrial revolution and KPg extinction on mammal diversification. Science, 334: 521-524.

Meyer, K.M. and Kump, L.R., 2008, Oceanic euxinia in Earth history: causes and consequences. Annual Review of Earth and Planetary Sciences, 36: 251-288.

Mitchell, R.N., Kilian T.M., and Evans, D.A.D., 2012, Supercontinental cycles and the calculation of absolute paleolongitude in deep time. Nature, 482: 208-212.

Moores, E.M., 1991, Southwest US-East Antarctic (SWEAT) connection: A hypothesis. Geology, 19: 425-428.

Morbidelli, A., Levison, H.F., Tsiganis, K., and Gomes, R., 2005, Chaotic capture of the Jupiter's Trojan asteroids in the early Solar System. Nature 435: 462-465.

Narbonne, G.M., 2005, The Ediacara biota: Neoproterozoic origin of animals and their ecosystems. Annual Reviews of Earth and Planetary Sciences, 33: 421-442.

O'Neil, J., Carlson, R.W., Francis, D., and Stevenson, R.K., 2008, Neodymium-142 evidence for Hadean mafic crust. Science 321: 1828-1831.

Pavlov, A.A., Kasting, J.F., Brown, L.L., Rages, K.A., and Freedman, R., 2000, Greenhouse warming of CH4 in the atmosphere of early Earth. Journal of Geophysical Research, 105: 11981-11990.

Pavlov, A.A., Hurtgen, M.T., Kasting, J.F., and Arther, M.A., 2003, Methane-rich Proterozoic atmosphere? Geology, 31: 87-90.

Pisarevsky, S.A., Elming, S., Pesonen, L.J., and Li, Z.-X., 2014, Mesoproterozoic paleogeography: Supercontinent and beyond. Precambrian Research, 244: 207-225.

Poulton, S.W. and Canfield, D.E., 2011, Ferruginous conditions: A dominant feature of the ocean through Earth's history. Elements, 7: 107-112.

Poulton, S.W., Fralick, P.W., and Canfield, D.E., 2004, The trnasition to a sulphidic ocean~1.84 billion years ago. Nature, 431: 173-177.

Rasmussen, B., Fletcher, I.R., Brocks, J.J., and Kilburn, M.R., 2008, Reassessing the first appearance of eukaryotes and cyanobacteria. Nature, 455: 1101-1104.

Rasmussen, B., Bekker, A., and Fletcher, I.R., 2013, Correlation of Paleoproterozoic glaciations based on U-Pb zircon ages for tuff beds in the Transvaal and Huronian supergroups. Earth and Planetary Science Letters, 382: 173-180.

Retallack, G.J., Krull, E.S., Thackray, G.D., and Parkinson, D., 2013, Problematic urn-shaped fossils from a Paleoproterozoic (2.2 Ga) paleosol in South Africa. Precambrian Research, 235: 71-87.

Rogers, J.J.W. and Santosh, M., 2002, Configuration of Columbia, a Mesoproterozoic supercontinent. Gondwana Research, 5: 5-22.

Rogers, J.J.W. and Santosh, M., 2003, Supercontinents in Earth history. Gondwana Research, 6: 357-368.

Rosing, M.T. and Frei, R., 2004, U-rich seafloor sediments from Greenland-Indications of >3700 Ma oxygenic photosynthesis. Earth and Planetary Science Letters, 217: 237-244.

Royer, D.L., 2006, CO2-forced climate thresholds during the Phanerozoic. Geochimica et Cosmochimica Acta, 70: 5665-5675.

Rubinstein, C.V., Gerrienne, P., de la Puente, G.S., Astini, R.A., and Steemans, P., 2010, Early Middle Ordovician evidence for land plants in Argentina (eastern Gondwana). New Phytologist, 188: 365-369.

Rufu, R., Aharonson, O., and Perets, H.B., 2017, A multiple-impact origin for the Moon. Nature Geoscience, 10: 89-94.

Schidlowski, M., 1988, A 3,800-million-year isotopic record of life from carbon in sedimentary rocks. Nature 333: 313-318.

Schopf, J.W., 1993, Microfossils of the early Archean Apex Chert: New evidence of the antiquity of life. Science, 260: 640-646.

Schopf, J.W., 2006, The first billion years: When dif life emerge? Elements, 2: 229-233.

Schopf, J.W., Kitajima, K., Spicuzza, M.J., Kudryavtsev, A.B., and Valley, J.W., 2018, SIMS analysis of the oldest known assemblage of microfossils documented their taxon-correlated carbon isotope compositions. Proceedings of the National Academy of Sciences, 115: 53-58.

Schrag, D.P., Berner, R.A., Hoffman, P.F., and Halverson, G.P., 2002, On the initiation of a snowball Earth: Geochemistry, Geophysics, Geosystems, 3: 1.

Seilacher, A., 1989, Vendozoa: Organismic construction in the Proterozoic biosphere. Lethaia, 22: 229–239.

Sepkoski, J.J., Bambach, R.K., Raup, D.M., and Valentine, J.W., 1981, Phanerozoic marine diversity and the fossil record. Nature, 293: 435-437.

Shen, B., Dong, L., Xiao, S., and Kowalewski, M., 2008, The Avalon explosion: Evolution of Ediacara morphospace. Science, 319: 81-84.

Sprigg, R.C., 1947, Early Cambrian (?) jellyfishes from the Flinders Ranges, South Australia. Transactions of the Royal Society of South Australia, 71: 212-224.

Squire, R.J., Campbell, I.H., Allen, C.M., and Wison, C.J.L., 2006, Did the Transgondwanan Supermountain trigger the explosive radiation of animals on Earth? Earth and Planetary Science Letters, 250: 116-133.

Stanley, S.M. and Hardie, L.A., 1998, Secular oscillations in the carbonate mineralogy of reef-building and sediment producing organisms driven by tectonically forced shifts in seawater chemistry. Palaeogeography, Palaeoclimatology, Palaeoecology, v. 144, p. 3-19.

Stern, R.J., 2008, Modern-style plate tectonics began in Neoproterozoic time: An alternative interpretation of Earth' tectonic history. In: Condie, K.C. and Pease,V. (eds.), When Did Plate Tectonics Begin on Planet Earth? GSA Special Paper 440: 265-280.

Strik, G., Blake, T.S., Zegers, T.E., White, S.H., and Langereis, C.G., 2003, Palaeomagnetism of flood basalts in the Pilbara Craton, Western Australia: Late Archaean continentla drift and the oldest known reversal of the geomagnetic field. Journal of Geophysical Research, 108(B12): 2551.

Tang, M., Chen, K., and Rudnick, R.I., 2016, Archean upper crust transition from mafic to felsic marks the onset of plate tectonics. Science, 351: 372-375

Touboul, M., Kleine, T., Bourdon, B., Palme, H., and Wieler, R., 2007, Late formation and prolonged differentiation of the Moon inferred from W isotopes in lunar metals. Nature, 450: 20-27.

Tsiganis, K., Gomes, R., Morbidelli, A., and Levison, H.F., 2005, Origin of the orbital architecture of the giant planets of the Solar System. Nature 435: 459-461.

Turner, S., Rushmer, T., Reagan, M., and Moyen, J.-F., 2014, Heading down early on? Start of subduction on Earth. Geology, 42: 139-142.

Valley, J.W., Peck, W.H., King, E.M., and Wide, S.A., 2002, A cool early Earth. Geology, 30: 351-354.

Wacey, D., Kilburn, M.R., Saunders, M., Cliff, J. and Brasier, M.D., 2011, Microfossils of sulphur-metabolizing cells in 3.4-billion-year-old rocks of Western Australia. Nature Geoscience, 4: 698-702.

Walter, M.R., Buick, R., and Dunlop, J.S.R., 1980, Stromatolites 3,400-3,500 Myr old from the North Pole area, Western Australia. Nature, 284: 443-445.

Ward, P. and Kirschvink, J., 2015, A New History of Life: The radical new discoveries about the origins and evolution of life on Earth. Bloomsbury Publishing Inc.

Wilde, S.A., Valley, J.W., Peck, W.H., and Graham, C.M., 2001, Evidence from detrital zircons for the existence of continental crust and oceans on the Earth 4.4 Ga ago. Nature, 409: 175-178.

Williams, G.E., 2005, Subglacial meltwater channels and glaciofluvial deposits in the Kimberly Basin, Western Australia: 1.8 Ga low-latitude glaciation coeval with continental assembly. Journal of the Geological Scoiety, London, 162: 111-124.

Wilson, J.T., 1966, Did the Atlantic close and then re-open? Nature, v. 211, p. 676-681.

Xiao, S., Zhang, Y., and Knoll, A.H., 1998, Three-dimensional preservation of algae and animal embryos in a Neoproterozoic phosphorite. Nature, 391: 553–558.

Young, G.M., 2013, Climatic catastrophes in Earth history: Two great Proterozoic glacial episodes. Geological Journal, 48: 1-21.

Young, G.M., von Brunn, V., Gold, D.J.C., and Minter, W.E.L., 1998, Earth's oldest reported glaciation: physical and chemical evidence from the Archean Mozaan Group (~2.9 Ga) of South Africa. The Journal of Geology, 106: 523-538.

Young, G.M., Long, D.G.F., Fedo, C.M., and Nesbitt, H.W., 2001, Paleoproterozoic Huronian basin: product of a Wilson cycle punctuated by glaciations and a meteorite impact. Sedimentary Geology, 141-142: 233-254.

Zahnle, K., 2006, Earth's earliest atmosphere. Elements, 2: 217-222.

Zahnle, K., Arndt, N., Cockell, C., Halliday, A., Nisbet, E., Selsis, F., and Sleep, N.H., 2007, Emergence of a habitable planet. Space Science Reviews, 129: 35-78.

Zahnle, K., Schaefer, L., and Fegley, B., 2010, Earth earliest atmosphere. Cold Spring Harbor Perspectives in Biology 2010: 2, a004895.

Zegers, T.E., de Wit, M.J., Dann, J. and White, S.H., 1998, Vaalbara, Earth's oldest assembled continent? A combined structural, geolchronological, and palaeomagnetic test. Terra Nova,

10: 250-259.

Zhai, M.G., Guo, J.H., Li, Z., Chen, D., Peng, P., Li, T., Hou, Q., Fan, Q., 2007. Linking the Sulu UHP belt to the Korean peninsula: Evidence from eclogite, Precambrian basement, and Paleozoic sedimentary basins. Gondwana Research 12, 388–403.

Zhang, S., Li, Z.-X., Evans, D.A.D., Wu, H., Li, H., and Dong, J., 2012, Pre-Rodinia supercontinent Nuna shaping up: A global synthesis with new paleomagnetic results from North China. Earth and Planetary Science Letters, 353-354: 145-155.

Zhao, G., Cawood, P.A., Wilde, S.A., and Sun, M., 2002, Review of global 2.1-1.8 Ga orogens: implications for a pre-Rodinia supercontinent. Earth-Science Reviews, 59: 125-162.

Zhao, G., Sun, M., Wilde, S.A., and Li, S., 2004, A Paleo-Mesoproterozoic supercontinent: assembly, growth and breakup. Earth-Science Reviews, 67: 91-123.

Zhao, G., Cao, L., Wilde, S.A., Sun, M., Choe, M.J., Li, S.Z., 2006. Implications based on the first SHRIMPU-Pb zircon dating on Precambrian granitoid rocks in North Korea. Earth and Planetary Science Letters 251, 365–379.

# 그림 출처

12쪽 지구 ⓒ 셔터스톡 / 그림 1 ⓒ 셔터스톡 / 그림 2 ⓒ 셔터스톡 / 28쪽 달 ⓒ NASA / 30쪽
태양 ⓒ NASA / 그림 1-1 ⓒ NASA / 그림 1-4 ⓒ NASA / 그림 1-5 ⓒ 셔터스톡 / 그림 1-7 ⓒ
NASA / 그림 1-8 ⓒ 셔터스톡 / 그림 1-9 ⓒ 셔터스톡 / 그림 2-2 ⓒ 셔터스톡 / 그림 2-5 ⓒ 셔
터스톡 / 그림 2-6 ⓒ Nutman, 2006 / 그림 3-3 ⓒ Northwest Territories Geological Survey, Canada /
그림 3-4 ⓒ NASA / 그림 3-5 ⓒ Gomes et al., 2005 / 그림 3-7 ⓒ Hansma, 2010 / 그림 3-8 ⓒ Bell
et al., 2015 / 그림 3-9 ⓒ Schopf, 2006 / 그림 3-10 ⓒ Wacey et al., 2011 / 그림 4-3 ⓒ 셔터스톡 /
그림 4-4 ⓒ Han and Runnegar, 1992 / 그림 4-8 ⓒ Knoll et al., 2006 / 그림 5-1 CC-BY  James St.
John Flickr stream / 그림 6-6 ⓒ Blakey, 2011 / 그림 6-7 ⓒ Wilson, 1966 / 그림 7-3 ⓒ 셔터스톡 /
그림 7-5 ⓒ Niedzwiedzki et al., 2010 / 그림 8-2 ⓒ Blakey, 2011 / 그림 8-3 ⓒ Blakey, 2011 / 그림
8-4 ⓒ Blakey, 2011 / 그림 9-1 ⓒ Blakey, 2011 / 그림 9-4 ⓒ 셔터스톡 / 그림 10-1 ⓒ Scotese, 2000
/ 그림 10-2 ⓒ 셔터스톡 / 그림 10-4 ⓒ NASA

# 찾아보기

## ㄱ

각운동량 보존법칙 ○ 43, 46, 74
간빙기 ○ 310, 314, 316~317, 336~339
감람석 ○ 22, 77~79, 93
감람암 ○ 19, 78~80, 93
거대충돌 ○ 61, 63, 75~86, 95
거대충돌설 ○ 58~61, 63~64, 75
고대서양 ○ 224
고생대 ○ 164, 175, 184, 190, 211, 220~228, 233~234, 238, 242, 252~253, 255~257, 259~261, 263~264, 268~269, 271~272, 290, 311
고원생대 ○ 121~122, 125, 129, 131, 136, 124, 146, 148~153, 160, 163~164, 167, 170, 172, 194, 197
　고원생대 조산대 ○ 164
　눈덩이지구 빙하시대 ○ 149~150, 154, 156
곤드와나횡단 거대산맥 ○ 182, 196, 226~227
곤충 ○ 265~266, 271, 292
골디락스 영역 ○ 344
공룡 ○ 233, 281, 287~290, 293~294, 302~303, 338, 342
　용반목 ○ 287~288, 290
　조반목 ○ 287~288, 290

공전궤도 ○ 15, 66, 317
공전주기 ○ 53, 74
광물 ○ 13, 21~22, 44, 49, 62, 76~79, 85, 87~88, 91, 93, 115, 118, 136~137, 162~163, 201, 207, 295
광분해 ○ 125, 139~140, 344
광합성 ○ 21, 26~27, 118, 121~122, 126, 139~140, 142~146, 153~154, 159, 169, 186~188, 196, 199, 239~240, 242, 244, 268, 274, 308, 345~346
그랜드캐니언 ○ 227~228
그렌빌 조산대 ○ 176~177
그리파니아 ○ 157~158
글로소프테리스 ○ 183~184, 271
금성 ○ 31, 52, 59, 66, 344, 347, 349
기권 ○ 12~13, 24, 26, 71, 76, 83, 85, 175, 253, 274, 295, 334, 336, 344~347
　대류권 ○ 25~26, 77
　성층권 ○ 25~26, 195, 274
　열권 ○ 26~26
　중간권 ○ 26~26
　전리층 ○ 26
기상이변 ○ 335
기온 상승 ○ 25, 50, 334~335

## ㄴ

나마칼라투스 ○ 198
남세균 ○ 118~121, 140~142, 147, 153~154, 159, 169, 188, 236, 280
남중랜드 ○ 164~165, 176~178, 225, 229, 256~257, 259~264, 283, 285
남화분지 ○ 185
내핵 ○ 16~20, 75~76
네안데르탈인 ○ 327, 329

녹색암대 ○ 105, 130

누부악잇터크 ○ 105, 116

눈덩이지구 빙하시대 ○ 90, 148~151, 153~154, 160, 172, 182, 190, 192~195, 197, 257

가스키어스 ○ 191, 199

마리노 빙하시대 ○ 191

스터트 빙하시대 ○ 187, 191

니스 모델 ○ 108~110

──────── ㄷ ────────

다윈, 찰스 ○ 56, 212

달

거대충돌설 ○ 58, 60, 64, 95

공전궤도 ○ 55, 57, 64

공전주기 ○ 28

관성력 ○ 72~73

다중충돌설 ○ 63~64

달의 바다 ○ 29, 64, 106~107

달의 지름 ○ 28

분열설 ○ 56~57

인력 ○ 72~73

자전주기 ○ 28

집적설 ○ 57

크레이터 ○ 29

포획설 ○ 57

표토 ○ 29

대규모 화성활동 ○ 154, 195

대기 ○ 12, 24, 26, 71, 83~91, 102, 111, 123~124, 135~140, 142~146, 151~156, 167~169, 171, 173, 175, 183, 186~188, 192~193, 196, 198, 236, 239, 252, 266, 268, 274~275, 289, 294, 296, 334, 335, 340~342, 346~347

대기권 ○ 71, 91, 102, 138~139

대기압 ○ 86, 89

대량멸종 ○ 233~235, 237, 252~253, 270, 275, 279, 281, 288, 290, 293~294, 296, 302, 337~339

대류 ○ 25, 89

대륙붕 환경 ○ 190, 196, 215, 257

대륙지각 ○ 18, 20, 87, 92~95, 97, 102~104, 126~128, 130~131

대서양 ○ 162, 222~224, 282, 286, 299, 302, 307, 315~316, 331, 340~341

덮개석회암 ○ 193

데본기 ○ 240, 242~245, 247~249, 252~253, 259, 267, 270

데카르트, 르네 ○ 42~43

에테르 ○ 42

돌기기원설 ○ 243

동해 ○ 300~301, 340

드롭스톤 ○ 194

DNA ○ 114~115, 157, 159, 318, 328

──────── ㄹ ────────

라익 해양 ○ 256, 258~259

랩워스, 찰스 ○ 207

로시한계 ○ 54, 58

──────── ㅁ ────────

마굴리스, 린 ○ 158

마그마 ○ 22~23, 69, 76~80, 87, 92, 128

마그마 용액 ○ 77~78

마그마바다 ○ 22, 65, 69, 70~73, 76~80, 82, 85~86, 88~90, 92, 95, 111

마이오세 ○ 305, 307~309, 315, 320

마이크로텍타이트 ○ 294

맑게 갠 우주 ○ 41

망간산화광물 ○ 136~137

맨틀 ○ 15~20, 28~29, 56, 60, 75~76, 78, 80, 82, 88~89, 92, 102, 127, 130~131, 164

맨틀대류 ○ 102, 127

메탄 ○ 24, 26, 49, 85, 112, 120, 123~124, 151~152, 154, 170, 194~195, 272, 275, 279

메탄생성세균 ○ 121, 123, 153, 170

멸종 ○ 27, 201~202, 233~234, 236, 253, 270~275, 280~282, 288~290, 293~294, 302~303, 308~309, 315, 320, 327, 329, 331, 333, 337, 339, 342

명왕누대 ○ 89~91, 95, 97, 103, 151~152

암흑시대 ○ 97

모호로비치치, 안드리야 ○ 17

모호로비치치 불연속면(모호면) ○ 17~18

목성형 행성 31, 43, 54, 108~110

무산소 환경(영역) ○ 126, 168~169, 253, 273~275, 282, 296

물 ○ 12, 14, 23~24, 26, 29, 78~79, 83, 85, 88, 94, 96, 108, 143, 239~240, 249, 254

미아석 ○ 312~313

미토콘드리아 ○ 157, 159

미토콘드리아 이브설 ○ 328

미행성 ○ 29, 49, 52~53, 57~58, 60, 63~66, 88, 90, 94~97, 106~110, 152

미행성 충돌 ○ 63, 96~97, 107, 110

밀란코비치, 밀루틴 ○ 16

밀란코비치 주기 ○ 16, 317

밀러, 스탠리 ○ 112~113

———— ㅂ ————

바다 ○ 12, 14, 24, 27, 29, 73, 87, 89~91, 101~102, 125~126, 137, 151~152, 154, 156, 167~169, 171, 173, 182, 187~190, 192~193, 199, 216~217, 219, 221~222, 224~225, 228~229, 233~234, 236, 238, 248, 252~253, 256, 258~263, 267, 271~274, 279~281, 285~286, 295, 302, 304~306, 335, 339, 341~342, 344~346

바닷물 ○ 73, 89~90, 93, 97, 108, 167~168, 171, 188, 192~193, 238, 273, 284, 306, 313~314, 340

바리스칸 조산운동 ○ 261, 269

방사대칭동물 ○ 200

백색 왜성 ○ 51, 348

백악기 ○ 270, 284~285, 288, 291, 293, 296, 299, 302~303

백악기 말 대량멸종사건 ○ 293, 302

버드, 존 ○ 223

버제스셰일 화석군 ○ 214~219, 234

아노말로카리스 ○ 218~219

페이토이아 ○ 218~219

베네츠지텐, 이그나츠 ○ 311

별 ○ 30, 35~38, 41, 43~53, 72, 74, 83, 89, 124, 151, 347~348

별의 수명 ○ 347~348

주계열성 ○ 50, 348

보웬, 노먼 ○ 77

보웬의 반응계열 ○ 77, 87, 93

북극해 ○ 399, 307, 315~316

브레이저, 마틴 ○ 119~120

빅뱅 ○ 38~40, 49

빙기 ○ 310, 312~314, 316~317, 327, 329~331, 337~339

빙퇴석 ○ 312

빙하기 ○ 271, 332, 336

빙하시대
빙하의 흔적 ㅇ 154, 235, 269, 311~312
빙하퇴적층 ㅇ 124, 148~150, 155, 171, 190~193, 235, 262, 268, 311~312

———————— ㅅ ————————

4권역 ㅇ 12~13
사장석 ㅇ 77~78, 80, 93
사지동물 ㅇ 247~253, 271
산소 농도 ㅇ 137~139, 143, 147, 169, 196, 252, 265~266, 268, 279, 289~290, 346
산소동위원소 ㅇ 56~57, 235, 305, 314
산소혁명사건 ㅇ 154
　제1차 산소혁명사건 ㅇ 135~136, 139~142, 148, 156, 168, 197
　제2차 산소혁명사건 ㅇ 136, 169, 183, 186~187, 194, 197
　제3차 산소혁명사건 ㅇ 265~266
삼엽충 ㅇ 207~210, 212, 214, 218~219, 221~223, 234, 271
생물권 ㅇ 12~13, 24, 27, 175, 279, 281, 336
생흔화석 ㅇ 198, 202, 208~209, 212~213
석영 ㅇ 22, 78, 87, 93~94, 295
석탄기 ㅇ 183, 245, 252, 259, 261~263, 265~269, 271~272, 311
선캄브리아 시대 ㅇ 129, 163, 198, 205
선태식물 ㅇ 242
섭입 ㅇ 127~128, 130, 177, 224, 263, 283, 300, 340
성운 ㅇ 42, 44~53, 74, 348
세지윅, 아담 ㅇ 205~206, 210
세차운동 ㅇ 15~16, 317
세프코스키, 잭 ㅇ 233
　고생대 동물군 ㅇ 233~234

캄브리아 동물군 ㅇ 233~234
현대 동물군 ㅇ 233~234, 280
소빙하기 ㅇ 332
소철류 ㅇ 291
소행성 ㅇ 30, 61~62, 97, 110, 293~296, 342
　소행성대 ㅇ 31, 48, 52, 57, 60~62, 84, 110
소형패각화석 ㅇ 213
속씨식물 ㅇ 290~292, 299, 307, 330
쇼프, 제임스 ㅇ 118~120
수권 ㅇ 12~13, 23~24, 83, 88, 175, 253, 336, 346
수동형 대륙연변부 ㅇ 162~163, 170, 172, 181
수풀 등장 ㅇ 252
스트로마톨라이트 ㅇ 118, 236~237, 280
시바피테쿠스류 ㅇ 320
시생누대 ㅇ 101~103, 121~126, 131, 140, 151~152
시조새 ㅇ 288
신생대 ㅇ 233, 286, 289, 291, 299, 301, 303, 305, 315
　포유류의 시대 ㅇ 303
신시생대 ㅇ 129~131, 153, 170
신원생대 ㅇ 103, 136, 154, 170, 172, 175~177, 181, 184~188, 190~194, 197~199, 201, 217, 220, 223, 255, 257
실루리아계 ㅇ 206~207
실루리아기 ㅇ 206~207, 241, 246~247, 253, 258
심성암 ㅇ 22, 79
쌍성설 ㅇ 43~44

———————— ㅇ ————————

아노르사이트 ㅇ 78~79
아르디피테쿠스 라미두스 ㅇ 321

아르모리카 대륙 ○ 256, 258~259
RNA ○ 114~115
  RNA세계 ○ 114
아르카이오프테리스 ○ 245, 252, 267
아카디아 조산운동 ○ 258
아카스타 편마암 복합체 ○ 103~104, 116
  토날라이트 편마암 ○ 104
아칸토스테가 ○ 249~250
  클락, 제니퍼 ○ 250
아크리타치 ○ 173~174
알바레즈, 월터 ○ 293
  소행성 충돌설 ○ 294~296
알베도 ○ 26
암석 ○ 12~13, 15, 19~23, 29, 31, 49, 52, 54,
  56, 58, 60~65, 69, 71, 73, 76, 78, 81,
  90~93, 95, 97, 101, 103~106, 108, 116,
  119, 125, 127~129, 131, 136~137,
  140~141, 144~145, 150~152, 155,
  163~164, 166, 168, 170~171, 177, 180,
  188, 190, 192, 206~207, 214, 217, 220,
  235, 263, 267, 294~295, 312~313, 342,
  346
  변성암 ○ 22~23
  암석의 순환 ○ 22~23, 103
  암석증기 ○ 71, 76, 97
  퇴적암 ○ 22~23, 116, 118, 125, 138, 143,
  263, 267
  화성암 ○ 22~23, 116
양서류 ○ 247~251, 271
어류 화석 ○ 217, 247~248
  갑주어 ○ 247
  어류의 시대 ○ 247
  판피어류 ○ 247
에디아카라 동물군 ○ 198~202, 212

나마 군집 ○ 199
백해 군집 ○ 199
아발론 군집 ○ 199
에디아카라 화석 ○ 198~201
에라토스테네스 ○ 14
에어로졸 ○ 195, 295~296
에오세 ○ 304~305, 315
에이펙스 처트 ○ 118~120
엘라티나층 ○ 190~191
열개분지 ○ 185
5대 생물 대량멸종 시기 ○ 270
오르도비스기 ○ 170, 207~208, 227,
  229~230, 234~236, 240~242, 247,
  257~259, 267~268, 270, 336
  오르도비스기 말 대량멸종 ○ 234~235
  스트로마토포로이드 ○ 236
오스트랄로피테쿠스 ○ 322~326
오스트랄로피테쿠스 가르히 ○ 324
오스트랄로피테쿠스 아나멘시스 ○ 323
오스트랄로피테쿠스 아파렌시스 ○ 323
오스트랄로피테쿠스 아프리카누스 ○ 323
오존층 ○ 24, 138, 274~275
오파린, 알렉산더 ○ 112~113
  코아세르베이트 ○ 112
  화학진화설 ○ 112
옥천누충군 ○ 185
온실기체 ○ 24, 26, 90, 123~124, 151~154,
  170, 193~194, 236, 272, 282, 334
온실효과 ○ 26, 86, 90, 269, 279, 295, 347
올덤, 리처드 ○ 17~18
  맨틀과 외핵의 경계 ○ 16
올리고세 ○ 304~306, 315
와라우나층군 ○ 118
왜행성 ○ 30~31

외핵 ○ 16, 18~20, 75

용해평형 ○ 86

우르 대륙 ○ 129

우리은하 ○ 35~38, 41, 44~45

　성간구름 ○ 35~36

　성간물질 ○ 36

우연발생설 ○ 112

원생누대 ○ 125, 131, 136, 151, 154, 174, 336

원세포 ○ 115

원소 ○ 20~21, 49~51, 138, 143, 168, 294

원숭이 ○ 304, 318~319, 323

원시대기 ○ 85, 90~91, 112

원시지각 ○ 92~93

원시지구 ○ 22, 57~63, 69, 75, 82, 83~86, 88, 91, 95, 111~112, 114~115

원시태양 ○ 44, 52

원시태양계 ○ 52, 95

원시행성 ○ 52, 54, 60, 66, 95

원핵생물 ○ 121, 156~159, 199, 346

위성 ○ 30, 54~55, 57, 59, 62, 64~65

윌슨 주기 ○ 162, 172, 224, 343~344

윌슨, 존 투조 ○ 222, 225

유공충 ○ 305, 314

유라시아판 ○ 334, 338, 340

유리, 해럴드 ○ 112~113

유빙 ○ 316

유성체 ○ 31

　별똥별 ○ 31

　운석 ○ 20, 31, 49, 60~61, 88, 102, 153, 272, 281, 294, 296

유스테놉테론 ○ 248

유인원 ○ 304, 318~320, 322

육괴 ○ 164~165, 185, 258

육상동물 ○ 246

육상식물 ○ 238~245, 267, 271, 291, 307

　쿡소니아 ○ 241~243

이산화탄소 ○ 24, 26, 85~86, 89, 90~91, 120~121, 123~124, 139, 143~146, 151~154, 170~171, 192~193, 195~196, 236, 252~253, 268~269, 272, 274~275, 296, 334, 341~342, 346~347

이산화탄소 농도 ○ 89, 145, 154, 192, 266, 268~269, 274, 309, 334, 341~342, 345~346

이심률 ○ 15~16, 108, 317

이아페투스 ○ 182, 197, 221, 224, 256, 258

익룡 ○ 287

인류 ○ 112, 125, 145, 152, 197, 303~304, 310, 318~321, 323~329, 332, 334, 336~339

잇사크 편마암 복합체 ○ 116

─────────── ㅈ ───────────

자외선 ○ 25~26, 111, 138~139

자전주기 ○ 28, 73

자전축 ○ 15~16, 55, 66, 317

자포동물 ○ 197, 199~200, 214~215

잠자리 ○ 265

잭힐스 역암 ○ 93~94, 117

적색 거성 ○ 50, 348

점토광물 ○ 115, 188

제4기 ○ 1701, 190

제5의 행성 ○ 110

조산대 금광상 ○ 170, 172

조산운동 ○ 124, 160, 176, 182, 258, 261, 264, 269, 283

조석력 ○ 72~73

조선해 ○ 225~230

조암광물 ○ 21~22
조우실 ○ 43~44
중기 고생대 대결층 ○ 260
중생대 ○ 184~185, 233~234, 242, 255, 271, 280~281, 283, 287~289, 291, 293, 303
중성자별 ○ 51
중세 온난기 ○ 332
중앙대서양 마그마지대 ○ 282, 284
중원생대 ○ 177
중한랜드 ○ 131, 161, 164~165, 176~177, 225~226, 228~230, 256~257, 259~264, 283
쥐라기 ○ 222, 224, 283~285, 288~289, 291, 303
지각 ○ 16~18, 20~22, 29, 60, 65, 75~76, 79, 82, 88, 92, 102~104, 111, 130, 164
지각분화과정 ○ 164
지구온난화 ○ 272~273, 296, 334
지구과학 ○ 12~13, 66, 96, 175, 207, 294
지구시스템 ○ 13~14, 16, 83, 143, 145, 171, 197
지구의 나이 ○ 60
지구의 내부 구조 ○ 16
지구의 반지름 ○ 14, 75
지구의 원둘레 ○ 14~15
지구타원체 ○ 15
지구형 행성 ○ 31, 52, 56, 66
지권 ○ 12~13, 24, 175, 346
지루한 10억 년 ○ 166, 169~170, 172~174, 197
지르콘 광물 ○ 62, 87, 93~97, 104~105, 128~129, 162~163, 207
지진 ○ 16~19
지진파 ○ 17~19

실체파 ○ 17
S파 ○ 17·18, 20
표면파 ○ 17
P파 ○ 17~18, 20
지질시대 ○ 91, 101, 129, 143, 145, 170, 172, 202, 205~207, 224, 233, 266, 330, 332, 342
진핵생물 ○ 141~142, 156~158, 173~174
질량무관 분별작용 ○ 138
질소 ○ 12, 24, 26, 52, 71, 85~86, 91, 123, 341

───────── ㅊ ─────────

청장 화석군 ○ 214, 216~217, 219, 234
초간빙기 ○ 337
초대륙 ○ 128~131
　곤드와나 ○ 181~185, 195~196, 220~221, 225~230, 235, 255~262, 267, 282, 285, 299
　로디니아 ○ 163, 166, 172, 175~177, 178, 181~182, 185, 187, 196, 220, 255~257, 343
　아마시아 ○ 344
　컬럼비아 ○ 160~163, 165~166, 172, 175, 177
　케놀랜드 ○ 129, 131, 162~163, 172
　판게아 ○ 128, 162, 172, 175, 222, 224, 261~262, 267, 272, 279, 282, 284~285, 343
　판노티아 ○ 176
초신성 ○ 46, 51~52
총기어류 ○ 247~248
　실러캔스 ○ 247
최적기후 시기 ○ 332
충격 석영 ○ 295
측생동물 ○ 197

침팬지류 ○ 319

─────── ㅋ ───────

칸트, 이마누엘 ○ 42, 44
  성운설 ○ 42~44
칼레도니아 조산운동 ○ 258
캄브리아계 ○ 205~206
캄브리아기 ○ 183, 198, 201, 205, 207~222,
  227~229, 233~234, 241, 247, 257, 279,
  289, 338
캄브리아기 층서위원회 ○ 209
캄브리아기 퇴적층 ○ 201, 210
캔필드 대양 ○ 167~170, 173, 175
커쉬빙크, 조 ○ 191
케난트로푸스 루돌펜시스 ○ 324
케난트로푸스 플라티옵스 ○ 324
코프, 로버트 ○ 154
콘드룰 ○ 48~49
  아콘드라이트 ○ 49
  콘드라이트 ○ 49, 52
클라우디나 ○ 198

─────── ㅌ ───────

타피츠 사암층 ○ 227
탄산염암 ○ 89, 260
탄생 직후의 지구 ○ 111
태양 ○ 15, 26~28, 30, 35, 37, 40~53, 56, 66,
  72, 74, 83, 89~90, 111, 124, 143,
  151~152, 195, 317, 344~345, 347~349
태양계 ○ 28, 30~31, 35, 41~45, 49, 52~53,
  56~57, 60~62, 66, 70~71, 83, 95,
  108~110, 344, 347
태양복사에너지 ○ 24, 26, 139, 317, 344, 347
태양성운 ○ 44, 47~49, 53, 83

원시태양성운 ○ 44~45, 50
태평양 ○ 57, 80, 162, 175, 181, 197, 299,
  300, 302, 316, 338, 340~341
테이아 ○ 58~66, 69, 75, 78, 85, 88, 95~97
테티스해 ○ 282, 284~285, 299
텔롬설 ○ 243
트라이아스기 ○ 264, 270, 273, 279~284,
  288~289, 291, 303
트리코파이쿠스 페둠 ○ 198, 208~209
틱타알릭 ○ 248~249
  잃어버린 고리 ○ 249

─────── ㅍ ───────

파란트로푸스 ○ 324
파란트로푸스 로부스투스 ○ 324
파란트로푸스 보이세이 ○ 324
파란트로푸스 에티오피쿠스 ○ 324
파스퇴르, 루이 ○ 112
판구조운동 ○ 96, 103, 107, 130, 162,
  175~176, 185, 192, 229, 334, 339, 342
판데리크티스 ○ 248
팔레오세 ○ 303
페름기 ○ 170, 262, 266, 268~275, 279~282,
  290~291, 336
평안해 ○ 263~264
몽골라 빙하시대 ○ 123~124
퐁골라 누층군 ○ 124
표층수 ○ 316, 331
풍화작용 ○ 96, 102, 107, 124~125, 145, 154,
  168, 171, 188, 195~196, 260, 269
프로콘술 ○ 320
플라이스토세 ○ 310, 312, 314~317, 325,
  330~331, 336
플라이오세 ○ 315

ㅎ

하와이 섬 ○ 57, 80, 338
한반도 ○ 128, 131, 161, 163~166, 177~178,
　181, 185, 193~194, 225, 227, 257,
　259~260, 263~264, 272, 283, 310, 329,
　335, 338
해면동물 ○ 197, 200, 214~215
해성 퇴적층 ○ 227
해수면 ○ 73, 93, 102, 235, 236, 257, 279,
　313~315, 329, 334~336, 339~341
해수면 상승 ○ 227~228, 236, 284, 334~336
해수면 하강 ○ 236, 315, 339
해양과 대기 ○ 83, 85, 175, 340
　1차 대기 ○ 83~84
　2차 대기 ○ 85
해양지각 ○ 18, 20, 80, 89, 92~93, 95, 97,
　102, 153
해양판 ○ 127~128, 131, 263
해파리 ○ 199~201, 219
핵융합반응 ○ 30, 48, 50~52, 89, 348
허블, 에드윈 ○ 37~38
현대인 ○ 323, 325~327, 329
현무암 ○ 18~19, 79~81, 88~90, 92~94,
　102, 154, 296
현무암질 마그마 ○ 79~80, 92
현무암질 지각 ○ 80, 88
현생누대 ○ 198, 205, 217, 233~234,
　270~272, 337~338
현생 인류 ○ 323~325, 328~329, 339
혜성 ○ 30~31, 88, 294, 331~332, 342
　오르트구름 ○ 37
　핼리혜성 ○ 29
호모 사피엔스 ○ 318
호모 안티세서 ○ 327

호모 에렉투스 ○ 325~328
　아슐리안 유물 ○ 326
　투르카나 소년 ○ 325
호모 에스가르터 ○ 327
호모 하빌리스 ○ 325~326
　올두바이 유물 ○ 325
호모 하이델베르겐시스 ○ 327
호상열도 ○ 127~128, 192
호상철광층 ○ 116, 125~126, 137, 140,
　167~168, 170~172
호상편마암 ○ 116
홀로세 ○ 330
화강암 ○ 18, 22, 87, 92~94, 104, 128~130,
　194, 283
화강암-녹색암대 ○ 130
화강암질 마그마 ○ 87, 92, 128
화산분출 ○ 80, 272, 281~282, 296
화산암 ○ 22, 79, 130, 273
화산활동 ○ 72, 79~80, 85, 90, 168,
　171~172, 178, 185, 192, 199, 230, 275,
　282, 284, 302
후기 고생대 빙하시대 ○ 190, 268~269, 271
후기 드리아스 한랭기 ○ 331~332
후기 미행성 대충돌기 ○ 96, 106, 108~110
　명왕누대 미행성 대충돌기 ○ 97
　전기 미행성 대충돌기 ○ 97
후생동물 ○ 197
휘석 ○ 22, 77~80, 93
휴런누층군 ○ 148, 150
　휴런 빙하시대 ○ 149~150
히란해분 ○ 229~230
히말라야 산맥 ○ 224, 227, 258, 261, 267,
　299, 340

## 지질시대의 구분

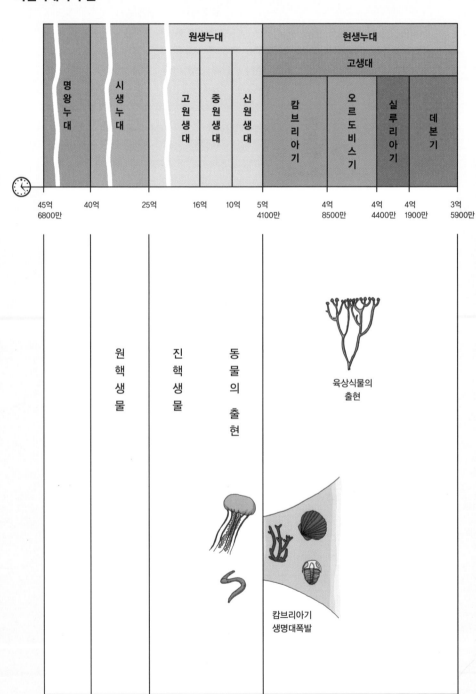

| 명왕누대 | 시생누대 | 원생누대 | | | 현생누대 | | | |
|---|---|---|---|---|---|---|---|---|
| | | | | | 고생대 | | | |
| 명왕누대 | 시생누대 | 고원생대 | 중원생대 | 신원생대 | 캄브리아기 | 오르도비스기 | 실루리아기 | 데본기 |

45억 6800만 | 40억 | 25억 | 16억 | 10억 | 5억 4100만 | 4억 8500만 | 4억 4400만 | 4억 1900만 | 3억 5900만

원핵생물

진핵생물

동물의 출현

육상식물의 출현

캄브리아기 생명대폭발

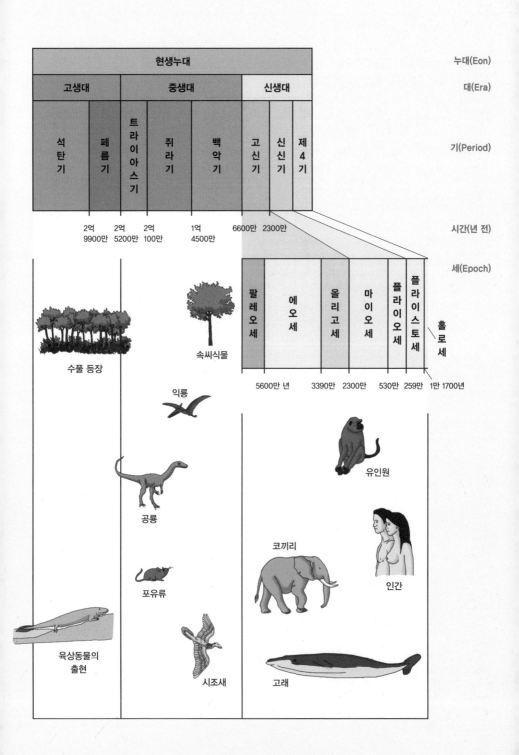

| | | | | | | | 누대(Eon) |
|---|---|---|---|---|---|---|---|
| 현생누대 | | | | | | | |
| 고생대 | | 중생대 | | | 신생대 | | 대(Era) |
| 석탄기 | 페름기 | 트라이아스기 | 쥐라기 | 백악기 | 고신기 | 신신기 / 제4기 | 기(Period) |

2억 9900만 / 2억 5200만 / 2억 100만 / 1억 4500만 / 6600만 / 2300만 — 시간(년 전)

세(Epoch)

| 팔레오세 | 에오세 | 올리고세 | 마이오세 | 플라이오세 | 플라이스토세 | 홀로세 |

수풀 등장

속씨식물

5600만 년 / 3390만 / 2300만 / 530만 / 259만 / 1만 1700년

익룡

공룡

포유류

유인원

코끼리

인간

육상동물의
출현

시조새

고래

# 지구의 일생

**1판 1쇄 발행일** 2018년 1월 29일
**1판 2쇄 발행일** 2022년 3월 21일

**지은이** 최덕근

**발행인** 김학원
**발행처** (주)휴머니스트출판그룹
**출판등록** 제313-2007-000007호(2007년 1월 5일)
**주소** (03991) 서울시 마포구 동교로23길 76(연남동)
**전화** 02-335-4422 **팩스** 02-334-3427
**저자·독자 서비스** humanist@humanistbooks.com
**홈페이지** www.humanistbooks.com
**유튜브** youtube.com/user/humanistma **포스트** post.naver.com/hmcv
**페이스북** facebook.com/hmcv2001 **인스타그램** @humanist_insta

**편집주간** 황서현 **편집** 임은선 임재희 **디자인** 김태형 유주현 **일러스트** 김윤미
**조판** 홍영사 **용지** 화인페이퍼 **인쇄** 청아디앤피 **제본** 민성사

ⓒ 최덕근, 2018

ISBN 979-11-6080-108-8 03450

**NAVER 문화재단** 이 책은 네이버문화재단 문화콘텐츠기금의 후원으로 만들어졌습니다.